DEIN COACH ZUM ERFOLG!

Dein ActiveBook auf My**STARK**:

Du kannst auf alle digitalen Inhalte zu diesem Band online zugreifen. Registriere dich dazu unter **www.stark-verlag.de/mystark** mit deinem **persönlichen Zugangscode:**

C05502_005059

Die Inhalte dieser Auflage stehen bis Schuljahresende zur Verfügung.

MySTARK

Das Active**Book** *bietet dir:*

- Viele zusätzliche interaktive Übungsaufgaben zu allen prüfungsrelevanten Kompetenzbereichen
- Sofortiges Feedback und Auswertung der Ergebnisse
- Interaktive Lösungen: in kleinen Schritten zum Ergebnis
- Vorgerechnete Beispiele als weitere Hilfe
- Lernvideos mit Erklärungen zu zentralen Themen
- Online-Glossar zum Nachschlagen wichtiger Definitionen

DEIN COACH ZUM ERFOLG!

So kannst du interaktiv lernen:

Interaktive Aufgaben

Interaktive Lösung mit kleinschrittiger Anleitung zu jeder Aufgabe

Vorgerechnetes **Beispiel** zu jeder Aufgabe

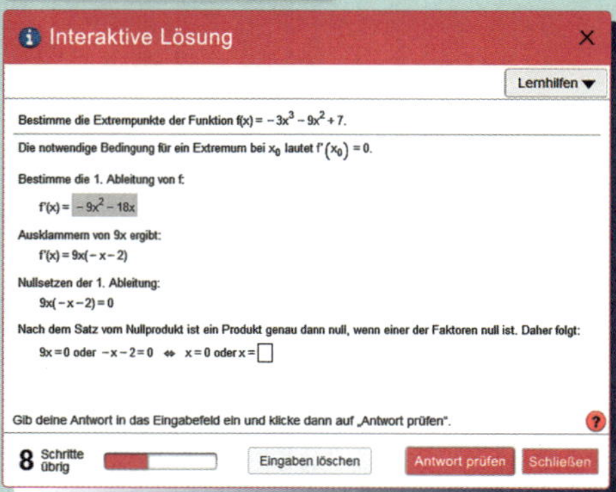

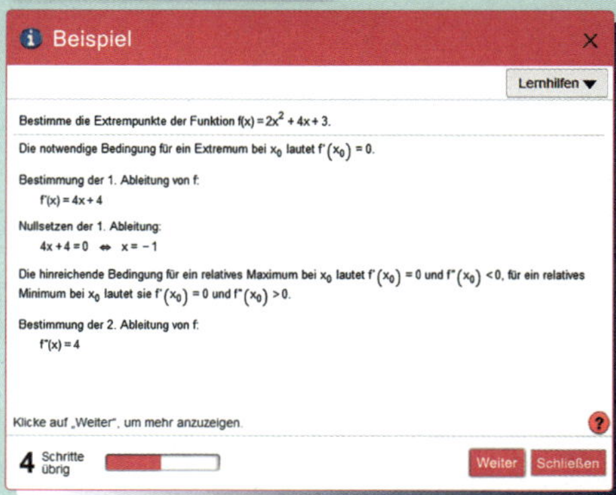

Systemvoraussetzungen:
- Mindestens 1024×768 Pixel Bildschirmauflösung
- Chrome, Firefox oder ähnlicher Webbrowser
- Internetzugang

2023

Abitur

Original-Prüfungsaufgaben
mit Lösungen

Gymnasium · Gesamtschule NRW

Mathematik GK

STARK

16. ergänzte Auflage
www.stark-verlag.de

Inhalt

Abiturprüfung 2020*

* Da die Aufgabe B4 in den Jahrgängen bis 2020 für das Abitur seit 2021 nicht mehr prüfungsrelevant ist, wird diese nicht mehr abgedruckt.

Abiturprüfung 2021

Abiturprüfung 2022

Sobald die Original-Prüfungsaufgaben 2022 freigegeben sind, können sie als PDF auf der Plattform MyStark heruntergeladen werden (Zugangscode vgl. Farbseiten vorne im Buch).

Bei MyStark finden Sie:
- **Interaktives Training** zum hilfsmittelfreien Teil A des Abiturs
- **Lernvideos** zum Einsatz Ihres GTR bzw. CAS
- **Jahrgang 2022**, sobald dieser zum Download bereit steht
- alle **Original-Prüfungsaufgaben** der Jahre **2017 bis 2022** mit Lösungen, die nicht im Buch abgedruckt sind

Ausführliche Infos inkl. Zugangscode zu MyStark finden Sie auf den Farbseiten vorne in diesem Buch.

Sitzen alle mathematischen Begriffe? Im Interaktiven Training und unter www.stark-verlag.de/mathematik-glossar/ finden Sie ein kostenloses Glossar zum schnellen Nachschlagen aller wichtigen Definitionen mitsamt hilfreicher Abbildungen und Erläuterungen.

Autorinnen und Autoren:

Georg Breitenfeld

Übungsaufgaben im Stil der Abiturprüfung – Prüfungsteil A: b, d; Prüfungsteil B: B4;
Lösungen zur Abiturprüfung 2018 – Prüfungsteil A: b, d; Prüfungsteil B: B1 (GTR), B5 (GTR/CAS);
Lösungen zur Abiturprüfung 2019 – Prüfungsteil A: a, c; Prüfungsteil B: B1 (GTR), B5 (GTR/CAS);
Lösungen zur Abiturprüfung 2020 – Prüfungsteil B: B2 (CAS), B5 (GTR/CAS);
Lösungen zur Abiturprüfung 2021 – Prüfungsteil B: B2 (GTR/CAS), B4 (GTR/CAS);
Lösungen zur Abiturprüfung 2022;
Download: 2017 – A Teilaufgabe d, B1 (GTR), B1 (CAS), B5 (GTR/CAS); 2018 – B1 (CAS); 2019 – B1 (CAS); 2020 – B2 (GTR)

Herbert Kompernaß

Übungsaufgaben im Stil der Abiturprüfung – Prüfungsteil A: a, c; Prüfungsteil B: B1, B2, B3;
Lösungen zur Abiturprüfung 2018 – Prüfungsteil A: a, c; Prüfungsteil B: B2 (GTR/CAS), B3 (GTR/CAS);
Lösungen zur Abiturprüfung 2019 – Prüfungsteil A: b, d; Prüfungsteil B: B2 (CAS), B3 (GTR/CAS);
Lösungen zur Abiturprüfung 2020 – Prüfungsteil B: B1 (GTR), B3 (GTR/CAS);
Lösungen zur Abiturprüfung 2021 – Prüfungsteil B: B1 (GTR), B3 (GTR/CAS);
Lösungen zur Abiturprüfung 2022;
Download: 2017 – A Teilaufgaben a, b und c, B2 (GTR), B2 (CAS), B3 (GTR/CAS); 2019 – B2 (GTR); 2020 – B1 (CAS); 2021 – B1 (CAS)

Kristin Menke

Lösungen zur Abiturprüfung 2020 – Prüfungsteil A;
Lösungen zur Abiturprüfung 2021 – Prüfungsteil A: A3, Prüfungsteil B: B5 (GTR/CAS);
Lösungen zur Abiturprüfung 2022;
Download: 2021 – A1, A2

Vorwort

Liebe Schülerin, lieber Schüler,

Sie haben Mathematik in Nordrhein-Westfalen als Grundkurs belegt und planen, in diesem Fach Ihr Abitur abzulegen. Mit diesem Buch helfen wir Ihnen, sich effektiv auf das **Zentralabitur 2023** vorzubereiten:

- Sie erhalten im ersten Teil des Buches viele Informationen zur **gezielten Vorbereitung auf die Abiturprüfung**. Dazu gehören u. a. eine Aufstellung der für die Prüfung 2023 relevanten inhaltlichen Schwerpunkte und Fokussierungen, Hinweise zum Ablauf der Prüfung sowie alles Wissenswerte zur Struktur und zu den Anforderungen der Prüfungsaufgaben.
- Sie finden darüber hinaus zahlreiche **praktische Hinweise**, die Ihnen sowohl bei der Vorbereitung auf das Abitur als auch während der Prüfung dazu verhelfen, Prüfungsaufgaben gut zu lösen.
- Das Buch enthält **Übungsaufgaben** im Stil der schriftlichen Abiturprüfung sowie die vom Ministerium für Schule und Bildung des Landes Nordrhein-Westfalen gestellten **Original-Abituraufgaben 2018 bis 2022**.
- Zu sämtlichen Aufgaben wurden von unseren Autoren **vollständige, kommentierte Lösungsvorschläge** sowie separate **Hinweise und Tipps zum Lösungsansatz** ausgearbeitet, die Ihnen das selbstständige Lösen der Aufgaben erleichtern.
- Zudem ist dieses Buch ein **ActiveBook** – das bedeutet, Sie erhalten zusätzliches Übungsmaterial **online bei MyStark**:
  - **Interaktives Training** zum hilfsmittelfreien Teil A
  - **Lernvideos** zum Einsatz Ihres GTR bzw. CAS
  - **Jahrgang 2022**, sobald dieser zum Download bereit steht
  - **Original-Abituraufgaben** der Jahre **2017 bis 2022**, die nicht im Buch abgedruckt sind

  Ausführliche Infos dazu inkl. Zugangscode zu MyStark finden Sie auf den Farbseiten vorne in diesem Buch.

Sollten nach Erscheinen dieses Bandes noch wichtige Änderungen in der Abiturprüfung 2023 vom Schulministerium bekannt gegeben werden, finden Sie aktuelle Informationen dazu ebenfalls bei MyStark.

Wir wünschen Ihnen viel Erfolg bei der Abiturprüfung!

Ihr Stark Verlag

Stichwortverzeichnis 2018 – 2021

Folgende Abkürzungen wurden zur Kennzeichnung der einzelnen Aufgaben gewählt:

Ü/A c	**Ü**bungsaufgabe, Aufgabe **A**, Teilaufgabe **c**
19/B1 a (1)	Abiturprüfung 20**19**, Aufgabe **B1**, Teilaufgabe **a (1)**

I. Analysis

Aufgaben ohne Hilfsmittel

Aufgaben mit CAS

Aufgaben mit GTR

II. Analytische Geometrie

Aufgaben ohne Hilfsmittel

Aufgaben mit CAS / GTR

III. Stochastik

Aufgaben ohne Hilfsmittel

Aufgaben mit CAS/GTR

Hinweise und Tipps zum Abitur 2023

1 Ablauf der Prüfung

Die zentrale schriftliche Abiturprüfung

In Nordrhein-Westfalen gibt es im Fach Mathematik zentrale schriftliche Abiturprüfungen. Die Aufgaben werden im Auftrag des Ministeriums für Schule und Bildung erstellt. Grundlage für die zentral gestellten Aufgaben der schriftlichen Abiturprüfung sind die verbindlichen Vorgaben der Kernlehrpläne für die gymnasiale Oberstufe.
Die schriftliche Abiturprüfung in Mathematik besteht aus einem **Prüfungsteil A**, der **hilfsmittelfrei** zu bearbeitende Aufgaben umfasst, und einem **Prüfungsteil B**, bestehend aus Aufgaben mit realitätsnahem Kontext und innermathematischen Argumentationsaufgaben **mit Hilfsmitteln**.
Seit dem Abitur 2021 haben sich die zeitlichen Vorgaben für die Bearbeitung geändert. Die Aufgaben der früheren Abiturprüfungen sind inhaltlich (allerdings nicht unbedingt vom Umfang her) als Übungsmaterial weiterhin gut geeignet.

Aufbau der Prüfungsaufgaben

Die schriftliche Abiturprüfung für den Grundkurs gliedert sich in zwei Prüfungsteile:

- Für den **Prüfungsteil A** erhält die Schule einen Satz **hilfsmittelfrei** zu bearbeitender Aufgaben, die grundlegende mathematische Kompetenzen abfragen. Diese sind verbindlich zu bearbeiten, d. h., es findet keine Auswahl durch die Fachlehrkraft statt. Die Aufgaben können aus allen Inhaltsfeldern (Analysis, Analytische Geometrie/Lineare Algebra und Stochastik) und deren Verknüpfungen sein. Beim Lösen der Aufgaben darf **kein Taschenrechner** und **keine Formelsammlung** verwendet werden.
- Für den **Prüfungsteil B** erhält die Schule zwei Aufgabensätze – einen GTR-Aufgabensatz und einen CAS-Aufgabensatz. Jeder Aufgabensatz beinhaltet 2 Analysisaufgaben, 1 Aufgabe zur Vektoriellen Geometrie und 1 Stochastikaufgabe.
  Die **Fachlehrkraft** stellt aus einem der beiden Aufgabensätze (GTR oder CAS) die Aufgaben für den Prüfungsteil B nach folgenden Vorgaben zusammen:
  Der Prüfungsteil B wird aus **3 Aufgaben** gebildet, wobei eine **Analysisaufgabe**, die Aufgabe zur **Vektoriellen Geometrie** und die **Stochastikaufgabe** zu wählen sind.

  Zugelassene **Hilfsmittel** für den Prüfungsteil B:
  - GTR (grafikfähiger Taschenrechner) **oder** CAS (Computer-Algebra-System)
  - Mathematische Formelsammlung
  - Deutsches Wörterbuch

Dauer der Prüfung

Für die Bearbeitung stehen Ihnen im Grundkurs insgesamt **225 Minuten** zur Verfügung. Dabei beträgt die Arbeitszeit für den Prüfungsteil A, der von Ihnen zu Beginn der Prüfung bearbeitet wird, maximal 60 Minuten. Sobald Sie mit dem Prüfungsteil A fertig sind, können Sie Ihre Ausarbeitungen bei der Aufsicht führenden Lehrkraft abgeben. Sie erhalten dann die Aufgaben des Prüfungsteils B, einschließlich der zugelassenen Hilfsmittel. Sollten Sie den Prüfungsteil A schneller bearbeiten können, dürfen Sie auch schon früher mit dem Prüfungsteil B beginnen. Sie haben dann für diesen entsprechend mehr Zeit.

2 Inhaltliche Schwerpunkte und Fokussierungen 2023

Die inhaltlichen **Schwerpunkte und Fokussierungen** für den **Grundkurs** Mathematik in der **Abiturprüfung 2023** sind folgende:

Schwerpunkte und Fokussierungen	**Beispiele**
Funktionen und Analysis	
• Funktionen als mathematische Modelle	2019 – Aufgabe B1 (GTR)
• Fortführung der Differenzialrechnung	
– Untersuchung von ganzrationalen Funktionen	2018 – Aufgabe B2 (GTR/CAS)
– Untersuchung von Funktionen des Typs $f(x) = p(x)e^{ax+b}$, wobei p(x) ein Polynom mit maximal drei Summanden ist	2018 – Aufgabe B1 (GTR)
– Untersuchung von Funktionen, die sich als einfache Summe der oben genannten Funktionstypen ergeben	2021 – Aufgabe B1 (GTR)
– Interpretation und Bestimmungen von Parametern der oben genannten Funktionen	2019 – Aufgabe B2 (CAS), Teilaufgabe a
– notwendige Ableitungsregeln (Produkt-, Kettenregel)	2019 – Aufgabe A, Teilaufgabe b
• Grundverständnis des Integralbegriffs	2021 – Aufgabe B2 (GTR/CAS), Teilaufgabe b (3)
• Integralrechnung	2019 – Aufgabe A, Teilaufgabe a

Analytische Geometrie und Lineare Algebra	
• lineare Gleichungssysteme	2021 – Aufgabe B3, Teilaufgabe b (1)
• Darstellung und Untersuchung geometrischer Objekte	2019 – Aufgabe B3 (GTR/CAS)
• Lagebeziehungen	2018 – Aufgabe A, Teilaufgabe c
• Skalarprodukt	2018 – Aufgabe B3 (GTR/CAS), Teilaufgabe b
Stochastik	
• Kenngrößen von Wahrscheinlichkeitsverteilungen	2021 – Aufgabe B4 (GTR/CAS)
• Binomialverteilung	2018 – Aufgabe B5 (GTR/CAS)

3 Leistungsanforderung und Bewertung

Im Grundkurs beläuft sich die Höchstpunktzahl für den Prüfungsteil A (ohne Hilfsmittel) auf 25 Punkte und für den Prüfungsteil B (mit Hilfsmitteln) auf 75 Punkte (Analysis 35 Punkte, Vektorielle Geometrie und Stochastik jeweils 20 Punkte).

Die Bewertung der Klausuraufgaben erfolgt auf der Grundlage eines der Aufgabenstellung beigefügten Bewertungsschemas. Darin sind Teilleistungen ausgewiesen, die die mit der jeweiligen Aufgabe verbundenen Anforderungen aufschlüsseln. Das Bewertungsschema ist Grundlage der Beurteilung. Von der Modelllösung abweichende Lösungen werden entsprechend bewertet, die für die Aufgabenstellung vorgesehene Höchstpunktzahl kann aber nicht überschritten werden. Ferner können nur ganze Punktzahlen vergeben werden. Ausschlaggebend ist hier die fachliche Richtigkeit und Vollständigkeit.

Ein weiteres wichtiges Bewertungskriterium ist die Darstellungsleistung, in welche der richtige Einsatz der Fachsprache und die Strukturiertheit der Ausführungen einfließen. Die Bewertung der Darstellungsleistung wird in die Bewertung der inhaltlichen Leistungen integriert. Punktabzug aufgrund von gehäuften Verstößen gegen die sprachliche Richtigkeit (Rechtschreibung und Grammatik) kann im Anschluss an die Bewertung der inhaltlichen Leistungen erfolgen.

4 Operatoren und Anwendungsbereiche

Bei der Formulierung der zentralen Prüfungsaufgaben werden sogenannte **Operatoren** verwendet, die sicherstellen sollen, dass alle Schüler*innen und Lehrer*innen unter einer bestimmten Aufgabenstellung das Gleiche verstehen. Damit Sie die Aufgabenstellungen korrekt erfassen können, ist es sehr zu empfehlen, sich mit diesen Operatoren auseinanderzusetzen. Im Folgenden finden Sie eine vollständige Liste dieser Operatoren:

Operator	**Definition**	**Beispiel**
angeben, nennen	Objekte, Sachverhalte, Begriffe, Daten ohne nähere Erläuterungen, Begründungen und ohne Darstellung von Lösungsansätzen oder Lösungswegen aufzählen.	2019 – Aufgabe B1 (GTR), Teilaufgabe a (1)
begründen, nachweisen, zeigen	Aussagen oder Sachverhalte durch Gesetzmäßigkeiten bzw. kausale Zusammenhänge bestätigen. Die Art des Vorgehens, die frei wählbar ist, dokumentieren.	2018 – Aufgabe B2 (GTR/CAS), Teilaufgabe a (1)
berechnen	Ergebnisse mit Darstellung von Ansatz und Berechnung gewinnen.	2021 – Aufgabe A3, Teilaufgabe a (2)
bestimmen, ermitteln	Zusammenhänge bzw. Lösungswege aufzeigen, das Vorgehen darstellen und die Ergebnisse formulieren.	2018 – Aufgabe B5 (GTR/CAS), Teilaufgabe a (3)
beurteilen	Zu Sachverhalten ein selbstständiges Urteil unter Verwendung von Fachwissen und Fachmethoden formulieren und begründen.	2018 – Aufgabe B5 (GTR/CAS), Teilaufgabe b (3)
entscheiden	Sich bei Alternativen eindeutig auf eine Möglichkeit festlegen, eine Begründung ist nicht erforderlich (sofern sie nicht durch einen ergänzenden Operator gefordert wird).	2018 – Aufgabe B5 (GTR/CAS), Teilaufgabe b (2)
erläutern	Sachverhalte verständlich und nachvollziehbar machen und in Zusammenhänge einordnen.	2018 – Aufgabe B3 (GTR/CAS), Teilaufgabe a
grafisch darstellen, zeichnen	Hinreichend exakte grafische Darstellungen von Objekten oder Daten anfertigen.	2021 – Aufgabe B1 (GTR), Teilaufgabe b (1)

Operator	Definition	Beispiel
deuten, interpretieren	Zusammenhänge bzw. Ergebnisse begründet auf gegebene Fragestellungen beziehen.	2019 – Aufgabe B1 (GTR), Teilaufgabe b (3)
untersuchen	Sachverhalte, Probleme, Fragestellungen nach bestimmten, fachlich üblichen bzw. sinnvollen Kriterien bearbeiten und das Vorgehen darstellen.	2019 – Aufgabe B3 (GTR/CAS), Teilaufgabe i
skizzieren	Wesentliche Eigenschaften von Sachverhalten oder Objekten grafisch darstellen (auch Freihandskizzen möglich).	2021 – Aufgabe A3, Teilaufgabe b (2)

Es können auch Operatoren verwendet werden, die nicht in dieser Liste enthalten sind, wenn davon auszugehen ist, dass die jeweilige Aufgabe im Sinne der Aufgabenstellung bearbeitet werden kann. Beispiele hierfür sind: herleiten, ordnen, prüfen, vergleichen, darstellen.
Die Operatoren können durch Zusätze (wie „rechnerisch“ oder „grafisch“) konkretisiert werden.

5 Methodische Hinweise und allgemeine Tipps zur schriftlichen Prüfung

Vorbereitung

- Bereiten Sie sich **langfristig** (spätestens ab Januar) auf die Abiturprüfung vor und fertigen Sie sich eine Übersicht über die von Ihnen bereits bearbeiteten Themen, Inhalte und Verfahren an. Teilen Sie die Inhalte in sinnvolle Teilbereiche ein und legen Sie fest, bis wann Sie welche Teilbereiche bearbeitet haben wollen.
  Es ist zweckmäßig, alle schriftlichen Bearbeitungen dieser Aufgaben übersichtlich aufzubewahren, das erleichtert spätere Wiederholungen.
- Benutzen Sie zur Prüfungsvorbereitung neben diesem Übungsbuch Ihre **Unterrichtsaufzeichnungen** und das Lehrbuch.
- Verwenden Sie während der Prüfungsvorbereitung grundsätzlich die **Hilfsmittel**, die auch in der Prüfung zugelassen sind. Prägen Sie sich wichtige Seiten in Ihrer Formelsammlung ein und nutzen Sie Ihren Taschenrechner mit allen Funktionen.
- Oft ist der Zeitfaktor ein großes Problem. Testen Sie, ob Sie eine Aufgabe in der dafür vorgegebenen Zeit allein lösen können. **Simulieren Sie selbst eine Prüfungssituation.**
- Gehen Sie optimistisch in die Prüfung. Wer sich gut vorbereitet hat, braucht sich keine Sorgen zu machen.

Bearbeitung der Prüfung

- Es ist hilfreich, wenn Sie bei der Analyse der Aufgabenstellungen wichtige Angaben oder Informationen (z. B. gegebene Größen, Lösungshinweise) **farbig markieren**.
- Um den Lösungsansatz zu einer Aufgabe zu finden oder die gegebene Problemstellung zu veranschaulichen, kann das **Anfertigen einer Skizze** nützlich sein.
- Beachten Sie, dass in manchen Teilaufgaben „**Zwischenlösungen**" angegeben sind, die Ihnen als Kontrolle dienen bzw. mit denen Sie weiterarbeiten können.
- Falls Sie mit einer Aufgabe gar nicht weiterkommen, so halten Sie sich nicht zu lange daran auf. Versuchen Sie, mit der nächsten Teilaufgabe oder mit einer Aufgabe aus einem anderen Schwerpunkt weiterzumachen. Wenn Sie die anderen Aufgaben bearbeitet haben, kommen Sie nochmals auf die angefangene Aufgabe zurück und versuchen Sie in Ruhe, eine Lösung zu finden.
- Achten Sie auf die **sprachliche Richtigkeit** und eine **saubere äußere Form** Ihrer Lösungen.

Lösungsplan

Aufgrund des Umfangs und der Komplexität von Aufgaben auf Abiturniveau empfiehlt es sich, beim Lösen systematisch zu arbeiten. Folgende Vorgehensweise hilft Ihnen dabei:

Schritt 1:
Nehmen Sie sich ausreichend Zeit zum **Analysieren** der Aufgabenstellung. Stellen Sie fest, zu welchem Themenbereich die Aufgabe gehört. Sammeln Sie alle Informationen, welche direkt gegeben sind, und achten Sie darauf, ob evtl. versteckte Informationen enthalten sind.

Schritt 2:
Markieren Sie die **Operatoren** in der Aufgabenstellung. Diese geben an, was in der Aufgabe von Ihnen verlangt wird, insbesondere auch, ob und in welcher Form der Taschenrechner verwendet werden darf. Vergegenwärtigen Sie sich die Bedeutung der verwendeten Fachbegriffe.

Schritt 3:
Versuchen Sie, den Sachverhalt zu veranschaulichen. Fertigen Sie gegebenenfalls mithilfe der Angaben und Zwischenergebnisse aus vorherigen Teilaufgaben eine **Skizze** an.

Schritt 4:
Erarbeiten Sie nun schrittweise den **Lösungsplan**, um aus den gegebenen Größen die gesuchte Größe zu erhalten. Notieren Sie sich, welche Einzel- bzw. Zwischenschritte auf dem Lösungsweg notwendig sind. Prinzipiell haben Sie zwei Möglichkeiten, oft hilft auch eine Kombination beider Vorgehensweisen:

- Sie gehen vom Gegebenen aus und versuchen, das Gesuchte zu erschließen.
- Sie gehen von dem Gesuchten aus und überlegen „rückwärts", wie Sie zur Ausgangssituation kommen.

Bei diesem Schritt wird dann sukzessive die **Lösung dargestellt**.

Schritt 5:
Suchen Sie nach geeigneten Möglichkeiten, das Endergebnis zu **kontrollieren**. Oftmals sind bereits Überschlagsrechnungen, Punktproben oder Grobskizzen ausreichend.

Anhand der folgenden **Beispielaufgabe** werden diese Schritte veranschaulicht:

Gegeben ist eine Schar von Funktionen f_k durch die Gleichung $f_k(x) = kx^3 + 4x^2$ mit $k \in \mathbb{R} \setminus \{0\}$. Der Graph von f_k sei G_k.

a) Untersuchen Sie rechnerisch G_k auf Extrempunkte.

b) Zeigen Sie: Die Stammfunktion der Schar ist

$$F_k(x) = \frac{k}{4}x^4 + \frac{4}{3}x^3.$$

Berechnen Sie für $k = -1$ die Fläche, die G_k mit der x-Achse einschließt.

Lösungsvorschlag für Teilaufgabe a:

Schritt 1:

- Themenbereich: Kurvendiskussion einer Funktionenschar
- Der Funktionsterm weist einen Parameter k auf. Dieser Parameter bereitet jedoch beim Rechnen keine Probleme, solange er nicht im Nenner, unter einer Wurzel usw. steht. Er wird ganz normal wie eine Zahl behandelt.
- Der Definitionsbereich ist nicht angegeben, daher wird $\mathbb{R}$ als der größtmögliche angenommen.

Schritt 2:

- Der Operator „Untersuchen Sie" bedeutet, mögliche Eigenschaften festzustellen und anzugeben.
- Unter Extrempunkten versteht man Hoch- oder Tiefpunkte.

Schritt 3:
Veranschaulichen Sie im Grafikfenster Ihres Taschenrechners die Graphen der Funktionenschar, indem Sie den Parameter der Funktion mithilfe eines Schiebereglers variieren oder indem Sie für den Parameter geeignete Zahlen einsetzen und die Graphen zeichnen lassen.

Schritt 4:

Ausgehend von der gegebenen Funktionenschar werden mögliche Extremstellen berechnet und damit Art und Lage der Extrempunkte bestimmt:

- f_k ist ein Polynom und lässt sich trotz Parameter leicht ableiten (Summenregel, Faktorregel, Potenzregel):

  $$f_k'(x) = 3kx^2 + 8x$$

  Die Nullstellen der Ableitung sind mögliche Extremstellen:

  $$3kx^2 + 8x = x \cdot (3kx + 8) = 0 \overset{k \neq 0}{\Leftrightarrow} x = 0 \vee x = -\frac{8}{3k}$$

- Ob tatsächlich Extremstellen vorliegen, lässt sich durch Einsetzen in die zweite Ableitung überprüfen:

  $$f_k''(x) = 6kx + 8$$

  $$f_k''(0) = 8 > 0 \Rightarrow \text{Minimum bei } x = 0$$

  $$f_k''\left(-\frac{8}{3k}\right) = 6k\left(-\frac{8}{3k}\right) + 8 = -8 < 0 \Rightarrow \text{Maximum bei } x = -\frac{8}{3k}$$

- Um die Lage angeben zu können, braucht man noch die y-Koordinate. Dazu werden die Extremstellen in den Funktionsterm f_k eingesetzt:

  $$f_k(0) = 0$$

  $$f_k\left(-\frac{8}{3k}\right) = k\left(-\frac{8}{3k}\right)^3 + 4\left(-\frac{8}{3k}\right)^2 = -\frac{512}{27k^2} + \frac{256 \cdot 3}{3 \cdot 9k^2} = \frac{256}{27k^2}$$

- Ergebnis:

  $$\text{Tiefpunkt } (0 \mid 0) \text{ und Hochpunkt } \left(-\frac{8}{3k} \,\middle|\, \frac{256}{27k^2}\right)$$

Schritt 5:

Um das Ergebnis zu überprüfen, könnte man die Funktion f_k für ein gewähltes k skizzieren. Ablesen der Extrempunkte aus dem Graphen ermöglicht einen Vergleich mit den berechneten Punkten.

Lösungsvorschlag für Teilaufgabe b:

Schritt 1:

- Themenbereich: Flächenberechnung mithilfe eines Integrals
- Es sind die Funktion, die Stammfunktion und der Parameterwert $k = -1$ gegeben. Weiter ist implizit gegeben, dass die Funktion mindestens zwei verschiedene Nullstellen hat, weil der Graph eine Fläche mit der x-Achse einschließt.

Schritt 2:

- Der erste Operator ist „Zeigen Sie“; das bedeutet, dass Sie die Aussage mithilfe von Berechnungen bestätigen sollen. Die Funktion und die zugehörige Stammfunktion sind dabei gegeben.

- Um zu zeigen, dass F(x) eine Stammfunktion von f(x) ist, kann entweder f(x) integriert oder F(x) abgeleitet werden. Es muss dann F'(x) = f(x) gelten. Da das Bilden der Ableitung leichter ist, als die Funktion zu integrieren, bietet es sich hier an, die Stammfunktion abzuleiten.

$$F(x) = \frac{k}{4}x^4 + \frac{4}{3}x^3$$

$$F'(x) = kx^3 + 4x^2 \Rightarrow F'(x) = f(x)$$

- Der zweite Operator in der Aufgabe ist „Berechnen Sie"; das bedeutet, dass Sie das Ergebnis durch Berechnungen erzielen sollen.

Schritt 3:
Nutzen Sie die Lage des Hochpunkts und die Vorgabe k = –1, um den Graphen zu skizzieren.

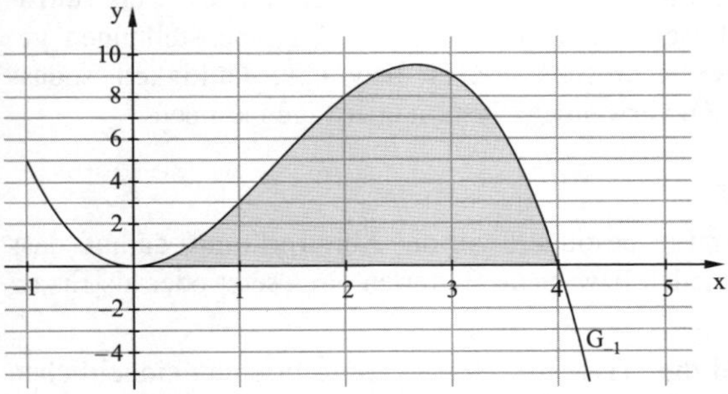

Schritt 4: Vom Gegebenen zum Gesuchten
Wie Sie an der Lösungsskizze erkennen, brauchen Sie für die Bestimmung der Fläche die beiden Nullstellen:

$$-x^3 + 4x^2 = 0 \Leftrightarrow x^2(-x+4) = 0 \Leftrightarrow x_1 = 0 \vee x_2 = 4$$

Für die Berechnung der Fläche benötigen Sie die Stammfunktion der Funktion, die angegeben ist:

$$\int_0^4 f(x)\,dx = [F(x)]_0^4 = \left[-\frac{1}{4}x^4 + \frac{4}{3}x^3\right]_0^4 = -\frac{256}{4} + \frac{256}{3} = \frac{256}{12} = \frac{64}{3}$$

Schritt 4: Vom Gesuchten zum Gegebenen
Um die gesuchte Fläche zu berechnen, benötigen Sie die Stammfunktion der Funktion, die angegeben ist:

$$\int_{x_1}^{x_2} f(x)\,dx = [F(x)]_{x_1}^{x_2} = \left[-\frac{1}{4}x^4 + \frac{4}{3}x^3\right]_{x_1}^{x_2}$$

Für die Berechnung des Integrals benötigen Sie die Integralgrenzen. Diese sind die Nullstellen der Funktion, wie Sie an der Lösungsskizze erkennen können.

$$-x^3 + 4x^2 = 0 \Leftrightarrow x^2(-x+4) = 0 \Leftrightarrow x_1 = 0 \vee x_2 = 4$$

Damit ergibt sich für das Integral:

$$\left[-\frac{1}{4}x^4+\frac{4}{3}x^3\right]_{x_1}^{x_2}=\left[-\frac{1}{4}x^4+\frac{4}{3}x^3\right]_0^4=-\frac{256}{4}+\frac{256}{3}=\frac{256}{12}=\frac{64}{3}$$

Schritt 5:
Um die Fläche abzuschätzen, können Sie in der Skizze die Kästchen abzählen, die von dem Graphen und der x-Achse eingeschlossen werden. Man erhält ca. 21 Kästchen, das passt gut zu dem errechneten Wert.

6 Hinweise zum Lösen mit dem GTR bzw. CAS

Der GTR bzw. das CAS ist ein Hilfsmittel zum Lernen (und auch zum Lehren) von Mathematik. In den vergangenen Jahren ist Ihnen der GTR bzw. das CAS ein selbstverständlicher Begleiter beim Lösen von mathematischen Aufgabenstellungen geworden. Die folgenden Hinweise haben für alle GTR bzw. CAS Gültigkeit, sodass Sie die Hinweise auf das von Ihnen verwendete System übertragen können.

Vor der Prüfung

- Achten Sie vor Prüfungen (und insbesondere vor der Abiturprüfung) darauf, dass Sie den Akku Ihres Geräts geladen bzw. neue Batterien eingesetzt oder als Ersatz griffbereit haben.
- Vor Beginn der Prüfung sind die GTR- bzw. CAS-Geräte in einen einheitlichen Ausgangszustand zu versetzen. Ihre Schule hat dazu spezielle (systemabhängige) Anweisungen. Es kann sein, dass Ihr System in einen Prüfungsmodus versetzt wird – ebenso ist es denkbar, dass der Speicher vollständig gelöscht wird. Wenn Sie auf Ihrem System Dateien gespeichert haben, die Sie später wieder benötigen, sollten Sie vorher zu Hause ein Back-up durchführen.
- Machen Sie sich rechtzeitig mit Bedienungshilfen Ihres Systems vertraut. So kann man z. B. den Kontrast oder die Bildschirmhelligkeit ändern (das kann bei bestimmten Lichtverhältnissen im Prüfungsraum nützlich sein). Bei manchen Systemen kann man auch Schriftgrößen ändern. Sie sollten auch wissen, wo Sie die Sprachlokalisation einstellen – wenn Sie in der Prüfung versehentlich Ihr System z. B. auf norwegische Sprache einstellen, sollten Sie wissen, wie Sie dies wieder ändern können.
- Machen Sie sich damit vertraut, wo Sie Grundeinstellungen Ihres Systems ändern können, z. B. die Anzahl angezeigter Dezimalstellen oder das Winkelmaß, in dem Ihr System in der Grundeinstellung rechnet.
- Machen Sie sich mit dem Variablenmanagement Ihres Geräts vertraut, sodass Sie Variablen löschen können oder überprüfen können, welche Variablen belegt sind. Das kann vermeintliche Fehlberechnungen (zustande gekommen durch belegte Variablen) verhindern. Manche Geräte zeigen sogar bereits bei der Eingabe an, wenn eine Variable durch einen Wert belegt ist.

- Machen Sie sich mit dem Dokumentenmanagement Ihres Systems vertraut. Moderne Geräte eröffnen die Möglichkeit, Berechnungen in Dokumenten zu speichern. Sie sollten wissen, wie Sie neue Dokumente erzeugen, abspeichern, editieren und später darauf zugreifen können.
- Ihr Gerät besitzt eine „Rückgängig-Funktion". Sie sollten wissen, wie Sie diese benutzen können.
- Machen Sie sich rechtzeitig mit den Hilfesystemen Ihres Geräts vertraut. So gibt es z. B. die Möglichkeit, zu einzelnen Befehlen eine kleine Syntax-Erklärung anzeigen zu lassen. Das kann bei Unsicherheiten während der Prüfung hilfreich sein.
- Machen Sie sich mit dem Funktionsplotter Ihres Systems vertraut, sodass Sie Sicherheit im Einstellen des Anzeigebereichs gewinnen. Für verschiedene Bedürfnisse gibt es oftmals eigene Einstellungsmöglichkeiten (automatische Anpassung an vorher gewählten x-Bereich, Auswahl bestimmter Quadranten u. Ä.).
- CAS rechnen (nach Möglichkeit) exakt. Machen Sie sich damit vertraut, wie Sie bewusst Näherungslösungen erzwingen können.
- Entwickeln Sie eine eigene Systematik für die Vergabe von Variablen und Bezeichnungen. Beispiele:
  - „f(x)" für den Funktionsterm
  - „a1f(x)" für den Term der ersten Ableitung
  - „a2f(x)" für den Term der zweiten Ableitung
  - „va", „vb" für die Vektoren $\vec{a}$ und $\vec{b}$
  - „a" für den Ortsvektor des Punktes A
  - „gg(x)", „gh(x)" für die Gerade g bzw. die Gerade h
  - …

Während der Prüfung

- Wenn Ihr Gerät ein Dokumentenmanagement besitzt, sollten Sie sich angewöhnen, für zumindest jede größere Aufgabenstellung ein eigenes Dokument zu verwenden. Das hat den Vorteil, dass in einem neuen Dokument der Variablenspeicher zurückgesetzt wird und Sie daher jeden Variablennamen im Dokument nutzen können. Zudem können Sie dadurch Fehler durch unwissentliches Übernehmen von Variablen, die bereits mit Werten belegt sind, vermeiden. Wenn Sie im weiteren Verlauf der Prüfung an einer anderen Aufgabe arbeiten, können Sie das zugehörige Dokument öffnen und müssen nicht alle Variablen und Funktionen neu definieren.
- Es ist zweckmäßig, Namen von Variablen und Funktionen so zu wählen, wie sie in der Aufgabenstellung vorgegeben werden. Achten Sie darauf, dass Sie den gleichen Namen nicht mehrfach vergeben und dadurch die definierten Werte oder Terme überschreiben. Manche Geräte können jedoch nur mit der Variable x umgehen, benennen Sie daher bei der Eingabe im Rechner z. B. das t in f(t) entsprechend in x als f(x) um.

- Sollte ein unerwartetes Ergebnis auftreten, überprüfen Sie immer Ihre Eingabe. So kann es sein, dass z. B. der Term „ab − a · b“ nicht von Ihrem Gerät vereinfacht wird, weil Sie im ersten Teil vergessen haben, das Multiplikationszeichen einzugeben und Ihr Gerät nun dies als eigenständige Variable „ab“ interpretiert.
- Machen Sie sich stets die vorliegende Situation klar und prüfen Sie die von Ihrem Gerät erhaltenen Ergebnisse auf Plausibilität. Vertrauen Sie Ihrem Gerät nicht blind.
- Vergessen Sie nicht, dass Sie mit einem GTR bzw. CAS schnell z. B. Funktionsgraphen erhalten. Das kann Überlegungen unterstützen, wie z. B. die Frage nach Vorzeichenbereichen oder Steigungsverhalten.
- Beachten Sie die Formulierung von Aufgabenstellungen. Manchmal werden Anforderungen an die Dokumentation von Lösungen gestellt.

Zur Dokumentation von Lösungen

- Dokumentieren Sie Ihre Lösungen nachvollziehbar.
- Bei Ihrer Dokumentation soll erkennbar sein, auf welche Art und in welchem Umfang Sie Ihr Gerät eingesetzt haben.
  Beispiel: Sie lösen die Gleichung $3x^3 - 2x^2 + 2 = 1$ und dokumentieren:

  $3x^3 - 2x^2 + 2 = 1$

  GTR/CAS: $x \approx -0{,}528$
- Verzichten Sie in Ihren Lösungen auf Syntax.
- Kommt in der Aufgabenstellung der Operator „berechnen“ oder der Zusatz „rechnerisch“ in Verbindung mit einem anderen Operator vor, müssen Sie sowohl den Ansatz als auch den Rechenweg mit den einzelnen Berechnungen dokumentieren. Alle mathematischen Ausdrücke wie z. B. Gleichungen oder Terme sind explizit anzugeben. Die Ermittlung der Lösung z. B. durch ein Abtasten des Graphen oder die Angabe des entsprechenden Rechnerbefehls reichen nicht aus.
- Achten Sie darauf, die mit dem GTR oder CAS gewonnenen Ergebnisse auch in den Sachzusammenhang einzuordnen.
- Kommt in der Aufgabenstellung das Wort „exakt“ vor, so reicht eine Lösung mit dem GTR nicht aus. Ein GTR liefert meistens nur Näherungslösungen.

Übungsaufgaben im Stil der Abiturprüfung
Prüfungsteil A – Aufgabe ohne Hilfsmittel

a) Gegeben sind die Funktionen f und g mit den Gleichungen
$f(x) = 3x^2 - 12x + 9,\ x \in \mathbb{R}$ und $g(x) = -3x + 9,\ x \in \mathbb{R}$.

(1) Ermitteln Sie, an welcher Stelle x die Graphen der Funktionen f und g die gleiche Steigung besitzen.

(2) Berechnen Sie den Inhalt der Fläche, die von den Graphen der Funktionen f und g begrenzt wird.

b) Der Graph in der Abbildung zeigt die (idealisierte) Ganglinie des Stauinhalts der Möhnetalsperre für das Jahr 2019.
Auf der x-Achse sind die Monate Januar (1) bis Dezember (12), auf der y-Achse ist der Stauinhalt [in Mio. m^3] abgetragen.

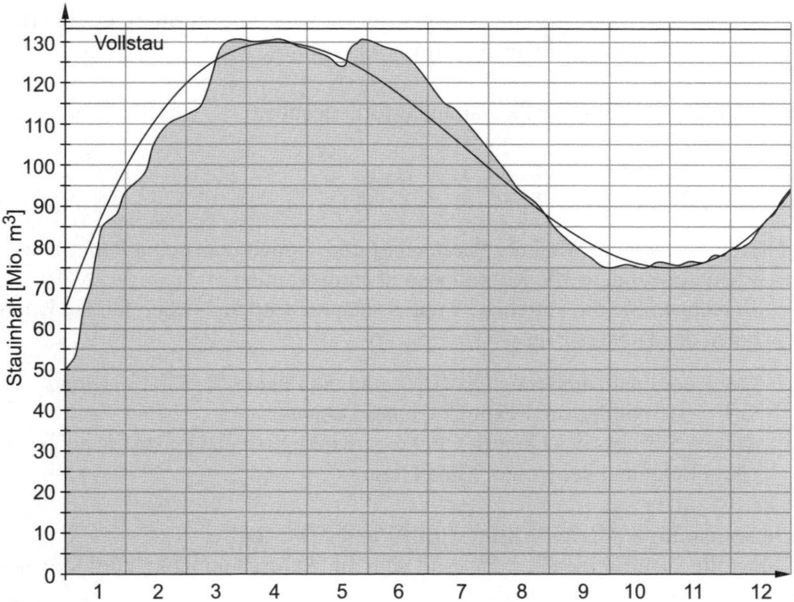

Quelle: Ruhrverband

(1) Kreuzen Sie die richtige Aussage an und begründen Sie Ihre Antwort.
Die Ganglinie ist (im dargestellten Ausschnitt) modellierbar durch

☐ eine lineare Funktion.

☐ eine quadratische Funktion.

☐ ein Polynom dritten oder höheren Grades.

(2) Entscheiden Sie begründet, welche der folgenden Aussagen zutreffen (mehrere Antworten sind möglich). Argumentieren Sie mithilfe der Ganglinie.

☐ Im Jahr 2019 war der Stauinhalt am 1. Januar geringer als am 31. Dezember.

☐ Am 15. April wurde der Vollstau erreicht. Danach ist stets mehr Wasser aus der Möhne abgeflossen als hineingeflossen.

☐ Am 31. Oktober hatte die Zuflussrate (Differenz aus Zufluss und Abfluss zu einem Zeitpunkt) den Wert 0.

☐ Im Jahr 2019 hatte die Zuflussrate Mitte August ein lokales Minimum.

(3) Die Zuflussrate für das Jahr 2019 sei durch eine Funktion f modellierbar. Erläutern Sie, wie man berechnen kann, wie viel Wasser im Zeitraum [10; 12] in die Möhnetalsperre hineingeflossen ist.

c) Von der Ebene E ist folgende Parameterform gegeben:

$$E: \vec{x} = \begin{pmatrix} 3 \\ -4 \\ -3 \end{pmatrix} + r \cdot \begin{pmatrix} 1 \\ 0 \\ 1 \end{pmatrix} + s \cdot \begin{pmatrix} -2 \\ 3 \\ 4 \end{pmatrix}; \; r, s \in \mathbb{R}$$

(1) Durch geeignete Wahl der Parameter r und s erhält man einen Punkt P der Ebene E, bei dem alle Koordinaten übereinstimmen.
Berechnen Sie die Parameter r und s entsprechend und geben Sie die Koordinaten des Punktes P an.

(2) Der Koordinatenursprung $O(0\,|\,0\,|\,0)$ und die Punkte $P(-1\,|\,-1\,|\,-1)$ und $Q(0\,|\,-3\,|\,0)$ bilden die Eckpunkte eines Dreiecks.
Zeigen Sie, dass das Dreieck OPQ rechtwinklig ist, und geben Sie an, bei welchem Eckpunkt der rechte Winkel liegt.

d) Ein sechsseitiger idealer Würfel wird 10-mal geworfen.
Geben Sie jeweils einen Term an, mit dem die Wahrscheinlichkeit der folgenden Ereignisse berechnet werden kann.

(1) A: Es wird höchstens 1-mal eine Eins gewürfelt.

(2) B: Es werden genau 5 gerade Zahlen gewürfelt.

(3) C: Es wird nur beim ersten Mal eine Eins gewürfelt.

Hinweise und Tipps

Teilaufgabe a

(1) Geben Sie die Steigung des Graphen der Funktion f mithilfe der 1. Ableitung an.

Beachten Sie, dass der Graph der Funktion g eine Gerade ist. Überlegen Sie sich, welche Steigung die Gerade besitzt.

Gesucht ist die Stelle x, an der der Funktionsterm der 1. Ableitung von f mit der Steigung der Geraden übereinstimmt.

(2) Bestimmen Sie die Schnittstellen der Graphen der beiden Funktionen.

Stellen Sie einen Term für die Differenzfunktion von f und g auf.

Integrieren Sie über die Differenzfunktion. Die Integrationsgrenzen sind die Schnittstellen.

Achten Sie darauf, dass eine Fläche keinen negativen Flächeninhalt besitzen kann.

Teilaufgabe b

(1) Untersuchen Sie, wie viele Extremstellen die Ganglinie mindestens hat.

Schlussfolgern Sie daraus auf den Grad der 1. Ableitung und auf den Grad der Funktion selbst.

(2) Betrachten Sie für die Aussagen besondere Merkmale von Funktionen, wie z. B. Extremstellen oder Wendepunkte.

(3) Stellen Sie ein Integral auf, mit dem die Wassermenge berechnet werden kann.

Teilaufgabe c

(1) Bestimmen Sie den Ortsvektor eines Punktes, bei dem alle Koordinaten übereinstimmen.

Setzen Sie diesen Ortsvektor mit der vorgegebenen Ebenengleichung gleich und lösen Sie das daraus resultierende lineare Gleichungssystem.

Vergessen Sie nicht, die Parameter r und s sowie die Koordinaten des Punktes P anzugeben.

(2) Bilden Sie die Seitenvektoren des Dreiecks jeweils als Differenz der Ortsvektoren zweier Eckpunkte des Dreiecks.

Überlegen Sie, welche Eigenschaft das Skalarprodukt zweier Vektoren erfüllt, wenn die Vektoren senkrecht aufeinander stehen.

Berechnen Sie jeweils das Skalarprodukt zweier Seitenvektoren.

Entnehmen Sie dem Vektorpaar, das aufeinander senkrecht steht, den gemeinsamen Eckpunkt, bei dem der rechte Winkel liegt.

Alternativ: Berechnen Sie die Seitenlängen des Dreiecks und wenden Sie die Umkehrung des Satzes des Pythagoras an.

Teilaufgabe d

(1) Betrachten Sie für das Ereignis A die Zufallsgröße X, die die Anzahl der gewürfelten Einsen angibt.

Es handelt sich um eine binomialverteilte Zufallsgröße mit $n = 10$ und $p = \frac{1}{6}$.

Geben Sie einen Term für $P(X \leq 1)$ an.

(2) Definieren Sie für das Ereignis B die Zufallsgröße Y, die die Anzahl der gewürfelten geraden Zahlen angibt.

Da bei einem sechsseitigen Würfel die Augenzahlen 2, 4 und 6 gerade sind, ist die Zufallsgröße Y binomialverteilt mit $n = 10$ und $p = 0{,}5$.

Geben Sie einen Term für $P(Y = 5)$ an.

(3) Beachten Sie, dass beim Ereignis C auf die Reihenfolge geachtet werden muss.

Stellen Sie mithilfe der Pfadmultiplikationsregel einen geeigneten Term für die gesuchte Wahrscheinlichkeit auf.

Alternativ: Betrachten Sie wieder die Zufallsgröße X.

Stellen Sie einen Term für $P(X = 1)$ auf und überlegen Sie, durch welche Zahl diese Wahrscheinlichkeit geteilt werden muss, um zu berücksichtigen, dass die Eins beim ersten Wurf erscheint.

Lösung

a) (1) Die 1. Ableitung von f gibt die Steigung des Graphen der Funktion f an.

$f'(x) = 6x - 12$

Der Graph der Funktion g ist eine Gerade mit der Steigung $m = -3$.

Durch Gleichsetzen des Funktionsterms der 1. Ableitung mit der Steigung der Geraden ergibt sich:

$$\begin{aligned} 6x - 12 &= -3 \quad &|+12 \\ 6x &= 9 \quad &|:6 \\ x &= 1{,}5 \end{aligned}$$

An der Stelle $x = 1{,}5$ besitzen die Graphen von f und g die gleiche Steigung.

(2) Zur Berechnung des Inhalts der von den Graphen der Funktionen f und g eingeschlossenen Fläche werden die Schnittstellen von f und g bestimmt. Diese ergeben sich durch Gleichsetzen der Funktionsterme.

$$\begin{aligned} 3x^2 - 12x + 9 &= -3x + 9 \quad &|+3x-9 \\ 3x^2 - 9x &= 0 \\ 3x \cdot (x-3) &= 0 \end{aligned}$$

Ein Produkt wird null, wenn wenigstens ein Faktor null ist.

$x_1 = 0$ oder $x_2 = 3$

Zur Berechnung des Flächeninhalts wird über die Differenzfunktion integriert.

$d(x) = f(x) - g(x) = 3x^2 - 12x + 9 - (-3x + 9) = 3x^2 - 9x$

Da Flächen immer positiv sind, wird der Betrag benötigt.

$$\begin{aligned} A &= \left| \int_0^3 d(x)\,dx \right| = \left| \int_0^3 (3x^2 - 9x)\,dx \right| \\ &= \left| \left[x^3 - \frac{9}{2}x^2 \right]_0^3 \right| \\ &= \left| 27 - \frac{81}{2} - 0 \right| \\ &= |\,27 - 40{,}5\,| \\ &= |-13{,}5| = 13{,}5\,[\text{FE}] \end{aligned}$$

Alternativ:

Statt den Betrag zu verwenden, kann auch mithilfe geeigneter Funktionswerte, z. B. f(1) und g(1), festgestellt werden, dass der Graph der Funktion g zwischen den Integrationsgrenzen oberhalb des Graphen von f verläuft. Wird als Differenzfunktion nicht $f(x) - g(x)$, sondern $g(x) - f(x)$ gewählt, ergibt sich bei der Integration auch ohne Berücksichtigung des Betrags ein positiver Wert.

b) (1) ☒ ein Polynom dritten oder höheren Grades.

Die Ganglinie hat im dargestellten Ausschnitt ein lokales Maximum und ein lokales Minimum. Folglich muss die 1. Ableitung der Modellfunktion zwei (oder mehr) Nullstellen besitzen (notwendiges Kriterium für lokale Extremstellen). Die 1. Ableitung muss also ein Polynom zweiten (oder höheren) Grades sein. Somit ist die Modellfunktion ein Polynom dritten (oder höheren) Grades (als Stammfunktion).

(2) ☒ Im Jahr 2019 war der Stauinhalt am 1. Januar geringer als am 31. Dezember.

Am 1. Januar betrug der Stauinhalt ca. 65 Mio. m^3, am 31. Dezember ca. 95 Mio. m^3. Die Aussage ist richtig.

☐ Am 15. April wurde der Vollstau erreicht. Danach ist stets mehr Wasser aus der Möhne abgeflossen als hineingeflossen.

Vom 15. April bis zum 31. Oktober hat der Stauinhalt zwar abgenommen, danach aber bis zum Jahresende wieder zugenommen. Folglich ist die Aussage falsch.

☒ Am 31. Oktober hatte die Zuflussrate den Wert 0.

Am 31. Oktober hatte die Ganglinie ein lokales Minimum. Es floss genauso viel Wasser in die Talsperre hinein wie heraus. Die Aussage ist richtig.

☒ Im Jahr 2019 hatte die Zuflussrate Mitte August ein lokales Minimum.

Die Ganglinie hat Mitte August einen Wendepunkt. Die Aussage ist richtig.

(3) Die Zufluss- bzw. Abflussmengen berechnen sich durch das bestimmte Integral im betreffenden Zeitraum:

$$\int_{10}^{12} f(t)\,dt$$

Daher muss von f(t) eine Stammfunktion aufgestellt werden und das Integral berechnet werden.

c) (1) Der Punkt P, bei dem alle Koordinaten übereinstimmen, besitzt mit einem weiteren Parameter $t \in \mathbb{R}$ den Ortsvektor:

$$\vec{p} = \begin{pmatrix} t \\ t \\ t \end{pmatrix}$$

Um nun die Parameter r, s und t zu bestimmen, wird der Ortsvektor des Punktes P mit der Parameterform der Ebene E gleichgesetzt:

$$\begin{pmatrix} t \\ t \\ t \end{pmatrix} = \begin{pmatrix} 3 \\ -4 \\ -3 \end{pmatrix} + r \cdot \begin{pmatrix} 1 \\ 0 \\ 1 \end{pmatrix} + s \cdot \begin{pmatrix} -2 \\ 3 \\ 4 \end{pmatrix}$$

Es ergibt sich ein lineares Gleichungssystem mit drei Variablen:

$$\begin{array}{ll} \text{I} & t = 3 + r - 2s \\ \text{II} & t = -4 + 3s \\ \text{III} & t = -3 + r + 4s \end{array}$$

$$\begin{array}{ll} \text{I} & t = 3 + r - 2s \\ \text{II} & t = -4 + 3s \\ \text{III} - \text{I} & 0 = -6 + 6s \quad \Leftrightarrow \quad 6 = 6s \quad \Leftrightarrow \quad s = 1 \end{array}$$

Einsetzen von $s = 1$ in II:

$t = -4 + 3 \cdot 1 = -1$

Einsetzen von $s = 1$ und $t = -1$ in I:

$$\begin{aligned} -1 &= 3 + r - 2 \cdot 1 \qquad \big| -3 + 2 \\ -1 - 3 + 2 &= r \\ -4 + 2 &= r \\ -2 &= r \end{aligned}$$

Die gesuchten Parameter lauten $r = -2$ und $s = 1$ und der Punkt P besitzt die Koordinaten $P(-1\,|-1\,|-1)$.

(2) Im Dreieck OPQ bilden die Vektoren $\overrightarrow{OP}$, $\overrightarrow{OQ}$ und $\overrightarrow{PQ}$ die Dreiecksseiten.

$$\overrightarrow{OP} = \begin{pmatrix} -1 \\ -1 \\ -1 \end{pmatrix} - \begin{pmatrix} 0 \\ 0 \\ 0 \end{pmatrix} = \begin{pmatrix} -1 \\ -1 \\ -1 \end{pmatrix}$$

$$\overrightarrow{OQ} = \begin{pmatrix} 0 \\ -3 \\ 0 \end{pmatrix} - \begin{pmatrix} 0 \\ 0 \\ 0 \end{pmatrix} = \begin{pmatrix} 0 \\ -3 \\ 0 \end{pmatrix}$$

$$\overrightarrow{PQ} = \begin{pmatrix} 0 \\ -3 \\ 0 \end{pmatrix} - \begin{pmatrix} -1 \\ -1 \\ -1 \end{pmatrix} = \begin{pmatrix} 1 \\ -2 \\ 1 \end{pmatrix}$$

Das Dreieck ist dann rechtwinklig, wenn zwei dieser Seitenvektoren aufeinander senkrecht stehen. Dies ist der Fall, wenn ihr Skalarprodukt gleich null ist.

$$\overrightarrow{OP} \circ \overrightarrow{OQ} = \begin{pmatrix} -1 \\ -1 \\ -1 \end{pmatrix} \circ \begin{pmatrix} 0 \\ -3 \\ 0 \end{pmatrix} = (-1) \cdot 0 - 1 \cdot (-3) - 1 \cdot 0 = 0 + 3 - 0 = 3 \neq 0$$

$$\overrightarrow{OP} \circ \overrightarrow{PQ} = \begin{pmatrix} -1 \\ -1 \\ -1 \end{pmatrix} \circ \begin{pmatrix} 1 \\ -2 \\ 1 \end{pmatrix} = -1 \cdot 1 - 1 \cdot (-2) - 1 \cdot 1 = -1 + 2 - 1 = 0$$

$$\overrightarrow{OQ} \circ \overrightarrow{PQ} = \begin{pmatrix} 0 \\ -3 \\ 0 \end{pmatrix} \circ \begin{pmatrix} 1 \\ -2 \\ 1 \end{pmatrix} = 0 \cdot 1 - 3 \cdot (-2) + 0 \cdot 1 = 0 + 6 + 0 = 6 \neq 0$$

Die Vektoren $\overrightarrow{OP}$ und $\overrightarrow{PQ}$ stehen senkrecht aufeinander. Der rechte Winkel wird von diesen Vektoren eingeschlossen und liegt somit beim Eckpunkt P.

Alternativ:
Für die Seitenlängen des Dreiecks gilt:

$$\overline{OP} = |\overrightarrow{OP}| = \left|\begin{pmatrix}-1\\-1\\-1\end{pmatrix}\right| = \sqrt{(-1)^2+(-1)^2+(-1)^2} = \sqrt{3}\,[\text{LE}]$$

$$\overline{OQ} = |\overrightarrow{OQ}| = \left|\begin{pmatrix}0\\-3\\0\end{pmatrix}\right| = \sqrt{0^2+(-3)^2+0^2} = \sqrt{9} = 3\,[\text{LE}]$$

$$\overline{PQ} = |\overrightarrow{PQ}| = \left|\begin{pmatrix}1\\-2\\1\end{pmatrix}\right| = \sqrt{1^2+(-2)^2+1^2} = \sqrt{6}\,[\text{LE}]$$

Es gilt:

$$\overline{OP}^2 + \overline{PQ}^2 = \overline{OQ}^2$$
$$\left(\sqrt{3}\right)^2 + \left(\sqrt{6}\right)^2 = 3^2$$
$$3+6 = 3^2$$
$$9 = 9 \quad \text{(wahre Aussage)}$$

Nach der Umkehrung des Satzes des Pythagoras ist das Dreieck OPQ rechtwinklig mit den Katheten $\overline{OP}$ und $\overline{PQ}$ sowie der Hypotenuse $\overline{OQ}$. Der rechte Winkel liegt somit beim Eckpunkt P.

d) (1) Für das Ereignis A wird als Zufallsgröße X die Anzahl der gewürfelten Einsen betrachtet. Es handelt sich um eine binomialverteilte Zufallsgröße mit $n=10$ und $p=\frac{1}{6}$.

$$P(A) = P(X \le 1) = P(X=0) + P(X=1)$$
$$= \binom{10}{0}\cdot\left(\frac{1}{6}\right)^0\cdot\left(\frac{5}{6}\right)^{10} + \binom{10}{1}\cdot\left(\frac{1}{6}\right)^1\cdot\left(\frac{5}{6}\right)^9$$
$$= \left(\frac{5}{6}\right)^{10} + 10\cdot\frac{1}{6}\cdot\left(\frac{5}{6}\right)^9$$

(2) Für das Ereignis B wird die Zufallsgröße Y definiert, die die Anzahl der geraden Zahlen beim 10-maligen Würfeln angibt. Da bei einem sechsseitigen Würfel die Augenzahlen 2, 4 und 6 gerade sind, liegt die Trefferwahrscheinlichkeit bei $p=0{,}5$. Die Zufallsgröße Y ist somit binomialverteilt mit $n=10$ und $p=0{,}5$.

$$P(B) = P(Y=5) = \binom{10}{5}\cdot 0{,}5^5\cdot 0{,}5^5 = \binom{10}{5}\cdot 0{,}5^{10}$$

(3) Beim Ereignis C ist die Reihenfolge wichtig.

Die Wahrscheinlichkeit, im ersten Wurf eine Eins zu würfeln, beträgt $p=\frac{1}{6}$.
Die Wahrscheinlichkeit, bei den neun folgenden Versuchen keine Eins mehr zu würfeln, ist jeweils $q=\frac{5}{6}$.

Die gesuchte Wahrscheinlichkeit kann mithilfe der Pfadmultiplikationsregel berechnet werden:

$$P(C)=\frac{1}{6}\cdot\left(\frac{5}{6}\right)^9$$

Alternativ:
Die Wahrscheinlichkeit, bei $n=10$ Würfen eine Eins zu würfeln, beträgt:

$$P(X=1)=\binom{10}{1}\cdot\left(\frac{1}{6}\right)^1\cdot\left(\frac{5}{6}\right)^9=10\cdot\frac{1}{6}\cdot\left(\frac{5}{6}\right)^9$$

Diese Wahrscheinlichkeit berücksichtigt aber noch nicht, bei welchem Wurf die Eins gewürfelt wird. Sie kann beim ersten bis zehnten Wurf erscheinen. Da beim Ereignis C festgelegt ist, dass die Eins beim ersten Mal gewürfelt wird, muss die Wahrscheinlichkeit noch durch 10 geteilt werden:

$$P(C)=\frac{1}{10}\cdot P(X=1)=\frac{1}{10}\cdot 10\cdot\frac{1}{6}\cdot\left(\frac{5}{6}\right)^9=\frac{1}{6}\cdot\left(\frac{5}{6}\right)^9$$

Übungsaufgaben im Stil der Abiturprüfung
Prüfungsteil B – Analysis B1

Eingeschlossen von der Bundesstraße B 480, die in einem geeigneten Koordinatensystem entlang der x-Achse verläuft, und dem Graphen der Funktion f mit der Gleichung

$f(x) = x^4 - 10x^3 + 33x^2 - 40x + 16, \; x \in \mathbb{R}$

befindet sich ein See. Der Sachverhalt ist in der Abbildung skizziert.

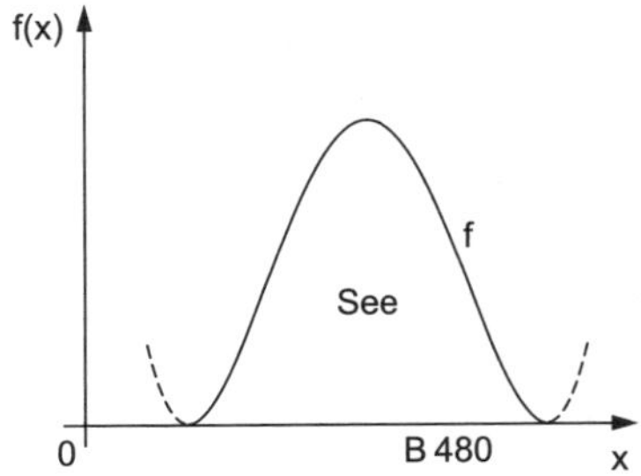

Abbildung

a) (1) Berechnen Sie die Größe des Sees unter der Annahme, dass 1 Längeneinheit 50 m sind.

(2) Es wird vermutet, dass im Punkt A des Sees, der am weitesten von der Bundesstraße entfernt ist, eine Verschmutzung stattgefunden hat. Bestimmen Sie unter Angabe der Ableitungen der Funktion f und des rechnerischen Nachweises der hinreichenden Bedingung die Koordinaten von A.

b) An der Stelle des Sees, an dem die Verschmutzung vermutet wird, werden Wasserproben entnommen und die Anzahl der Kleinlebewesen in den Proben wird ermittelt. Die Ergebnisse der Proben sind in der Tabelle dargestellt:

Zeit in Tagen nach Beobachtungsbeginn	0	1	4	10	21
Anzahl der Kleinlebewesen	2 000	1 810	1 350	740	250

Tabelle

(1) Begründen Sie, warum im angegebenen Zeitraum von einer exponentiellen Abnahme ausgegangen werden kann.

(2) Unter Berücksichtigung, dass zu Beginn der Beobachtung 2 000 Kleinlebewesen und nach 21 Tagen nur noch 250 Kleinlebewesen in den entsprechenden Proben gezählt werden, soll die exponentielle Abnahme nun durch eine Funktion modelliert werden.
Zeigen Sie durch Lösen eines Gleichungssystems, dass die Modellierung auf eine Funktion mit der Gleichung

$a(t) = 2\,000 \cdot e^{-0{,}099t}, \; 0 \le t \le 21$

führt. Dabei wird t als Maßzahl zur Einheit 1 Tag und a(t) als Anzahl der Kleinlebewesen zum Zeitpunkt t aufgefasst.

(3) Berechnen Sie, während welchen Tages nach Beobachtungsbeginn gemäß der Modellierung nur noch 30 % des ursprünglich ermittelten Anfangsbestandes an Kleinlebewesen vorhanden sind.

c) Nach 21 Tagen werden Filter eingesetzt mit dem Ziel, die Verschmutzung zu reduzieren, sodass wieder mehr Kleinlebewesen im Wasser vorkommen. Die Anzahl der Kleinlebewesen in den Proben, die ab diesem Zeitpunkt genommen werden, lässt sich mithilfe der Funktion g mit der Gleichung

$g(t) = 0{,}05t^3 - 3t^2 + 50t + 59{,}95,\ \ 21 < t \le 60$

modellieren.

(1) Bestimmen Sie, am wievielten Tag nach dem Filtereinsatz wieder die gleiche Anzahl an Kleinlebewesen in den Proben enthalten ist wie am Beobachtungsbeginn aus Teilaufgabe b.

(2) Berechnen Sie den Zeitpunkt t, ab dem sich der Einsatz der Filter positiv auf die Anzahl der Kleinlebewesen in den Wasserproben auswirkt.
Geben Sie auch an, wie viele Kleinlebewesen zu diesem Zeitpunkt in der Probe gezählt werden können.

(3) Ermitteln Sie, um wie viel Prozent sich die Anzahl der Kleinlebewesen in den Proben trotz des Filtereinsatzes bis zu dem in Teilaufgabe c (2) berechneten Zeitpunkt noch verringert.

Hinweise und Tipps

Teilaufgabe a

(1) Ermitteln Sie die gemeinsamen Punkte der Begrenzung des Sees mit der Bundesstraße.

Berechnen Sie den Inhalt der Fläche, die der Graph der Funktion f mit der x-Achse einschließt, mit einem bestimmten Integral.

Beachten Sie bei der Berechnung der Größe des Sees, dass 1 Flächeneinheit 2 500 m^2 sind.

(2) Überlegen Sie, welche Bedeutung die Eigenschaft „am weitesten von der Bundesstraße entfernt" für den Graphen der Funktion hat.

Die notwendige Bedingung für eine Maximalstelle ist: $f'(x) = 0$

Die hinreichende Bedingung für eine Maximalstelle ist: $f'(x) = 0$ und $f''(x) < 0$

Vergessen Sie nicht, die Koordinaten des Punktes anzugeben.

Teilaufgabe b

(1) Von einer exponentiellen Abnahme kann dann ausgegangen werden, wenn der Abnahmefaktor je Zeiteinheit annähernd gleich ist.

Berechnen Sie den Abnahmefaktor durch Aufstellen geeigneter Gleichungen.

(2) Stellen Sie mithilfe der vorgegebenen Wertepaare ein Gleichungssystem auf und lösen Sie dieses.

(3) Berechnen Sie 30 % des Anfangsbestandes. Setzen Sie das Ergebnis mit dem Funktionsterm gleich und lösen Sie die Gleichung.

Setzen Sie das Ergebnis mit dem Funktionsterm gleich und lösen Sie die Gleichung.

Teilaufgabe c

(1) Lösen Sie die Gleichung $g(t) = 2\,000$ mit einem geeigneten Rechnerbefehl oder grafisch.

Geben Sie an, welchem Tag nach dem Filtereinsatz ($t = 21$) die Lösung entspricht.

(2) Überlegen Sie, welche Bedeutung die Eigenschaft „wirkt sich positiv aus" für den Verlauf des Graphen der Funktion hat.

Die notwendige Bedingung für eine Minimalstelle ist: $g'(t) = 0$

Die hinreichende Bedingung für eine Minimalstelle ist: $g'(t) = 0$ und $g''(t) > 0$

Achten Sie auf den Definitionsbereich der Funktion.

Vergessen Sie nicht, den Funktionswert zu diesem Zeitpunkt zu berechnen.

(3) Überlegen Sie, welche Anzahlen der Kleinlebewesen den Grund- bzw. Prozentwert darstellen, und berechnen Sie den Prozentsatz.

Lösung

a) (1) Zur Berechnung des Flächeninhaltes des Sees werden die gemeinsamen Punkte des Graphen der Funktion f, durch den der See begrenzt wird, mit der Bundesstraße B 480 ermittelt. Dies sind die Schnitt- bzw. Berührpunkte des Graphen mit der x-Achse, also die Nullstellen der Funktion f.

GTR

$f(x):=x^4-10\cdot x^3+33\cdot x^2-40\cdot x+16$	*Fertig*
polyRoots(f(x),x)	{1,1,4,4}

CAS

$f(x):=x^4-10\cdot x^3+33\cdot x^2-40\cdot x+16$	*Fertig*
solve(f(x)=0,x)	x=1 or x=4

Die Funktion f hat die doppelten Nullstellen $x_1 = 1$ und $x_2 = 4$.

Die Größe des Sees entspricht im Modell dem Inhalt der Fläche, die der Graph der Funktion f mit der x-Achse einschließt. Dieser Flächeninhalt ist gleich dem Wert des Integrals der Funktion f im Bereich [1; 4].

$$\int_1^4 f(x)\,dx = 8{,}1\,[\text{FE}]$$

Da 1 Längeneinheit 50 m sind, entspricht 1 Flächeneinheit folgende Quadratmeterzahl:

$50\text{ m}\cdot 50\text{ m} = 2\,500\text{ m}^2$

Die Fläche des Sees beträgt somit:

$8{,}1\cdot 2\,500\text{ m}^2 = 20\,250\text{ m}^2$

[Umgerechnet in Ar sind dies 202,5 a.]

GTR/CAS

$\int_1^4 f(x)\,dx$	8.1
$8.1\cdot 2500$	20250.

(2) Der Punkt, der am weitesten von der Bundesstraße B 480 entfernt ist, ist der lokale (relative) Hochpunkt des Graphen der Funktion f.

Die 1. Ableitung der Funktion f wird mit der Summen- und Potenzregel bestimmt:

$$f'(x) = 4\cdot x^3 - 10\cdot 3x^2 + 33\cdot 2x - 40$$
$$= 4x^3 - 30x^2 + 66x - 40$$

Notwendige Bedingung für eine Maximalstelle: $f'(x) = 0$

$$f'(x) = 0 \;\Leftrightarrow\; x_1 = 1 \text{ oder } x_2 = \frac{5}{2} \text{ oder } x_3 = 4$$

Die Stellen $x_1 = 1$ und $x_3 = 4$ kommen für ein Maximum nicht infrage, da sie die gemeinsamen Punkte des Graphen der Funktion f mit der x-Achse sind. Somit bleibt nur $x_2 = \frac{5}{2}$ als Kandidat für eine Maximalstelle.

GTR

$a1f(x):=4\cdot x^3-30\cdot x^2+66\cdot x-40$	*Fertig*
polyRoots(a1f(x),x)	$\left\{1,\frac{5}{2},4\right\}$

CAS

$a1f(x):=\frac{d}{dx}(f(x))$	*Fertig*
a1f(x)	$4\cdot x^3-30\cdot x^2+66\cdot x-40$
solve(a1f(x)=0,x)	x=1 or $x=\frac{5}{2}$ or x=4

Für die 2. Ableitung der Funktion f gilt:

$$f''(x) = 4 \cdot 3x^2 - 30 \cdot 2x + 66$$
$$= 12x^2 - 60x + 66$$

Hinreichende Bedingung für eine Maximalstelle: $f'(x) = 0$ und $f''(x) < 0$

$$f''\left(\frac{5}{2}\right) = -9 < 0$$

Durch Berechnung des entsprechenden Funktionswertes ergibt sich, dass der Punkt $A\left(\frac{5}{2} \,\middle|\, \frac{81}{16}\right)$ am weitesten von der Bundesstraße entfernt ist.

GTR

$a2f(x) := 12 \cdot x^2 - 60 \cdot x + 66$ — Fertig

CAS

$a2f(x) := \frac{d^2}{dx^2}(f(x))$ — Fertig

$a2f(x)$ — $12 \cdot x^2 - 60 \cdot x + 66$

GTR/CAS

$a2f\left(\frac{5}{2}\right)$ — -9

$f\left(\frac{5}{2}\right)$ — $\frac{81}{16}$

b) (1) Von einer exponentiellen Abnahme kann dann ausgegangen werden, wenn der Abnahmefaktor je Zeiteinheit annähernd gleich ist.

Ist B_0 der Anfangsbestand und q der Abnahmefaktor, so erhält man zu den angegebenen Zeiten bei einer exponentiellen Abnahme folgende allgemeine Werte:

Zeit in Tagen nach Beobachtungsbeginn	0	1	4	10	21
Anzahl der Kleinlebewesen	2 000	1 810	1 350	740	250
Werte bei exponentieller Abnahme	B_0	$B_0 \cdot q^1$	$B_0 \cdot q^4$	$B_0 \cdot q^{10}$	$B_0 \cdot q^{21}$

Aus der ersten Spalte der Tabelle kann der Anfangsbestand $B_0 = 2\,000$ abgelesen werden. Aus den weiteren Spalten erhält man dann:

$$1\,810 = 2\,000 \cdot q^1 \Rightarrow q = \frac{1\,810}{2\,000} = 0{,}905$$

$$1\,350 = 2\,000 \cdot q^4 \Rightarrow q = \sqrt[4]{\frac{1\,350}{2\,000}} \approx 0{,}906$$

$$740 = 2\,000 \cdot q^{10} \Rightarrow q = \sqrt[10]{\frac{740}{2\,000}} \approx 0{,}905$$

$$250 = 2\,000 \cdot q^{21} \Rightarrow q = \sqrt[21]{\frac{250}{2\,000}} \approx 0{,}906$$

GTR/CAS

$\text{approx}\left(\frac{1810}{2000}\right)$ — 0.905

$\text{approx}\left(\sqrt[4]{\frac{1350}{2000}}\right)$ — 0.906413

$\text{approx}\left(\sqrt[10]{\frac{740}{2000}}\right)$ — 0.905358

$\text{approx}\left(\sqrt[21]{\frac{250}{2000}}\right)$ — 0.905724

Der Wachstumsfaktor q ist annähernd gleich. Daher kann von einer exponentiellen Abnahme ausgegangen werden.

(2) Exponentielles Wachstum bzw. exponentielle Abnahme können im Allgemeinen durch eine Funktion mit der Gleichung $a(t) = b \cdot e^{k \cdot t}$, $t \geq 0$ beschrieben werden.

Unter Berücksichtigung der beiden im Aufgabentext angegebenen Probenergebnisse ergibt sich folgendes Gleichungssystem:

I $\quad a(0) = b \cdot e^{k \cdot 0} \quad \Leftrightarrow \quad 2\,000 = b \cdot e^{0} \quad \Leftrightarrow \quad 2\,000 = b$

II $\quad a(21) = b \cdot e^{k \cdot 21} \quad \Leftrightarrow \quad 250 = b \cdot e^{k \cdot 21}$

Einsetzen von $b = 2\,000$ aus Gleichung I in Gleichung II führt auf:

$250 = 2\,000 \cdot e^{k \cdot 21}$

Als Lösung ergibt sich:

$k \approx -0{,}099$

Die Modellierung führt also auf eine Funktion mit der Gleichung:

$a(t) = 2\,000 \cdot e^{-0{,}099t}$, $0 \leq t \leq 21$

GTR

nSolve$(250=2000\cdot e^{k\cdot 21},k)$	-0.099021

CAS

solve$(250=2000\cdot e^{k\cdot 21},k)$	k=-0.099021

(3) 30 % des Anfangsbestandes sind:

$0{,}3 \cdot 2\,000 = 600$

Gesucht ist also der Wert t, für den gilt:

$600 = 2\,000 \cdot e^{-0{,}099t}$

Wegen $t \approx 12{,}1613 > 12$ sind während des 13. Tages nur noch 30 % der zu Beobachtungsbeginn ermittelten Kleinlebewesen in den Proben enthalten.

GTR

nSolve$(600=2000\cdot e^{-0.099\cdot t},t)$	12.1613

CAS

solve$(600=2000\cdot e^{-0.099\cdot t},t)$	t=12.1613

c) (1) Der Zeitpunkt, an dem die Anzahl der Kleinlebewesen wieder 2 000 beträgt, entspricht der Lösung der Gleichung $g(t) = 2\,000$.

Die Lösung ergibt sich entweder mithilfe eines geeigneten Rechnerbefehls oder grafisch, indem die Schnittstellen des Graphen von g mit der Geraden mit der Gleichung $y = 2\,000$ bestimmt werden:

$\Rightarrow \quad t \approx 54{,}688$

Während des 55. Tages nach dem Beobachtungsbeginn sind wieder 2 000 Kleinlebewesen in der Probe enthalten. Wegen $55 - 21 = 34$ entspricht dies dem 34. Tag nach dem Filtereinsatz.

GTR

$g(t):=0.05\cdot t^3-3\cdot t^2+50\cdot t+59.95$	Fertig
nSolve$(g(t)=2000,t)$	54.688

CAS

$g(t):=0.05\cdot t^3-3\cdot t^2+50\cdot t+59.95$	Fertig
solve$(g(t)=2000,t)$	t=54.688

oder GTR/CAS

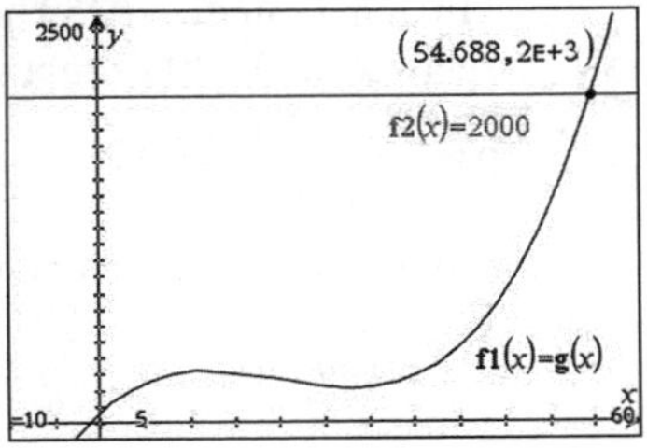

(2) Der Einsatz der Filter wirkt sich positiv aus, wenn die Anzahl der Kleinlebewesen in den Wasserproben nicht mehr weiter abnimmt, sondern wieder ansteigt. Dieser Zeitpunkt ist die lokale (relative) Minimalstelle des Graphen der Funktion g.

Die 1. Ableitung der Funktion g wird mit der Summen- und Potenzregel bestimmt:

$$g'(t) = 0{,}05 \cdot 2t^2 - 3 \cdot 2t + 50$$
$$= 0{,}15t^2 - 6t + 50$$

Notwendige Bedingung für eine Minimalstelle: $g'(t) = 0$

$g'(t) = 0 \quad \Leftrightarrow \quad t \approx 28{,}165$

GTR

$a1g(t):=0.15\cdot t^2-6\cdot t+50$	*Fertig*
nSolve$(a1g(t)=0,t)\vert t>21$	28.165
$a2g(t):=0.3\cdot t-6$	*Fertig*
$a2g(28.165)$	2.4495

oder GTR

polyRoots$(a1g(t),t)\vert t>21$	$\{28.165\}$

Schränkt man die 1. Ableitung nicht auf $t > 21$ ein, ergibt sich eine zweite Nullstelle bei $t \approx 11{,}835$. Da diese nicht im Definitionsbereich der Funktion g liegt, stellt sie keine Lösung dar.

Für die 2. Ableitung der Funktion g gilt:

$g''(t) = 0{,}3t - 6$

Hinreichende Bedingung für eine Minimalstelle: $g'(t) = 0$ und $g''(t) > 0$

$g''(28{,}165) \approx 2{,}45 > 0$

CAS

$a1g(t):=\frac{d}{dt}(g(t))$	*Fertig*
solve$(a1g(t)=0,t)\vert t>21$	$t=28.165$
$a2g(t):=\frac{d^2}{dt^2}(g(t))$	*Fertig*
$a2g(28.165)$	2.4495

Der Graph der Funktion g hat an der Stelle $t \approx 28{,}165$ ein lokales (relatives) Minimum.

Ab diesem Zeitpunkt wirkt sich der Einsatz der Filter positiv aus. D. h., nach Einsatz der Filter nimmt die Anzahl der Kleinlebewesen in den Wasserproben zunächst noch ca. $28 - 21 = 7$ weitere Tage ab.

Es gilt: $g(28{,}165) \approx 205{,}517$
Zu dem berechneten Zeitpunkt können ca. 206 Kleinlebewesen gezählt werden.

GTR/CAS

$g(28.165)$	205.517

(3) Zum Zeitpunkt des Filtereinsatzes $t = 21$ beträgt die Anzahl der Kleinlebewesen 250. Die Anzahl der Kleinlebewesen verringert sich trotz Einsatz der Filter noch auf den Wert 206.

Mit dem Grundwert 250 und dem Prozentwert $250 - 206$ ergibt sich:

$$p = \frac{250 - 206}{250} = 0{,}176$$

GTR/CAS

$\frac{250-206}{250}$	0.176

Die Anzahl der Kleinlebewesen verringert sich trotz Filtereinsatz noch um 17,6 %.

Übungsaufgaben im Stil der Abiturprüfung
Prüfungsteil B – Analysis B2

Das seitliche Profil einer Wasserrutsche in einem Freibad kann durch den Graphen einer Funktion der Funktionenschar f_k mit der Gleichung

$f_k(x) = (x+1) \cdot e^{1-k \cdot x}, \quad 0 \leq x \leq 5, k > 0$[1]

modelliert werden (x und $f_k(x)$ in Metern). Das Schwimmbecken wird im Bereich der Rutsche auf der linken Seite durch den negativen Teil der y-Achse begrenzt und der obere Beckenrand befindet sich auf Höhe der x-Achse. Für den Wasserspiegel der Wasseroberfläche wird angenommen, dass er 20 cm unterhalb des Beckenrandes liegt. Der Sachverhalt ist in Abbildung 1 veranschaulicht.

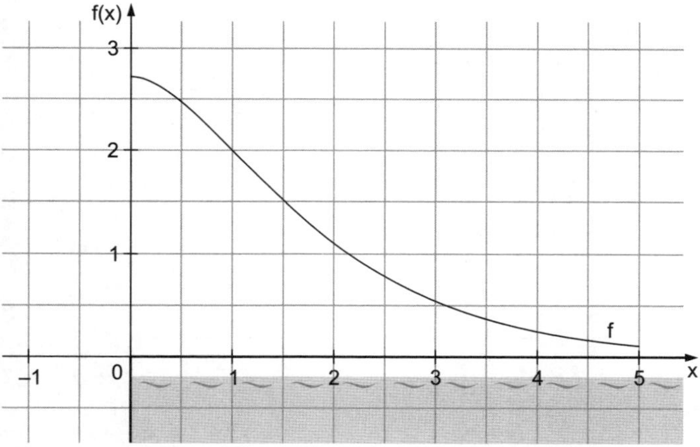

Abbildung 1

a) Bestimmen Sie k so, dass das Ende der Rutsche 31 cm über der Wasseroberfläche liegt.

Für die folgenden Teilaufgaben sei $k = 1$. Die zugrunde liegende Funktion ist somit $f(x) = f_1(x) = (x+1) \cdot e^{1-x}, \quad 0 \leq x \leq 5.$

b) (1) Zeigen Sie rechnerisch, dass die Profillinie der Rutsche auf der gesamten Länge fällt, und bestimmen Sie das durchschnittliche Gefälle der Rutsche.

(2) Bestimmen Sie durch Rechnung denjenigen Punkt auf der Profillinie der Rutsche, in dem das Gefälle am größten ist.
Aus Sicherheitsgründen darf der Neigungswinkel der Rutsche an keiner Stelle 60° überschreiten.
Überprüfen Sie, ob die Rutsche dieser Norm gerecht wird.

1 Die Funktionenschar f_k ist für alle $x \in \mathbb{R}$ definiert, wird aber nur für $0 \leq x \leq 5$ zur Modellierung verwendet.

c) Damit sich direkt unterhalb der Rutsche keine Schwimmer mehr aufhalten können, soll die Rutsche auf beiden Seiten von der Profillinie bis zur Wasseroberfläche mit einer ebenen Verkleidung versehen werden.

(1) Berechnen Sie die Größe der insgesamt zu verkleidenden Fläche.

(2) Die Verkleidung auf jeder Seite der Rutsche wird in zwei Teilflächen zerlegt, für die unterschiedliche Materialien verwendet werden. Der Inhalt einer dieser beiden Teilflächen ist durch den folgenden Term gegeben:

$$\int_0^2 f(x)\,dx - 2 \cdot f(2)$$

Erläutern Sie, welcher Flächeninhalt durch den Term beschrieben wird, und skizzieren Sie die Zerlegung der Verkleidung in Abbildung 2.

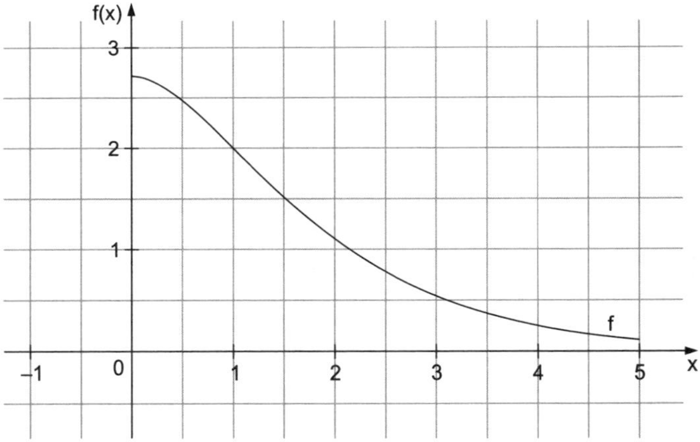

Abbildung 2

(3) Für den Flächeninhalt der zweiten Teilfläche wird der Ansatz

$F(x_2) - F(x_1) + 2 \cdot f(2) + 5 \cdot 0{,}2$

gewählt, wobei F eine Stammfunktion von f ist und x_1, x_2 reelle Zahlen sind, die noch anzugeben sind.

Zeigen Sie rechnerisch, dass durch $F(x) = -(x+2) \cdot e^{1-x}$, $x \in \mathbb{R}$ eine für den Ansatz geeignete Stammfunktion von f gegeben ist, und geben Sie passende Werte für x_1 und x_2 an.

d) Einige Badegäste beschweren sich, dass man aufgrund des niedrigen Gefälles zu langsam rutscht. Daher wird eine neue Rutsche geplant, die folgende Vorgaben erfüllt:
   - Die Profillinie der neuen Rutsche wird durch den Graphen einer ganzrationalen Funktion 3. Grades modelliert.
   - In einer horizontalen Entfernung von 1 Meter vom Startpunkt weist die Rutsche ein Gefälle von 45° auf und besitzt den gleichen vertikalen Abstand zur Wasseroberfläche wie die vorhandene Rutsche.
   - Der Endpunkt der neuen Rutsche stimmt mit dem Endpunkt der alten Rutsche überein und die Rutsche läuft am Ende horizontal aus.

   (1) Bestimmen Sie die Gleichung einer ganzrationalen Funktion g(x), deren Graph diese Vorgaben erfüllt.
   [*Zur Kontrolle:* Die Funktion mit auf 4 Nachkommastellen gerundeten Koeffizienten lautet: $g(x) = -0{,}0034x^3 + 0{,}1559x^2 - 1{,}3015x + 3{,}1490$]

   (2) Zeigen Sie, dass dem Wunsch der Badegäste nachgekommen wird und das durchschnittliche Gefälle bei der neuen Rutsche größer ist als bei der alten Rutsche.

   (3) Begründen Sie, dass auch die neue Rutsche die Vorgabe, dass der Neigungswinkel an keiner Stelle 60° überschreitet, erfüllt.

Hinweise und Tipps

Teilaufgabe a

Beachten Sie, dass der Abstand bis zur Wasseroberfläche und nicht bis zur x-Achse gesucht ist.

Stellen Sie eine Gleichung auf und lösen Sie diese mit dem GTR bzw. CAS.

Teilaufgabe b

(1) Die Profillinie der Rutsche fällt auf der gesamten Länge, wenn der Graph der Funktion f im gesamten Definitionsbereich streng monoton fallend ist.

Bestimmen Sie die 1. Ableitung von f und zeigen Sie, dass $f'(x) < 0$ gilt für $0 < x < 5$.

Berechnen Sie die durchschnittliche/mittlere Steigung des Graphen der Funktion f mit der Formel $m = \frac{f(x_2) - f(x_1)}{x_2 - x_1}$.

Alternativ: Zeichnen Sie den Graphen der Funktion f und bestimmen Sie die durchschnittliche/mittlere Steigung grafisch mit einer Sekante durch zwei Punkte des Graphen.

(2) Das größte Gefälle der Rutsche liegt an der Minimalstelle der 1. Ableitung $f'(x)$ vor.

Überprüfen Sie als Kandidaten hierfür die Nullstellen der 2. Ableitung $f''(x)$ und die Randstellen des Definitionsbereichs.

Bestimmen Sie den Winkel α, der zu dem größten Gefälle gehört, mithilfe des Tangens.

Teilaufgabe c

(1) Beachten Sie, dass beide Seiten verkleidet werden sollen und dass die Verkleidung bis zur Wasseroberfläche reichen soll.

Berechnen Sie den Inhalt einer Seitenfläche, indem Sie zum Flächeninhalt zwischen der Profillinie und der x-Achse den Flächeninhalt eines Rechtecks addieren.

Alternativ: Stellen Sie die Wasseroberfläche als Funktion dar und berechnen Sie den Inhalt einer Seitenfläche als Flächeninhalt zwischen zwei Funktionsgraphen.

(2) Überlegen Sie, welcher Flächeninhalt durch das bestimmte Integral angegeben wird und welcher Flächeninhalt davon abgezogen wird.

Markieren Sie in der Abbildung den Flächeninhalt, der übrig bleibt.

Vergessen Sie nicht, auch die zweite Teilfläche, in die die Verkleidung zerlegt wird, einzuzeichnen.

(3) Die Funktion F ist eine Stammfunktion der Funktion f, wenn $F'(x) = f(x)$ gilt.

Überlegen Sie, aus welchen drei Bestandteilen sich der im Aufgabentext gewählte Ansatz zusammensetzt.

Durch $F(x_2) - F(x_1)$ soll der Inhalt der Fläche zwischen der Profillinie der Rutsche und dem oberen Beckenrand im Bereich $2 \leq x \leq 5$ angegeben werden.

Teilaufgabe d

(1) Eine ganzrationale Funktion 3. Grades besitzt folgende Gleichung:
$g(x) = ax^3 + bx^2 + cx + d$ mit $a \neq 0$.

Leiten Sie aus den beiden anderen Vorgaben für die Rutsche vier Gleichungen ab und bestimmen Sie die Parameter in der Funktionsgleichung durch Lösen des linearen Gleichungssystems.

(2) Bestimmen Sie die durchschnittliche/mittlere Steigung des Graphen der ganzrationalen Funktion g und vergleichen Sie den Wert mit dem Ergebnis aus Teilaufgabe a(2).

(3) Berechnen Sie $\tan(60°)$ und zeigen Sie grafisch, dass die 1. Ableitung $g'(x)$ und damit das Gefälle der neuen Rutsche diesen Wert nicht unterschreiten.

Lösung

a) Da die Wasseroberfläche 20 cm = 0,2 m unterhalb des Beckenrandes liegt, muss zum Funktionswert $f_k(5)$ noch der Wert 0,2 addiert werden. Die Summe entspricht dem vorgegebenen Abstand von 31 cm = 0,31 m über der Wasseroberfläche am Ende der Rutsche. Aufstellen einer Gleichung und Auflösen der Gleichung mit dem GTR/CAS ergibt:

$f_k(5) + 0,2 = 0,31 \quad \Leftrightarrow \quad k \approx 1$

GTR

$fk(x) := (x+1) \cdot e^{1-k \cdot x}$	*Fertig*
nSolve(fk(5)+0.2=0.31,k)	0.999807

CAS

$fk(x) := (x+1) \cdot e^{1-k \cdot x}$	*Fertig*
solve(fk(5)+0.2=0.31,k)	k=0.999807

Bei der Funktion $f_1(x) = (x+1) \cdot e^{1-x}$, $0 \le x \le 5$ liegt das Ende der Rutsche 31 cm über der Wasseroberfläche.

b) (1) Die Profillinie der Rutsche fällt auf der gesamten Länge, wenn der Graph der Funktion f im gesamten Definitionsbereich streng monoton fallend ist. Dies ist der Fall, wenn $f'(x) < 0$ ist für $0 < x < 5$. (Die Ränder des Definitionsbereichs können bei der Untersuchung auf Monotonie vernachlässigt werden.)

Mit der Produkt- und Kettenregel ergibt sich für die 1. Ableitung:

$$\begin{aligned} f'(x) &= 1 \cdot e^{1-x} + (x+1) \cdot e^{1-x} \cdot (-1) \\ &= e^{1-x} - (x+1) \cdot e^{1-x} \\ &= e^{1-x} - x \cdot e^{1-x} - e^{1-x} \\ &= -x \cdot e^{1-x} \end{aligned}$$

CAS

$a1f(x) := \frac{d}{dx}(f(x))$	*Fertig*
$a1f(x)$	$-x \cdot e^{1-x}$

Für $x > 0$ gilt folgende Abschätzung:

$$f'(x) = \underbrace{-x}_{<0} \cdot \underbrace{e^{1-x}}_{>0} < 0$$

Der Graph der Funktion f ist streng monoton fallend für $x > 0$. Die Profillinie der Rutsche fällt daher auf der gesamten Länge.

Das durchschnittliche Gefälle der Rutsche entspricht der mittleren Steigung des Funktionsgraphen von f im Definitionsbereich $0 \le x \le 5$.

$$m = \frac{f(5) - f(0)}{5 - 0} \approx -0,52$$

GTR/CAS

$\frac{f(5)-f(0)}{5-0}$	-0.521678

Alternativ:

Die mittlere Steigung m kann auch grafisch anhand der Gleichung der Sekante durch die Punkte P(0 | f(0)) und Q(5 | f(5)) ermittelt werden.

Das durchschnittliche Gefälle der Rutsche beträgt ca. 0,52 m je Meter in horizontaler Richtung.

GTR/CAS

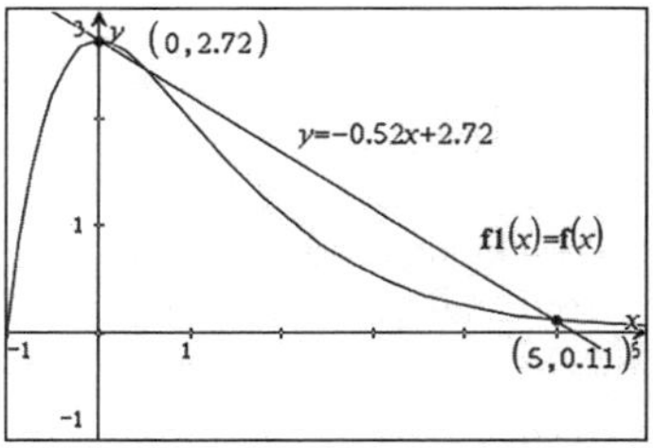

(2) Das Gefälle der Rutsche wird durch die 1. Ableitung f '(x) beschrieben. Das größte Gefälle liegt an der Minimalstelle der Funktion f '(x) vor. Dafür infrage kommen die Nullstellen der 2. Ableitung f "(x) oder die Randstellen des Definitionsbereichs.

Mit der Produkt- und Kettenregel ergibt sich für die 2. Ableitung:

$$f''(x) = -1 \cdot e^{1-x} + (-x) \cdot e^{1-x} \cdot (-1)$$
$$= -e^{1-x} + x \cdot e^{1-x}$$
$$= (x-1) \cdot e^{1-x}$$

CAS

$a2f(x) := \frac{d^2}{dx^2}(f(x))$	*Fertig*
$a2f(x)$	$(e \cdot x - e) \cdot e^{-x}$

Notwendige Bedingung für eine Minimalstelle der Funktion f '(x): f "(x) = 0

$$(x-1) \cdot e^{1-x} = 0 \quad |: e^{1-x} \neq 0$$
$$x - 1 = 0 \quad |+1$$
$$x = 1$$

Berechnung des Funktionswertes der Funktion f '(x):

$f'(1) = -1$

Zu überprüfen sind noch die Randstellen:

$f'(0) = 0$

$f'(5) \approx -0{,}09$

GTR/CAS

$a1f(x) := -x \cdot e^{1-x}$	*Fertig*
$a1f(1)$	-1
$a1f(0)$	0.
$a1f(5)$	-0.091578
$f(1)$	2

Das größte Gefälle besitzt die Rutsche nach 1 Meter in horizontaler Richtung. Mit f(1) = 2 lauten die Koordinaten des zugehörigen Punktes (1 | 2).

Der Winkel α, der zu diesem Gefälle gehört, berechnet sich durch:

$$\tan(\alpha) = -1$$
$$\alpha = \tan^{-1}(-1)$$
$$\alpha = -45°$$

GTR/CAS

$\tan^{-1}(-1)$	-45.

Da Neigungswinkel immer zwischen 0° und 90° angegeben werden, beträgt der zugehörige Neigungswinkel 45°. Die Rutsche wird der Norm daher gerecht.

c) (1) Die zu verkleidende Fläche auf einer Seite der Rutsche setzt sich aus der Fläche zwischen der Profillinie der Rutsche und dem oberen Beckenrand (x-Achse) sowie der rechteckigen Fläche zwischen dem Beckenrand und der Wasseroberfläche im Bereich $0 \le x \le 5$ zusammen. Da beide Seiten der Rutsche verkleidet werden sollen, wird mit 2 multipliziert.

$$A = 2 \cdot \left(\int_0^5 f(x)\,dx + 5 \cdot 0{,}2 \right) \approx 12{,}62\,[\mathrm{m}^2]$$

GTR/CAS

$a := 2 \cdot \left(\int_0^5 f(x)\,dx + 5 \cdot 0.2 \right)$ 12.6167

Alternativ:

Wird die Wasseroberfläche durch die Funktion $h(x) = -0{,}2$ dargestellt, berechnet sich die zu verkleidende Fläche als Integral über die Differenzfunktion $f(x) - h(x)$ im Bereich $0 \le x \le 5$. Da beide Seiten der Rutsche verkleidet werden sollen, wird mit 2 multipliziert.

$$A = 2 \cdot \int_0^5 (f(x) - h(x))\,dx \approx 12{,}62\,[\mathrm{m}^2]$$

GTR/CAS

$h(x) := -0.2$ *Fertig*

$a := 2 \cdot \int_0^5 (f(x) - h(x))\,dx$ 12.6167

Der Flächeninhalt der zu verkleidenden Fläche beträgt ca. 12,62 m^2.

(2) Das Integral $\int_0^2 f(x)\,dx$ gibt den Inhalt der Fläche zwischen der Profillinie der Rutsche und der x-Achse im Bereich $0 \le x \le 2$ an.
Durch Subtraktion des Terms $2 \cdot f(2)$ wird davon der Flächeninhalt des Rechtecks mit den Eckpunkten $(0|0)$, $(2|0)$, $(2|f(2))$ und $(0|f(2))$ abgezogen. Übrig bleibt also der Flächeninhalt zwischen der Profillinie der Rutsche und einer zur x-Achse parallel verlaufenden Linie durch den Punkt $(2|f(2))$ des Graphen von f.

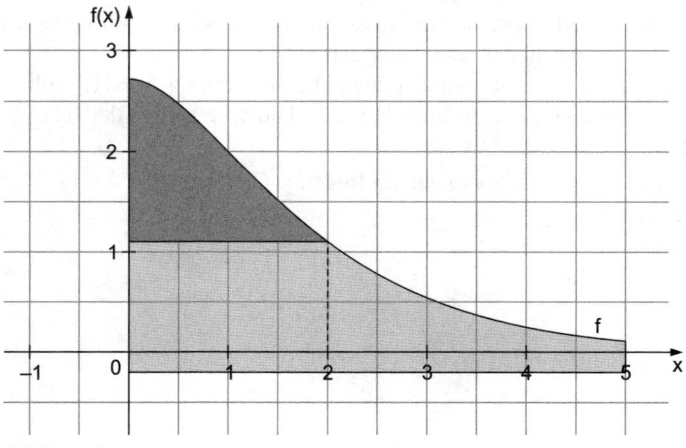

Abbildung 2

(3) Die Funktion F ist eine Stammfunktion der Funktion f, wenn $F'(x) = f(x)$ gilt.

Mit der Produkt- und Kettenregel gilt:

$$\begin{aligned} F'(x) &= -1 \cdot e^{1-x} - (x+2) \cdot e^{1-x} \cdot (-1) \\ &= (-1 + x + 2) \cdot e^{1-x} \\ &= (x+1) \cdot e^{1-x} \\ &= f(x) \end{aligned}$$

Die Funktion F ist daher eine geeignete Stammfunktion für den Ansatz.

Der im Aufgabentext gewählte Ansatz ergibt sich, wenn die zweite Teilfläche aus den folgenden drei Bestandteilen zusammengesetzt wird:

- Fläche zwischen der Profillinie der Rutsche und dem oberen Beckenrand (x-Achse) im Bereich $2 \le x \le 5$.
- Rechteckige Fläche zwischen dem Beckenrand und der Wasseroberfläche im Bereich $0 \le x \le 5$.
- Fläche des Rechtecks, das bei der Teilfläche aus Teilaufgabe b(2) abgezogen wurde.

Für den ersten Bestandteil folgt mit dem Hauptsatz der Integral- und Differenzialrechnung:

$$\int_2^5 f(x)\,dx = [F(x)]_2^5 = F(5) - F(2)$$

Passende Werte sind $x_1 = 2$ und $x_2 = 5$.

d) (1) Eine ganzrationale Funktion 3. Grades besitzt die Gleichung:

$g(x) = ax^3 + bx^2 + cx + d$ mit $a \neq 0$

Eine horizontale Entfernung von 1 Meter vom Startpunkt der Rutsche wird durch $x = 1$ ausgedrückt.

Wegen $\tan(45°) = 1$ führt die Forderung, dass die Rutsche bei $x = 1$ ein Gefälle von 45° aufweist, auf die Gleichung $g'(1) = -1$.

Dass der vertikale Abstand zur Wasseroberfläche bei $x = 1$ für beide Rutschen gleich ist, entspricht der Gleichung $g(1) = f(1)$.

Die Endpunkte der Rutschen stimmen überein, wenn $g(5) = f(5)$ gilt.

Die neue Rutsche läuft am Ende horizontal aus, wenn die Gleichung $g'(5) = 0$ erfüllt ist.

Insgesamt führen die Vorgaben auf folgende Gleichungen:

I $g'(1) = -1$

II $g(1) = f(1)$

III $g(5) = f(5)$

IV $g'(5) = 0$

Mit $g(x) = ax^3 + bx^2 + cx + d$ und der Ableitung $g'(x) = 3ax^2 + 2bx + c$ ergibt sich aus diesen Gleichungen folgendes lineares Gleichungssystem:

I $3a + 2b + c = -1$

II $a + b + c + d = f(1)$

III $125a + 25b + 5c + d = f(5)$

IV $75a + 10b + c = 0$

GTR/CAS

```
linSolve({3·a+2·b+c=-1, a+b+c+d=f(1), 125·a+25·b+5·c+d=f(5), 75·a+10·b+c=0},{a,b,c,d▸
{-0.003434,0.155908,-1.30151,3.14904}
g(x):=-0.0034·x^3+0.1559·x^2-1.3015·x+3.▸
Fertig
```

Die Lösungen lauten:
$a \approx -0{,}0034$, $b \approx 0{,}1559$, $c \approx -1{,}3015$ und $d \approx 3{,}1490$

Damit folgt:

$g(x) = -0{,}0034x^3 + 0{,}1559x^2 - 1{,}3015x + 3{,}1490, \quad 0 \le x \le 5$

(2) Für das durchschnittliche Gefälle der neuen Rutsche gilt:

$$m_{neu} = \frac{g(5) - g(0)}{5 - 0} \approx -0{,}61$$

GTR/CAS

```
(g(5)-g(0))/(5-0)          -0.607
```

oder

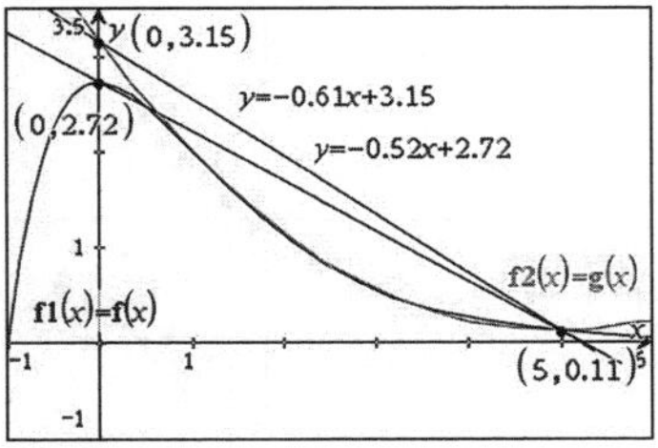

Das durchschnittliche Gefälle der neuen Rutsche ist mit 0,61 m je Meter in horizontaler Richtung größer als das in Teilaufgabe a(2) berechnete durchschnittliche Gefälle der alten Rutsche. Dieses lag bei nur ca. 0,52 m.

(3) Wegen $\tan(60°) \approx 1{,}73$ darf das Gefälle der neuen Rutsche, welches durch die 1. Ableitung $g'(x)$ angegeben wird, den Wert $-1{,}73$ nicht unterschreiten.

GTR/CAS

```
tan(60)          1.73205
```

Zu zeigen ist also, dass folgende Ungleichung erfüllt ist:
$g'(x) > -1{,}73$ für $0 \le x \le 5$

Nach Teilaufgabe c(1) gilt für die 1. Ableitung $g'(x) = 3ax^2 + 2bx + c$. Durch Einsetzen von $a \approx -0{,}0034$, $b \approx 0{,}1559$ und $c \approx -1{,}3015$ ergibt sich:

$g'(x) = -0{,}0102x^2 + 0{,}3118x - 1{,}3015$

Die oben aufgestellte Ungleichung kann grafisch überprüft werden.
Da der Graph der 1. Ableitung im Bereich $0 \le x \le 5$ oberhalb der Geraden mit der Gleichung $y = -1{,}73$ verläuft, gilt die Ungleichung und die neue Rutsche erfüllt die Vorgabe, dass der Neigungswinkel an keiner Stelle 60° überschreitet.

GTR/CAS

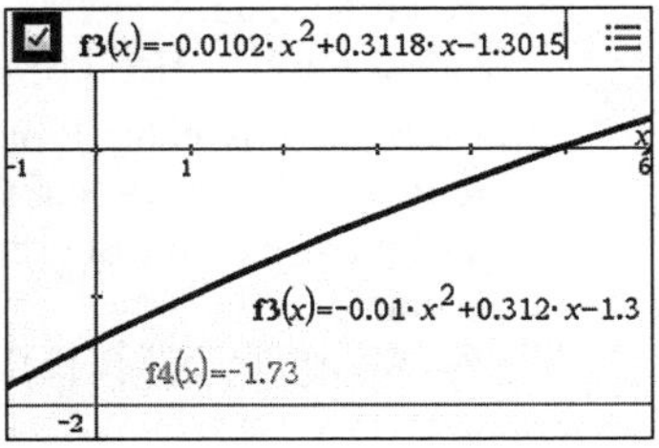

Übungsaufgaben im Stil der Abiturprüfung
Prüfungsteil B – Vektorielle Geometrie B3

Eine große Ausstellungshalle mit den Maßen 9 m × 15 m × 7 m wird als Teil des ersten Oktanten betrachtet. Der Boden der Halle liegt in der x_1x_2-Ebene, zwei Seitenwände der Halle befinden sich in der x_1x_3- bzw. x_2x_3-Ebene.

In der Halle steht eine 3 m hohe Dreieckspyramide ABCS auf Stützen. Die Grundfläche der Pyramide hat die Form eines gleichschenkligen Dreiecks mit der Basis $\overline{BC}$. Der Abstand der Grundfläche der Pyramide vom Boden der Halle ist überall gleich. Ebenso haben alle Punkte der Kante $\overline{BC}$ von der x_1x_3-Ebene den gleichen Abstand.

Die Gegebenheiten sind in der Abbildung 1 dargestellt.

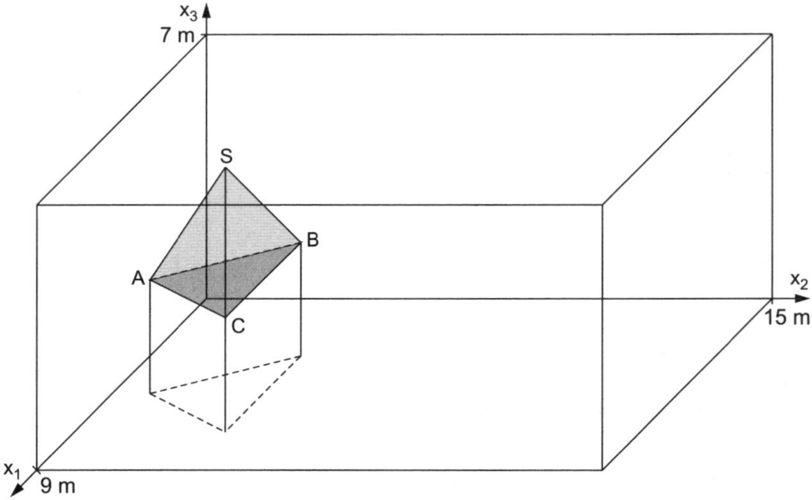

Abbildung 1

a) (1) Die Eckpunkte der Grundfläche der Pyramide besitzen die Koordinaten A(a | 1 | 3), B(3 | 4 | b) und C(7 | c | d).
Geben Sie mit Begründung die fehlenden Koordinaten der Eckpunkte der Grundfläche an.
[Zur Kontrolle: A(5 | 1 | 3), B(3 | 4 | 3) und C(7 | 4 | 3)]

(2) Durch die senkrechte Projektion der Pyramide auf den Boden der Halle wird die Pyramidenspitze S auf den Punkt S''(5 | 3 | 0) abgebildet.
Bestimmen Sie mit Begründung die Koordinaten des Punktes S der Pyramidenspitze.
[Zur Kontrolle: S(5 | 3 | 6)]

b) (1) Stellen Sie eine Parametergleichung der Ebene E auf, in der die Seitenfläche BCS der Pyramide liegt.

(2) Berechnen Sie den Neigungswinkel der Seitenfläche BCS der Pyramide gegen die Grundfläche ABC.

c) (1) Überprüfen Sie, ob der Punkt $P\left(5 \mid \frac{25}{13} \mid \frac{57}{13}\right)$ auf der Pyramidenkante $\overline{AS}$ liegt.

(2) Zeigen Sie, dass die Strecken $\overline{BP}$ und $\overline{CP}$ senkrecht zur Kante $\overline{AS}$ verlaufen.

d) Die Pyramide wird durch eine punktförmige Lichtquelle, die sich in der Position L(5 | 12 | 1) befindet, so angestrahlt, dass der Schatten der Pyramide auf die linke Hallenwand, die in der x_1x_3-Ebene liegt, fällt.
Das Schattenbild auf der Hallenwand sieht dann wie in Abbildung 2 dargestellt aus.

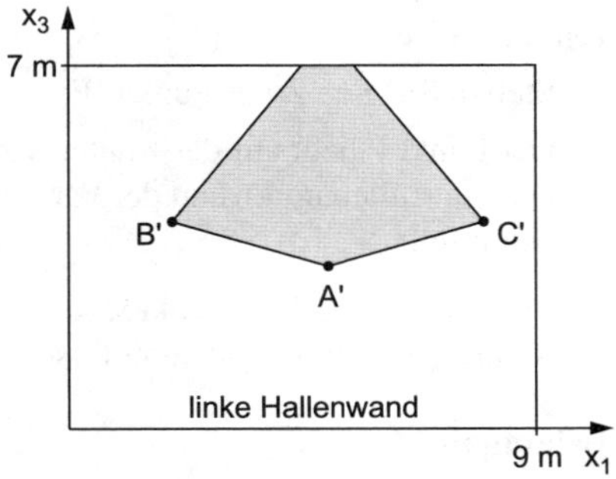

Abbildung 2

(1) Der Schattenpunkt des Eckpunktes A der Pyramide auf der Hallenwand ist A'.
Bestimmen Sie die Koordinaten von A'.

(2) Es wird angenommen, dass die Lichtquelle in der Höhe verstellt werden kann. Berechnen Sie, auf welche Höhe man die Lichtquelle im niedrigsten Fall einstellen muss, damit der Schatten der Pyramide noch vollständig auf der linken Hallenwand erscheint.

Hinweise und Tipps

Teilaufgabe a

(1) Alle Punkte der Pyramidengrundfläche sind vom Boden der Halle gleich weit entfernt. Überlegen Sie sich, welche Folgerung sich daraus für die x_3-Koordinaten der Punkte B und C ergibt.

Alle Punkte der Kante $\overline{BC}$ haben von der x_1x_3-Ebene den gleichen Abstand. Was ergibt sich daraus für die x_2-Koordinate des Punktes C?

Bei einem gleichschenkligen Dreieck liegt die Spitze des Dreiecks auf der Mittelsenkrechten zur Basis. Leiten Sie hieraus ab, welche x_1-Koordinate der Punkt A besitzt.

(2) Überlegen Sie, welche Koordinaten bei der Projektion erhalten bleiben.

In welcher Höhe liegt die Pyramidenspitze S?

Teilaufgabe b

(1) Stellen Sie mithilfe der Eckpunkte der Seitenfläche eine Drei-Punkte-Form der Ebenengleichung auf.

(2) Die Spitze S, ein geeigneter Punkt der Grundfläche und ein Punkt der Seitenfläche BCS bilden ein rechtwinkliges Dreieck. Überlegen Sie, welche Punkte dies sind.

Berechnen Sie mithilfe einer Winkelfunktion den Neigungswinkel.

Teilaufgabe c

(1) Stellen Sie eine Zwei-Punkte-Form der Geraden auf, auf der die Kante $\overline{AS}$ liegt.

Der Punkt P liegt auf der Kante, wenn die Koordinaten von P die Geradengleichung erfüllen und wenn der Parameter der Geraden einen Wert zwischen 0 und 1 annimmt.

(2) Eine Strecke verläuft senkrecht zu einer Kante, wenn das Skalarprodukt ihrer Richtungsvektoren gleich null ist.

Teilaufgabe d

(1) Stellen Sie eine Gleichung für den Lichtstrahl auf.

Überlegen Sie, welche Bedingung alle Punkte der x_1x_3-Ebene erfüllen und leiten Sie daraus eine Gleichung für den Parameter des Lichtstrahls ab.

Bestimmen Sie mit der Lösung der Gleichung die Koordinaten des Schattenpunktes A'.

(2) Die Lichtquelle muss in der Höhe so eingestellt werden, dass der Lichtstrahl durch die Pyramidenspitze die obere Kante der Hallenwand trifft.

Welche Folgerungen können Sie daraus für die Koordinaten des Schattenpunktes der Pyramidenspitze ziehen?

Stellen Sie eine Gleichung für den Lichtstrahl auf, auf dem der Schattenpunkt und die Pyramidenspitze liegen.

Die Koordinaten der Lichtquelle müssen die Gleichung des Lichtstrahls erfüllen. Führen Sie eine Punktprobe durch.

Lösung

a) (1) Der Abstand der Grundfläche der Pyramide vom Boden der Halle ist überall gleich. Die x_3-Koordinaten der Punkte A, B und C sind deswegen gleich. Da die x_3-Koordinate des Punktes A gleich 3 ist, sind auch die x_3-Koordinaten der Punkte B und C gleich 3.

Es gilt also:
$b=3$ und $d=3$

Alle Punkte der Kante $\overline{BC}$ haben von der x_1x_3-Ebene den gleichen Abstand. Deswegen besitzen alle Punkte der Kante die gleiche x_2-Koordinate. Da die x_2-Koordinate des Punktes B gleich 4 ist, ist die x_2-Koordinate von C auch gleich 4.

Es gilt also:
$c=4$

Die Grundfläche der Pyramide ist ein gleichschenkliges Dreieck mit der Basis $\overline{BC}$. Der Punkt A liegt deswegen auf der Mittelsenkrechten zur Basis $\overline{BC}$. Die x_1-Koordinate von A ist somit gleich der x_1-Koordinate des Mittelpunktes der Kante $\overline{BC}$. Und diese ist gleich dem Mittelwert der x_1-Koordinaten der Punkte B und C.

Es gilt also:

$$a=\frac{3+7}{2}=5$$

(2) Bei der senkrechten Projektion auf die x_1x_2-Ebene bleiben die x_1- und x_2-Koordinaten der Punkte erhalten.
Da die Grundfläche der Pyramide 3 m über dem Hallenboden liegt und die Höhe der Pyramide 3 m beträgt, ist die x_3-Koordinate des Punktes S gleich 6.

Die Spitze S der Pyramide hat die Koordinaten $S(5|3|6)$.

b) (1) Mit dem Anbindungspunkt S sowie den Spannvektoren $\overrightarrow{SB}$ und $\overrightarrow{SC}$ lautet die Drei-Punkte-Form der Ebene:

$$E:\ \vec{x}=\begin{pmatrix}5\\3\\6\end{pmatrix}+r\cdot\begin{pmatrix}-2\\1\\-3\end{pmatrix}+t\cdot\begin{pmatrix}2\\1\\-3\end{pmatrix};\ r,t\in\mathbb{R}$$

GTR/CAS

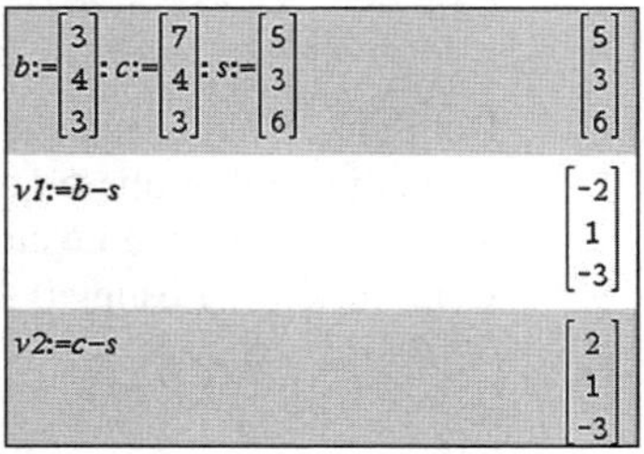

(2) Die Spitze S der Pyramide, der Lotfußpunkt F von der Spitze S auf die Grundfläche der Pyramide und der Mittelpunkt M der Kante $\overline{BC}$ bilden ein rechtwinkliges Dreieck.

Der Lotfußpunkt F hat die Koordinaten F(5 | 3 | 3) und für die Koordinaten des Mittelpunktes M gilt:

$$\vec{m} = \frac{1}{2} \cdot (\vec{b} + \vec{c}) = \begin{pmatrix} 5 \\ 4 \\ 3 \end{pmatrix}$$

GTR/CAS

$f := \begin{bmatrix} 5 \\ 3 \\ 3 \end{bmatrix}$ → $\begin{bmatrix} 5 \\ 3 \\ 3 \end{bmatrix}$

$m := \frac{1}{2} \cdot (b+c)$ → $\begin{bmatrix} 5 \\ 4 \\ 3 \end{bmatrix}$

norm$(m-f)$ → 1

Die Katheten des rechtwinkligen Dreiecks besitzen daher die Längen:

$|\overrightarrow{FM}| = 1\,[\text{m}]$

$|\overrightarrow{FS}| = 3\,[\text{m}]$ (entspricht der Höhe der Pyramide)

Im rechtwinkligen Dreieck gilt:

$$\tan(\alpha) = \frac{\text{Gegenkathete}}{\text{Ankathete}}$$

$$\tan(\alpha) = \frac{3}{1}$$

$$\alpha = \tan^{-1}\left(\frac{3}{1}\right)$$

$$\alpha \approx 71{,}57°$$

GTR/CAS

$\tan^{-1}\left(\frac{3}{1}\right)$ → 71.5651

Die Seitenfläche BCS der Pyramide ist um ca. 71,57° gegen die Grundfläche geneigt.

c) (1) Die Zwei-Punkte-Form der Geraden g_{AS} mit dem Anbindungspunkt A und dem Richtungsvektor $\overrightarrow{AS}$ lautet:

$$g_{AS}\colon\ \vec{x} = \begin{pmatrix} 5 \\ 1 \\ 3 \end{pmatrix} + r \cdot \begin{pmatrix} 0 \\ 2 \\ 3 \end{pmatrix};\ r \in \mathbb{R}$$

Der Punkt P liegt dann auf der Kante $\overline{AS}$, wenn die Punktprobe für den Parameter r eine eindeutige Lösung liefert und wenn für diese Lösung $0 \le r \le 1$ gilt.

$$\begin{pmatrix} 5 \\ \frac{25}{13} \\ \frac{57}{13} \end{pmatrix} = \begin{pmatrix} 5 \\ 1 \\ 3 \end{pmatrix} + r \cdot \begin{pmatrix} 0 \\ 2 \\ 3 \end{pmatrix}$$

GTR/CAS

$s-a$ → $\begin{bmatrix} 0 \\ 2 \\ 3 \end{bmatrix}$

linSolve$\left(\begin{cases} \frac{25}{13} = 1+2\cdot r \\ \frac{57}{13} = 3+3\cdot r \end{cases}, \{r\}\right)$ → $\left\{\frac{6}{13}\right\}$

CAS

$gas := a + r \cdot (s-a)$ → $\begin{bmatrix} 5 \\ 2\cdot r+1 \\ 3\cdot r+3 \end{bmatrix}$

solve$\left(\begin{bmatrix} 5 \\ \frac{25}{13} \\ \frac{57}{13} \end{bmatrix} = gas, r\right)$ → $r = \frac{6}{13}$

Die Vektorgleichung führt auf folgende Koordinatengleichungen:

I $\quad 5=5 \qquad$ (wahre Aussage)

II $\quad \frac{25}{13}=1+2r$

III $\quad \frac{57}{13}=3+3r$

Die eindeutige Lösung $r=\frac{6}{13}$ erfüllt auch die Bedingung $0 \leq r=\frac{6}{13} \leq 1$.
Der Punkt P liegt somit auf der Kante $\overline{AS}$.

(2) Die Strecken $\overline{BP}$ und $\overline{CP}$ verlaufen dann senkrecht zur Kante $\overline{AS}$, wenn das Skalarprodukt von $\overrightarrow{BP}$ bzw. $\overrightarrow{CP}$ mit dem Richtungsvektor der Geraden g_{AS} jeweils gleich null ist.

$$\overrightarrow{BP} \circ \overrightarrow{AS} = \begin{pmatrix} 2 \\ -\frac{27}{13} \\ \frac{18}{13} \end{pmatrix} \circ \begin{pmatrix} 0 \\ 2 \\ 3 \end{pmatrix} = 0$$

$$\overrightarrow{CP} \circ \overrightarrow{AS} = \begin{pmatrix} -2 \\ -\frac{27}{13} \\ \frac{18}{13} \end{pmatrix} \circ \begin{pmatrix} 0 \\ 2 \\ 3 \end{pmatrix} = 0$$

GTR/CAS

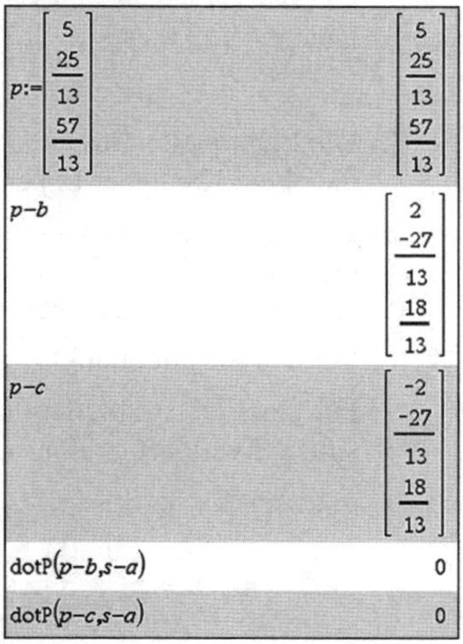

d) (1) Zur Bestimmung des Schattenpunktes von A muss der Spurpunkt des Lichtstrahls, der vom Punkt L ausgeht und durch den Eckpunkt A verläuft, mit der Projektionsfläche, also der linken Hallenwand, bestimmt werden.

Der von L ausgehende Lichtstrahl durch den Punkt A hat die Gleichung:

$$g_{LA}\colon \vec{x} = \vec{\ell} + t \cdot \overrightarrow{LA} = \begin{pmatrix} 5 \\ 12 \\ 1 \end{pmatrix} + t \cdot \begin{pmatrix} 0 \\ -11 \\ 2 \end{pmatrix};\ t \geq 0$$

Da die linke Hallenwand Teil der x_1x_3-Ebene ist, erfüllen alle Punkte der Wand die Eigenschaft $x_2=0$.

Durch Nullsetzen der zweiten Koordinate von g_{LA} ergibt sich:

$12-11t=0$

GTR/CAS

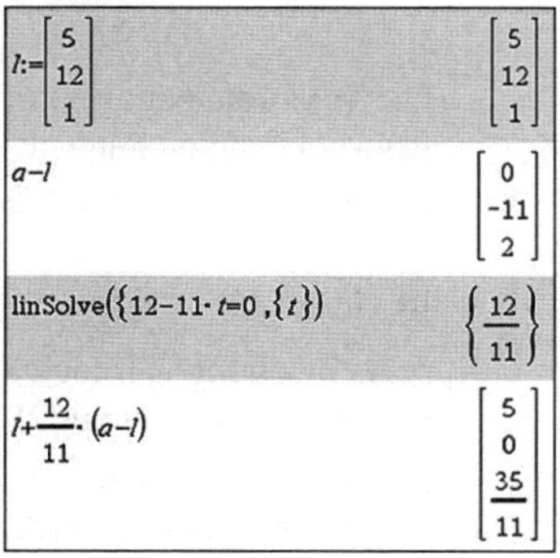

Die Lösung dieser Gleichung lautet:

$$t = \frac{12}{11}$$

Für den Ortsvektor des Schattenpunktes A' folgt damit:

$$\vec{a}\,' = \begin{pmatrix} 5 \\ 12 \\ 1 \end{pmatrix} + \frac{12}{11} \cdot \begin{pmatrix} 0 \\ -11 \\ 2 \end{pmatrix} = \begin{pmatrix} 5 \\ 0 \\ \frac{35}{11} \end{pmatrix}$$

Die Koordinaten des Schattenpunktes lauten $A'\left(5 \mid 0 \mid \frac{35}{11}\right)$.

CAS

$l := \begin{bmatrix} 5 \\ 12 \\ 1 \end{bmatrix}$	$\begin{bmatrix} 5 \\ 12 \\ 1 \end{bmatrix}$
$gla := l + t \cdot (a - l)$	$\begin{bmatrix} 5 \\ 12-11 \cdot t \\ 2 \cdot t + 1 \end{bmatrix}$
solve$(12-11 \cdot t = 0, t)$	$t = \frac{12}{11}$
$gla \mid t = \frac{12}{11}$	$\begin{bmatrix} 5 \\ 0 \\ \frac{35}{11} \end{bmatrix}$

(2) Die Lichtquelle muss in der Höhe so eingestellt werden, dass der Lichtstrahl die obere Kante der linken Hallenwand gerade noch trifft.

Der Schattenpunkt S' der Pyramidenspitze hat daher die x_2-Koordinate 0 und die x_3-Koordinate 7. Seine x_1-Koordinate ist gleich 5, da die Lichtquelle und auch die Pyramidenspitze diese x_1-Koordinate besitzen.

Für den Schattenpunkt S' der Pyramidenspitze gilt somit: $S'(5 \mid 0 \mid 7)$

Für den Lichtstrahl, der durch den Schattenpunkt S' und durch die Pyramidenspitze S verläuft, ergibt sich folgende Gleichung:

$$g_{LS}\colon\ \vec{x} = \vec{s}\,' + k \cdot \overrightarrow{S'S} = \begin{pmatrix} 5 \\ 0 \\ 7 \end{pmatrix} + k \cdot \begin{pmatrix} 0 \\ 3 \\ -1 \end{pmatrix};\ k \geq 0$$

Die Koordinaten der Lichtquelle, die auf diesem Lichtstrahl liegt, lauten $L'(5 \mid 12 \mid h)$.

Eine Punktprobe ergibt:

$$\begin{pmatrix} 5 \\ 12 \\ h \end{pmatrix} = \begin{pmatrix} 5 \\ 0 \\ 7 \end{pmatrix} + k \cdot \begin{pmatrix} 0 \\ 3 \\ -1 \end{pmatrix}$$

Die Vektorgleichung führt auf folgende Koordinatengleichungen:

I $\quad 5 = 5$ (wahre Aussage)

II $\quad 12 = 3k$

III $\quad h = 7 - k$

Aus Gleichung II folgt $k = 4$.
Einsetzen in Gleichung III liefert $h = 3$.

GTR/CAS

$ss := \begin{bmatrix} 5 \\ 0 \\ 7 \end{bmatrix}$	$\begin{bmatrix} 5 \\ 0 \\ 7 \end{bmatrix}$
$s - ss$	$\begin{bmatrix} 0 \\ 3 \\ -1 \end{bmatrix}$
linSolve$\left(\begin{cases} 12 = 3 \cdot k \\ h = 7 - k \end{cases}, \{h, k\}\right)$	$\{3, 4\}$

CAS

$ss := \begin{bmatrix} 5 \\ 0 \\ 7 \end{bmatrix}$	$\begin{bmatrix} 5 \\ 0 \\ 7 \end{bmatrix}$
$gls := ss + k \cdot (s - ss)$	$\begin{bmatrix} 5 \\ 3 \cdot k \\ 7 - k \end{bmatrix}$
solve$\left(\begin{bmatrix} 5 \\ 12 \\ h \end{bmatrix} = gls, h, k\right)$	$h = 3$ and $k = 4$

Der Strahler muss also in die Position $L'(5 \mid 12 \mid 3)$ und damit auf eine Höhe von 3 m eingestellt werden. Im Vergleich zum Strahler $L(5 \mid 12 \mid 1)$ muss er also um 2 m nach oben verschoben werden.

Übungsaufgaben im Stil der Abiturprüfung
Prüfungsteil B – Stochastik B4

Geir Jordet, Professor für Sportwissenschaften in Oslo, hat das Elfmeterschießen anhand von Daten aus den letzten 30 Jahren wissenschaftlich untersucht. Dabei kam er zu interessanten Ergebnissen. Unter anderem fand er heraus, dass in der Theorie die durchschnittliche Trefferwahrscheinlichkeit beim Elfmeterschießen bei 75 % liegt.

a) Gehen Sie vereinfachend davon aus, dass bei einem Spiel nach der Verlängerung im Elfmeterschießen alle 5 Schützen einer Mannschaft mit der in der Studie ermittelten Wahrscheinlichkeit treffen.
Berechnen Sie die Wahrscheinlichkeiten für folgende Ereignisse:
E_1: Die Mannschaft verwandelt keinen Elfmeter.
E_2: Die Mannschaft verwandelt mindestens 3 Elfmeter.
E_3: Die Mannschaft verschießt keinen Elfmeter.

b) Durch umfangreiche Tests konnte bestätigt werden, dass die Trefferzahl X beim Elfmeterschießen binomialverteilt ist mit der von Geir Jordet ermittelten Trefferwahrscheinlichkeit $p = 0{,}75$.
Einer dieser Tests ist in der folgenden Abbildung grafisch veranschaulicht. Dabei besitzen die Säulen in der Abbildung eine Breite von 1 LE.

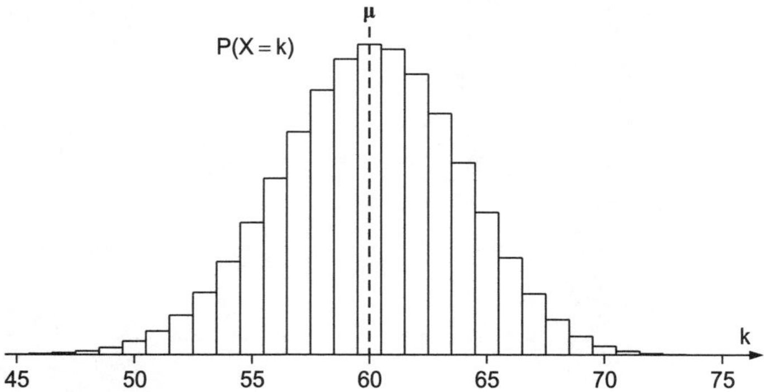

Abbildung

(1) Bestimmen Sie anhand der Abbildung, welcher Parameter n dem Test zugrunde lag, und berechnen Sie die Standardabweichung σ.

(2) Weisen Sie rechnerisch nach, dass die Abschätzung
$P(\mu - 1{,}64\sigma \leq X \leq \mu + 1{,}64\sigma) \approx 90\,\%$
erfüllt ist, und stellen Sie die Wahrscheinlichkeit in der Abbildung grafisch dar.

c) Bei einer groß angelegten Zuschauerbefragung an einem Bundesliga-Spieltag hat sich herausgestellt, dass von insgesamt 75 000 befragten Zuschauern nur 25 000 mit der Schiedsrichterleistung zufrieden sind.

(1) Geben Sie an, wie hoch die relative Häufigkeit ist, dass ein Zuschauer, der an der Befragung teilgenommen hat, mit der Schiedsrichterleistung zufrieden ist, und wie lange es im Durchschnitt dauert, bis man bei der Befragung auf einen zufriedenen Zuschauer trifft.

(2) Im Folgenden soll die relative Häufigkeit für die Zufriedenheit eines Zuschauers als Wahrscheinlichkeit verwendet werden. Zwei Zuschauer werden zufällig ausgewählt und unabhängig nach ihrer Meinung befragt.
Bestimmen Sie die Wahrscheinlichkeiten der folgenden Ereignisse:
A: Beide Zuschauer sind mit der Schiedsrichterleistung zufrieden.
B: Beide Zuschauer sind mit der Schiedsrichterleistung unzufrieden.
C: Die Zuschauer sind unterschiedlicher Meinung.

Hinweise und Tipps

Teilaufgabe a

Betrachten Sie die binomialverteilte Zufallsgröße X, die die Anzahl der verwandelten Elfmeter angibt.

Berechnen Sie $P(X=0)$, $P(X \geq 3)$ und $P(X=5)$.

Alternativ: Betrachten Sie für das Ereignis E_3 die Zufallsgröße Y, die die Anzahl der verschossenen Elfmeter angibt, und berechnen Sie $P(Y=0)$.

Teilaufgabe b

(1) Berechnen Sie den Parameter n, indem Sie den Erwartungswert μ aus der Abbildung ablesen und die Formel $\mu = n \cdot p$ nach n auflösen.

Bei einer binomialverteilten Zufallsgröße gilt für die Varianz $Var = n \cdot p \cdot (1-p)$ und für die Standardabweichung $\sigma = \sqrt{Var}$.

(2) Bestimmen Sie mithilfe des Erwartungswertes μ und der Standardabweichung σ die Grenzen, innerhalb deren die Zufallsgröße X liegen soll.

Berechnen Sie die zugehörige Wahrscheinlichkeit und prüfen Sie, ob diese annähernd gleich 0,9 ist.

Vergessen Sie die grafische Darstellung in der Abbildung nicht.

Teilaufgabe c

(1) Berechnen Sie die relative Häufigkeit als Quotient aus den Zuschauern, die bei der Befragung angegeben haben, zufrieden zu sein, und der Anzahl der insgesamt befragten Zuschauer.

Berechnen Sie die durchschnittliche Wartezeit $\frac{1}{h}$.

(2) Überlegen Sie, ob die Befragung dafür geeignet ist, um eine Binomialverteilung anzusetzen.

Betrachten Sie die Zufallsgröße Z, die die Anzahl der befragten Zuschauer angibt, die mit der Schiedsrichterleistung zufrieden sind.

Berechnen Sie $P(Z=2)$, $P(Z=0)$ und $P(Z=1)$.

Alternativ: Betrachten Sie für das Ereignis B die Zufallsgröße $\overline{Z}$, die die Anzahl der befragten Zuschauer angibt, die mit der Schiedsrichterleistung unzufrieden sind, und berechnen Sie $P(\overline{Z}=2)$.

Zur Kontrolle können Sie überprüfen, ob die Summe der drei berechneten Wahrscheinlichkeiten 1 ergibt.

Lösung

a) Die Zufallsgröße X, die die Anzahl der verwandelten Elfmeter angibt, wird als binomialverteilt mit $n=5$ und $p=0{,}75$ angenommen.

GTR/CAS

$P(E_1) = P(X=0) \approx 0{,}001 = 0{,}1\,\%$

`binomPdf(5,0.75,0)    0.000977`

$$P(E_2) = P(X \geq 3) = P(3 \leq X \leq 5) \approx 0{,}8965 = 89{,}65\,\%$$

`binomCdf(5,0.75,3,5)    0.896484`

Alternativ:

$$P(E_2) = P(X \geq 3) = 1 - P(X \leq 2) \approx 0{,}8965 = 89{,}65\,\%$$

`1-binomCdf(5,0.75,0,2)    0.896484`

Verschießt die Mannschaft keinen Elfmeter, dann verwandelt sie alle.

$P(E_3) = P(X=5) \approx 0{,}2373 = 23{,}73\,\%$

`binomPdf(5,0.75,5)    0.237305`

Alternativ:

Die Zufallsgröße Y, die die Anzahl der verschossenen Elfmeter angibt, ist ebenfalls binomialverteilt mit $n=5$ und $q=0{,}25$.

$P(E_3) = P(Y=0) \approx 0{,}2373 = 23{,}73\,\%$

`binomPdf(5,0.25,0)    0.237305`

b) (1) Aus der Abbildung kann der Erwartungswert $\mu=60$ für die binomialverteilte Zufallsgröße X abgelesen werden. Mit der gegebenen Trefferwahrscheinlichkeit $p=0{,}75$ folgt:

$$\mu = n \cdot p \quad \Leftrightarrow \quad 60 = n \cdot 0{,}75 \quad |:0{,}75$$
$$\frac{60}{0{,}75} = n$$
$$80 = n$$

Dem Test lag der Parameter $n=80$ zugrunde.

Bei einer binomialverteilten Zufallsgröße gilt für die Varianz $Var = n \cdot p \cdot (1-p)$ und für die Standardabweichung $\sigma = \sqrt{Var}$.

$$Var = n \cdot p \cdot (1-p) = 80 \cdot 0{,}75 \cdot 0{,}25 = 15$$
$$\sigma = \sqrt{Var} = \sqrt{15} \approx 3{,}87$$

(2) Mit der berechneten Standardabweichung ergeben sich als Grenzen:

$$\mu + 1{,}64\sigma = 60 + 1{,}64 \cdot 3{,}87 \approx 66$$
$$\mu - 1{,}64\sigma = 60 - 1{,}64 \cdot 3{,}87 \approx 54$$

Für die gesuchte Wahrscheinlichkeit folgt:
$P(54 \le X \le 66) \approx 0{,}9 = 90\,\%$

GTR/CAS

binomCdf(80,0.75,54,66)	0.908016

Die Abschätzung ist damit erfüllt.

Da die Säulen in der Abbildung 1 LE breit sind, kann die Wahrscheinlichkeit für mindestens 54 bis höchstens 66 Treffer durch die grau eingefärbte Fläche dargestellt werden:

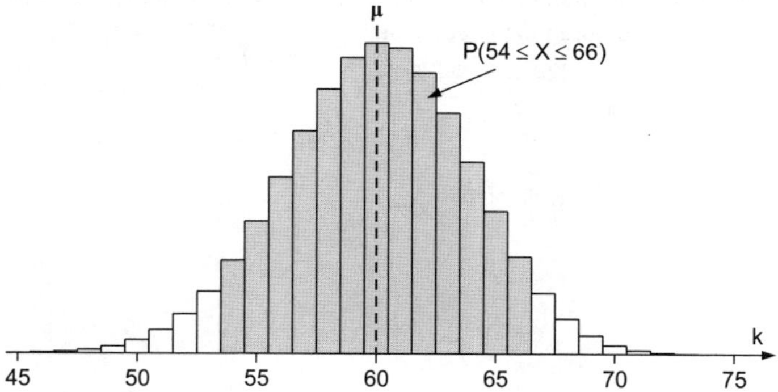

c) (1) Die relative Häufigkeit ergibt sich als Quotient aus den Zuschauern, die bei der Befragung angegeben haben, zufrieden zu sein, und der Anzahl der insgesamt befragten Zuschauer.

Für die relative Häufigkeit gilt:

$$h = \frac{25\,000}{75\,000} = \frac{1}{3}$$

Die durchschnittliche Wartezeit, bis man auf einen zufriedenen Zuschauer trifft, beträgt:

$$\frac{1}{h} = \frac{1}{\frac{1}{3}} = 3$$

Im Durchschnitt gibt jeder dritte befragte Zuschauer an, mit der Schiedsrichterleistung zufrieden zu sein.

(2) Da die Zuschauer unabhängig voneinander befragt werden und es nur zwei verschiedene Antwortmöglichkeiten gibt (zufrieden oder unzufrieden), ist die Zufallsgröße Z, die die Anzahl der zufriedenen Zuschauer angibt, binomialverteilt mit $n = 2$ und $p = \frac{1}{3}$.

$P(A) = P(Z = 2) \approx 0{,}1111 = 11{,}11\,\%$

$P(B) = P(Z = 0) \approx 0{,}4444 = 44{,}44\,\%$

GTR/CAS

$\text{binomPdf}\left(2, \frac{1}{3}, 2\right)$	0.111111
$\text{binomPdf}\left(2, \frac{1}{3}, 0\right)$	0.444444

Alternativ:

Die Zufallsgröße $\overline{Z}$, die die Anzahl der unzufriedenen Zuschauer angibt, ist ebenfalls binomialverteilt mit $n=2$ und $q=\frac{2}{3}$.

$\text{binomPdf}\left(2,\frac{2}{3},2\right)$ 0.444444

$P(B)=P(\overline{Z}=2)\approx 0{,}4444=44{,}44\ \%$

Die Zuschauer sind unterschiedlicher Meinung, wenn einer der Befragten zufrieden und der andere unzufrieden ist.

$\text{binomPdf}\left(2,\frac{1}{3},1\right)$ 0.444444

$P(C)=P(Z=1)\approx 0{,}4444=44{,}44\ \%$

Abiturprüfung 2018 Mathematik Grundkurs (Nordrhein-Westfalen)
Prüfungsteil A – Aufgaben ohne Hilfsmittel

Punkte

a) Gegeben ist die Funktion f mit $f(x)=\frac{1}{3}x^3-3x$.
Bestimmen Sie alle Nullstellen von f und geben Sie die Bereiche an, in denen der Graph von f oberhalb der x-Achse verläuft. 6

b) Gegeben sind die beiden in $\mathbb{R}$ definierten Funktionen f und g mit $f(x)=e^x+\frac{1}{2}x+1$ und $g(x)=\frac{1}{2}x$.
Die Graphen der beiden Funktionen sind in Abbildung 1 dargestellt.

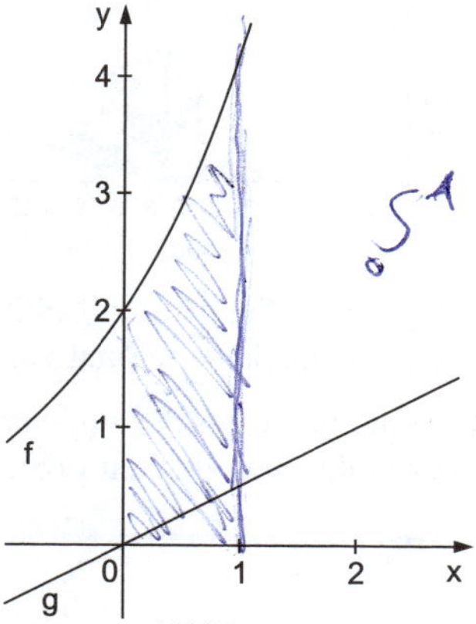

Abbildung 1

(1) Begründen Sie, dass der Graph von f und der Graph von g keinen gemeinsamen Punkt besitzen. 2

(2) Bestimmen Sie den Inhalt der Fläche, die von den Graphen von f und g, der y-Achse und der parallel zur y-Achse verlaufenden Geraden mit der Gleichung $x=1$ eingeschlossen wird. 4

c) Gegeben sind die Geraden g: $\vec{x}=\begin{pmatrix}3\\-3\\3\end{pmatrix}+r\cdot\begin{pmatrix}3\\0\\-1\end{pmatrix}$ mit $r\in\mathbb{R}$ und h: $\vec{x}=\begin{pmatrix}3\\-3\\3\end{pmatrix}+s\cdot\begin{pmatrix}1\\0\\3\end{pmatrix}$ mit $s\in\mathbb{R}$.

(1) Geben Sie die Koordinaten des Schnittpunkts von g und h an und zeigen Sie, dass g und h senkrecht zueinander verlaufen. 2

(2) Die Ebene E enthält die Geraden g und h.
Prüfen Sie, ob der Punkt $P(7\,|-3\,|\,5)$ in E liegt. 4

d) Die Zufallsgröße X ist binomialverteilt mit $n = 10$ und $p = 0{,}8$.

(1) Eine der folgenden Abbildungen stellt die Wahrscheinlichkeitsverteilung von X dar.

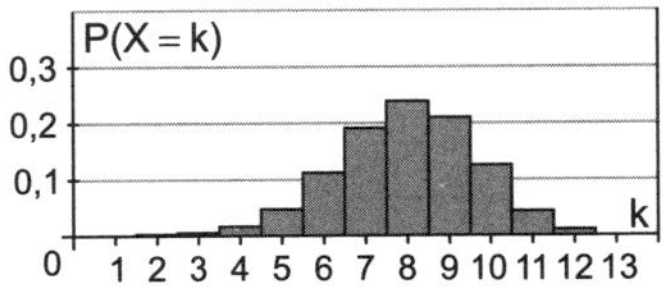

Abbildung 2

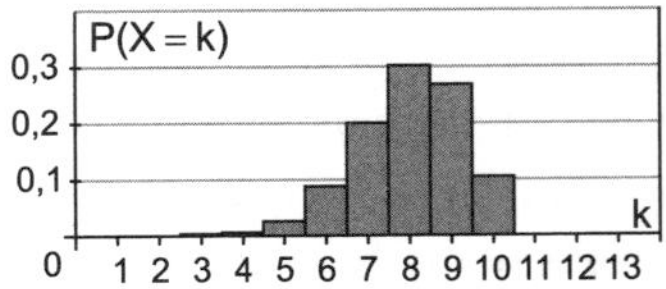

Abbildung 3

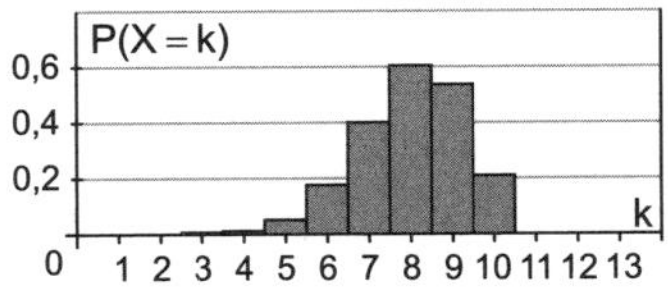

Abbildung 4

Begründen Sie, warum Abbildung 2 und Abbildung 4 nicht die Wahrscheinlichkeitsverteilung von X darstellen. 4

(2) Ermitteln Sie aus der zugehörigen Abbildung näherungsweise den Wert der Wahrscheinlichkeit $P(6 \leq X \leq 8)$. 2

Hinweise und Tipps

Teilaufgabe a

- Setzen Sie den Funktionsterm gleich null.
- Zerlegen Sie die Gleichung in Linearfaktoren, indem Sie ausklammern und eine binomische Formel anwenden.
- Lesen Sie die Lösungen für die Nullstellen anhand der Linearfaktoren ab.
- Überlegen Sie, welches Verhalten der Graph von f für $x \to -\infty$ besitzt und, ausgehend davon, wie sich das Verhalten bei den Nullstellen ändert, wenn Sie berücksichtigen, dass es sich um einfache Nullstellen (Nullstellen ungerader Ordnung) handelt.
- **Alternativ:** Berechnen Sie geeignete Funktionswerte in den Bereichen, die zwischen den Nullstellen liegen, und folgern Sie daraus, wo der Graph oberhalb der x-Achse verläuft.

Teilaufgabe b

- (1) Zwei Funktionsgraphen besitzen genau dann einen gemeinsamen Punkt, wenn die Funktionsterme an einer Stelle gleiche Funktionswerte haben.
- Bilden Sie die Gleichung $f(x) = g(x)$ und lösen Sie diese nach x auf.
- Begründen Sie, dass die Gleichung keine Lösung besitzt, da $e^x > 0$ gilt für alle $x \in \mathbb{R}$.
- (2) Berechnen Sie den Inhalt der Fläche mit dem bestimmten Integral

$$\int_0^1 (f(x) - g(x))\, dx.$$

Teilaufgabe c

- (1) Wenn Sie die Geradengleichungen genau betrachten, erkennen Sie, dass die Anbindungspunkte gleich sind.
- Überlegen Sie, was dies für den Schnittpunkt bedeutet.
- **Alternativ** (viel zeitaufwendiger): Kombinieren Sie die beiden Geradengleichungen, schreiben Sie die Vektorgleichung in Koordinatengleichungen um und lösen Sie das entstehende Gleichungssystem.
- Bestimmen Sie mit den berechneten Parametern den Schnittpunkt.
- Die beiden Geraden verlaufen dann senkrecht zueinander, wenn das Skalarprodukt ihrer Richtungsvektoren gleich null ist.
- (2) Stellen Sie eine Parameterform der Ebene E auf.
- Führen Sie eine Punktprobe durch.
- Setzen Sie dazu den Ortsvektor von P in die Parameterform der Ebenengleichung ein, schreiben Sie die Vektorgleichung in Koordinatengleichungen um und lösen Sie das entstehende Gleichungssystem.

Teilaufgabe d

(1) Für die binomialverteilte Zufallsgröße X gilt $n = 10$. Es kann folglich keine Wahrscheinlichkeit $P(X > 10) > 0$ geben.

Schließen Sie mit dieser Information Abbildung 2 aus.

Ferner muss bei einer Wahrscheinlichkeitsverteilung die Summe der Einzelwahrscheinlichkeiten genau 1 betragen.

Schließen Sie mit dieser Information Abbildung 4 aus.

(2) Die gesuchte Wahrscheinlichkeit setzt sich aus den Einzelwahrscheinlichkeiten $P(X = 6)$, $P(X = 7)$ und $P(X = 8)$ zusammen.

Entnehmen Sie diese aus der Abbildung 3 und summieren Sie auf.

Lösung

a) Für die Berechnung der Nullstellen von f wird der Funktionsterm gleich null gesetzt.

$$\frac{1}{3}x^3 - 3x = 0$$
$$\frac{1}{3}x \cdot (x^2 - 9) = 0$$
$$\frac{1}{3}x \cdot (x+3) \cdot (x-3) = 0$$

Den Linearfaktoren des Produkts entnimmt man die Lösungen $x=0$, $x=-3$ und $x=3$ für die Nullstellen von f.

Es gilt: $\lim\limits_{x \to -\infty} f(x) = \lim\limits_{x \to -\infty} \left(\frac{1}{3}x^3 - 3x\right) = -\infty$

Da alle Nullstellen nur einmal vorkommen und damit Nullstellen ungerader Ordnung sind, durchdringt der Graph von f an diesen Stellen jeweils die x-Achse: bei $x=-3$ vom negativen Bereich kommend, bei $x=0$ vom positiven Bereich kommend und bei $x=3$ wieder vom negativen Bereich kommend.

Der Graph von f verläuft somit in den Bereichen $]-3;0[$ und $]3;+\infty[$ oberhalb der x-Achse.

Alternativ:

Durch die Nullstellen wird die x-Achse in die Bereiche $]-\infty;-3[$, $]-3;0[$, $]0;3[$ und $]3;+\infty[$ unterteilt. Durch Berechnung geeigneter Funktionswerte in diesen Bereichen kann man feststellen, ob der Graph ober- oder unterhalb der x-Achse verläuft.

$$f(-4) = \frac{1}{3} \cdot (-4)^3 - 3 \cdot (-4) = -\frac{64}{3} + 12 = -\frac{28}{3} < 0$$

$$f(-1) = \frac{1}{3} \cdot (-1)^3 - 3 \cdot (-1) = -\frac{1}{3} + 3 = \frac{8}{3} > 0$$

$$f(1) = \frac{1}{3} \cdot 1^3 - 3 \cdot 1 = \frac{1}{3} - 3 = -\frac{8}{3} < 0 \qquad \text{(punktsymmetrisch zum Ursprung)}$$

$$f(4) = \frac{1}{3} \cdot 4^3 - 3 \cdot 4 = \frac{64}{3} - 12 = \frac{28}{3} > 0 \qquad \text{(punktsymmetrisch zum Ursprung)}$$

Der Graph von f verläuft somit in den Bereichen $]-3;0[$ und $]3;+\infty[$ oberhalb der x-Achse.

b) (1) Besitzen zwei Funktionsgraphen einen gemeinsamen Punkt, dann liefern ihre Funktionsterme an (mindestens) einer Stelle gleiche Funktionswerte.

$$f(x) = g(x)$$

$$e^x + \frac{1}{2}x + 1 = \frac{1}{2}x \quad \left| -\frac{1}{2}x \right.$$

$$e^x + 1 = 0 \quad |-1$$

$$e^x = -1$$

Die Gleichung $e^x = -1$ ist nie erfüllt, da $e^x > 0$ für alle $x \in \mathbb{R}$.
Somit besitzen die Graphen von f und g keinen gemeinsamen Punkt.

(2) Aus der Abbildung entnimmt man, dass für $0 \leq x \leq 1$ gilt: $f(x) > g(x)$.
Der Inhalt der eingeschlossenen Fläche entspricht dem Wert des bestimmten Integrals über die Differenzfunktion $f(x) - g(x)$ im Bereich [0; 1].

$$A = \int_0^1 (f(x) - g(x))\,dx$$

$$= \int_0^1 \left(e^x + \frac{1}{2}x + 1 - \frac{1}{2}x\right) dx$$

$$= \int_0^1 \left(e^x + 1\right) dx$$

$$= \left[e^x + x\right]_0^1$$

$$= e^1 + 1 - (e^0 + 0)$$

$$= e + 1 - 1$$

$$= e$$

Der Inhalt der Fläche beträgt $e \approx 2{,}72$ Flächeneinheiten.

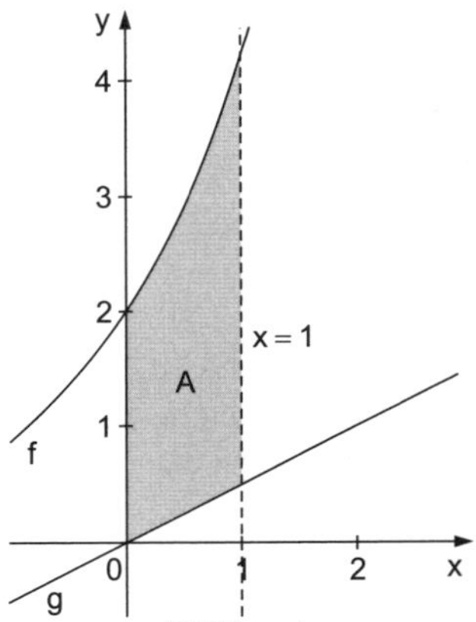

Abbildung 1

c) (1) Die Anbindungspunkte der Geraden g und h sind identisch.
Der Schnittpunkt von g und h ist somit gleich dem Anbindungspunkt: $S(3\,|-3\,|\,3)$

Alternativ (viel zeitaufwendiger):
Gleichsetzen der Geradengleichungen:

$$\begin{pmatrix} 3 \\ -3 \\ 3 \end{pmatrix} + r \cdot \begin{pmatrix} 3 \\ 0 \\ -1 \end{pmatrix} = \begin{pmatrix} 3 \\ -3 \\ 3 \end{pmatrix} + s \cdot \begin{pmatrix} 1 \\ 0 \\ 3 \end{pmatrix}$$

Umschreiben in Koordinatengleichungen:

I $\quad 3 + 3r = 3 + s$

II $\quad -3 = -3$ (wahre Aussage)

III $\quad 3 - r = 3 + 3s$

Auflösen von III nach r:

$$\begin{aligned} 3-r &= 3+3s \quad &|-3 \\ -r &= 3s \quad &|\cdot(-1) \\ r &= -3s \end{aligned}$$

Einsetzen von $r=-3s$ in I:

$$\begin{aligned} 3+3\cdot(-3s) &= 3+s \quad &|-3 \\ -9s &= s \quad &|-s \\ -10s &= 0 \quad &|:(-10) \\ s &= 0 \end{aligned}$$

Mit $s=0$ folgt $r=0$.

Einsetzen von $r=0$ in die Geradengleichung von g (oder Einsetzen von $s=0$ in die Geradengleichung von h) liefert den Ortsvektor des Schnittpunktes:

$$\vec{s} = \begin{pmatrix} 3 \\ -3 \\ 3 \end{pmatrix} + 0\cdot\begin{pmatrix} 3 \\ 0 \\ -1 \end{pmatrix} = \begin{pmatrix} 3 \\ -3 \\ 3 \end{pmatrix} \Rightarrow S(3\,|-3\,|\,3)$$

Die beiden Geraden verlaufen dann senkrecht zueinander, wenn das Skalarprodukt ihrer Richtungsvektoren gleich null ist.

$$\begin{pmatrix} 3 \\ 0 \\ -1 \end{pmatrix} \circ \begin{pmatrix} 1 \\ 0 \\ 3 \end{pmatrix} = 3+0-3=0$$

Die Geraden g und h verlaufen senkrecht zueinander.

(2) Mit dem Schnittpunkt der Geraden als Anbindungspunkt und den linear unabhängigen Richtungsvektoren der Geraden als Spannvektoren lautet eine Parameterform von E:

$$E: \vec{x} = \begin{pmatrix} 3 \\ -3 \\ 3 \end{pmatrix} + r\cdot\begin{pmatrix} 3 \\ 0 \\ -1 \end{pmatrix} + s\cdot\begin{pmatrix} 1 \\ 0 \\ 3 \end{pmatrix};\ r, s \in \mathbb{R}$$

Zur Überprüfung, ob der Punkt $P(7\,|-3\,|\,5)$ in E liegt, kann eine Punktprobe durchgeführt werden:

$$\begin{pmatrix} 7 \\ -3 \\ 5 \end{pmatrix} = \begin{pmatrix} 3 \\ -3 \\ 3 \end{pmatrix} + r\cdot\begin{pmatrix} 3 \\ 0 \\ -1 \end{pmatrix} + s\cdot\begin{pmatrix} 1 \\ 0 \\ 3 \end{pmatrix}$$

Umschreiben der Vektorgleichung in die Koordinatengleichungen ergibt folgendes Gleichungssystem:

I $\quad 7=3+3r+s \quad \Leftrightarrow \quad 4=3r+s$

II $\quad -3=-3 \quad$ (wahre Aussage)

III $\quad 5=3-r+3s \quad \Leftrightarrow \quad 2=-r+3s$

Addiert man zur Gleichung I das Dreifache der Gleichung III, folgt:

$$\text{I}+3\cdot\text{III}:\quad 4+3\cdot 2=3r+s+3\cdot(-r+3s)$$
$$10=3r+s-3r+9s$$
$$10=10s \quad |:10$$
$$1=s$$

Einsetzen von $s=1$ in Gleichung I:

$$4=3r+1 \quad |-1$$
$$3=3r \quad |:3$$
$$1=r$$

Das Gleichungssystem ist mit $s=1$ und $r=1$ eindeutig lösbar. Der Punkt P liegt damit in E.

d) (1) Die Zufallsgröße X ist binomialverteilt mit $n=10$ und $p=0{,}8$.

Abbildung 2 stellt nicht die Wahrscheinlichkeitsverteilung von X dar, weil gemäß Vorgabe $n=10$ gilt, in der Abbildung aber Wahrscheinlichkeiten $P(X>10)>0$ abgebildet sind.

Abbildung 4 stellt nicht die Wahrscheinlichkeitsverteilung von X dar, weil die Summe der Einzelwahrscheinlichkeiten $P(X=1)+P(X=2)+\ldots+P(X=10)$ größer als 1 ist. Sie müsste aber genau 1 betragen.

(2) Laut Abbildung 3 gilt:

$$P(6\le X\le 8)=P(X=6)+P(X=7)+P(X=8)$$
$$\approx 0{,}1+0{,}2+0{,}3$$
$$=0{,}6$$

Die gesuchte Wahrscheinlichkeit beträgt ungefähr $P(6\le X\le 8)\approx 0{,}6=60\ \%$.

Abiturprüfung 2018 Mathematik Grundkurs (Nordrhein-Westfalen)
Prüfungsteil B – Analysis B1 (GTR)

In einem Entwicklungslabor wird der Ladevorgang bei Akkus an verschiedenen Ladegeräten getestet. Der zeitliche Verlauf der Ladung bei Verwendung eines bestimmten Ladegerätes wird durch die Funktion Q mit $Q(t) = 1\,000(1 - e^{-0{,}4 \cdot t})$ modelliert und ist in Abbildung 1 dargestellt.

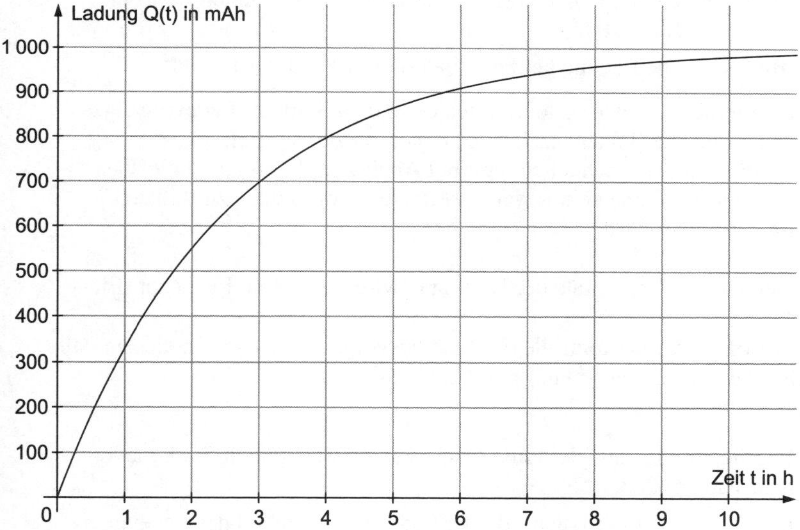

Abbildung 1

Dabei gibt t die seit Beginn des Ladevorgangs vergangene Zeit in Stunden und Q(t) die Ladung des Akkus zum Zeitpunkt t (Einheit: mAh) an. Der Ladevorgang beginnt zum Zeitpunkt $t = 0$ und es gilt $Q(0) = 0$, d. h., in der Modellierung wird vereinfachend davon ausgegangen, dass die Ladung des Akkus zu Beginn immer den Wert 0 hat.

Punkte

a) (1) Der Verlauf des Graphen legt die Vermutung nahe, dass sich die Funktion Q für große Werte von t dem Wert 1 000 annähert und ihn nicht überschreitet.
Entscheiden Sie begründet, ob diese Vermutung wahr ist. 3

Die maximale Ladung, die ein Akku unter idealen Bedingungen aufnehmen kann, wird Kapazität genannt. In diesem Falle hat der Akku eine Kapazität von 1 000 mAh. Eine Balkenanzeige am Ladegerät signalisiert während des Ladevorgangs den momentanen Ladezustand des Akkus mit folgenden Symbolen:

kein Balken: Die Ladung beträgt weniger als 30 % der Kapazität.

ein Balken: Die Ladung beträgt mindestens 30 % und unter 60 % der Kapazität.

zwei Balken: Die Ladung beträgt mindestens 60 % und unter 90 % der Kapazität.

drei Balken: Die Ladung beträgt mindestens 90 % der Kapazität.

(2) Bestimmen Sie, wie viele Minuten es ab dem Start des Ladevorgangs dauert, bis die Balkenanzeige den ersten Balken anzeigt.
Begründen Sie anschaulich, ggf. mit Abbildung 1, dass die Zeitdauer bis zum Erscheinen eines weiteren Balkens von Balken zu Balken immer größer wird. 5

Die momentane Änderungsrate der Ladung Q wird Ladestrom I genannt (Einheit: mA).
Der Ladestrom wird zur Kontrolle des Ladungsvorgangs benutzt. In diesem Falle lautet also die Funktionsgleichung für den Ladestrom:
$I(t) = Q'(t) = 400\,e^{-0{,}4 \cdot t}$.

b) (1) Begründen Sie, dass der Ladestrom I zum Startzeitpunkt des Ladevorgangs am größten ist. 3

(2) Um den Akku zu schonen, soll der Ladestrom während des Ladevorgangs den Wert 500 nicht überschreiten.
Entscheiden Sie begründet, ob diese Bedingung beim vorliegenden Ladevorgang eingehalten wird. 3

(3) Der Ladevorgang wird abgeschaltet, wenn der Ladestrom I den Wert 10 erreicht.
Bestimmen Sie die Dauer des Ladevorgangs in Stunden und Minuten, wenn der Ladevorgang nach dieser Bedingung abgeschaltet wird.
Bestimmen Sie die Anzahl der Balken, die die Balkenanzeige dann anzeigt. 6

Im Folgenden wird der Ladevorgang für einen Akku der Kapazität 1 000 mAh an verschiedenen Ladegeräten verglichen.
Der zeitliche Verlauf des Ladevorgangs für verschiedene Ladegeräte wird durch Funktionen Q_k mit $Q_k(t) = 1\,000\,(1 - e^{-k \cdot t})$, $k \in \mathbb{R}$, $k > 0$, modelliert und ist für $k = 0{,}2$; $k = 0{,}4$; $k = 0{,}6$ und $k = 0{,}95$ in Abbildung 2 dargestellt.

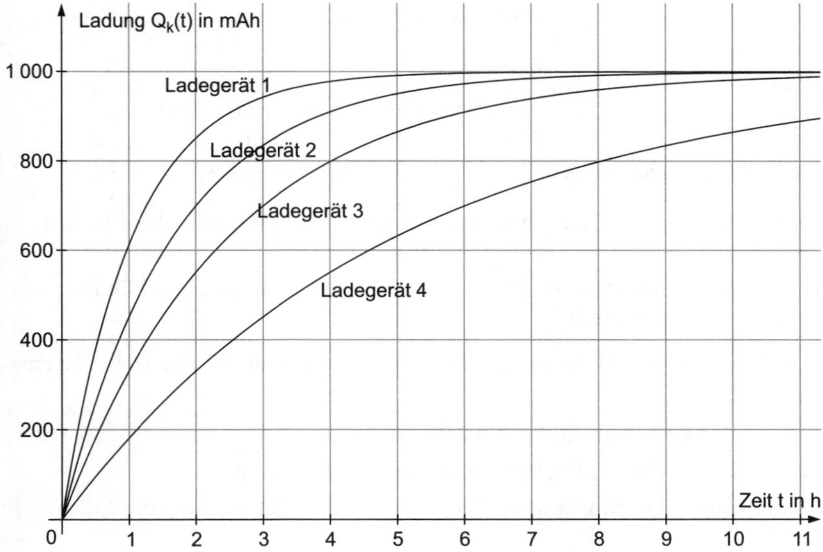

Abbildung 2

c) (1) Beschreiben Sie die Bedeutung größer werdender Werte für den Parameter k im Sachzusammenhang. 2

(2) Geben Sie an, welcher Graph in Abbildung 2 zu welchem Parameter gehört. 2

Ein Akku der Kapazität 1 000 mAh wird durch ein defektes Ladegerät fälschlicherweise mit einem Ladestrom geladen, der durch die Funktionsvorschrift $I_d(t) = (100t + 50)e^{-0,4 \cdot t + 0,1}$ modelliert wird. Nach 12 Stunden wird der Ladevorgang an diesem Ladegerät abgebrochen.

d) (1) Zeigen Sie rechnerisch, dass die Funktion I_d genau ein lokales Maximum besitzt.
[*Kontrolllösung:* $I_d'(t) = (-40t + 80)e^{-0,4 \cdot t + 0,1}$] 7

(2) Begründen Sie, dass während des Ladevorgangs der Ladestrom I_d den Wert 150 nie überschreitet. 3

Die Funktion Q_d beschreibt die Ladung des Akkus beim Ladevorgang an dem defekten Ladegerät.

(3) Begründen Sie, dass die Funktion Q_d für $t > 0$ monoton steigt. 2

(4) Bestimmen Sie die Ladung des Akkus an diesem Ladegerät, wenn der Ladevorgang nach 12 Stunden abgebrochen wird. 4

Hinweise und Tipps

Teilaufgabe a

(1) Ermitteln Sie den Grenzwert $\lim\limits_{t \to +\infty} Q(t) = \lim\limits_{t \to +\infty} 1\,000\,(1 - e^{-0,4 \cdot t})$.

Nutzen Sie dabei aus, dass $e^{-0,4 \cdot t} = \frac{1}{e^{0,4 \cdot t}} \to 0$ gilt für $t \to +\infty$.

Denken Sie daran, auch zu begründen, dass der Wert 1 000 nicht überschritten wird.

Zeigen Sie dazu, dass für alle Zeitpunkte t folgende Ungleichung erfüllt ist:
$1\,000\,(1 - e^{-0,4 \cdot t}) < 1\,000$

(2) Bei wie viel Prozent der Kapazität erscheint der erste Balken? Wie viel mAh entspricht dies?

Lösen Sie die Gleichung $Q(t) = 300$ nach der Zeit t auf.

Vergessen Sie nicht, das Ergebnis in Minuten umzurechnen.

Beschreiben Sie das Monotonieverhalten der Ladung Q(t) mithilfe der Abbildung 1.

Überlegen Sie sich, um welchen Wert die Ladung jeweils zunehmen muss, damit ein weiterer Balken erscheint.

Welche Konsequenz hat die Tatsache, dass der Zuwachs der Ladung Q(t) für größer werdendes t immer geringer wird, auf den Zeitraum für das Erscheinen eines weiteren Balkens?

Teilaufgabe b

(1) Zeigen Sie, dass die Funktion I(t) streng monoton fallend ist.

Überlegen Sie, an welchem Intervallrand eine streng monoton fallende Funktion ihr Maximum annimmt.

(2) Nutzen Sie das Ergebnis aus Teilaufgabe b (1) aus, um den maximalen Ladestrom zu berechnen.

Setzen Sie den Wert $t = 0$ in die Funktionsgleichung I(t) ein und vergleichen Sie den maximalen Ladestrom mit dem vorgegebenen Wert.

(3) Der Ladestrom wird abgeschaltet, wenn der Ladestrom I den Wert 10 erreicht. Stellen Sie eine passende Gleichung auf und lösen Sie diese nach t auf.

Rechnen Sie das Ergebnis in Stunden und Minuten um.

Bestimmen Sie den Ladezustand des Akkus. Setzen Sie dazu den berechneten Zeitpunkt t in die Funktion Q(t) ein.

Wie viele Balken werden bei diesem Ladezustand angezeigt?

Teilaufgabe c

(1) Überlegen Sie, welche Größe der Parameter k im Sachzusammenhang beeinflusst.

Zeigen Sie, dass $Q_{k_1}(t) = 1\,000\,(1 - e^{-k_1 \cdot t}) < Q_{k_2}(t) = 1\,000(1 - e^{-k_2 \cdot t})$ gilt für $k_1 < k_2$ und der Akku damit umso schneller aufgeladen wird, je größer der Parameter k ist.

(2) Ordnen Sie mit dem Ergebnis aus Teilaufgabe c (1) den Graphen in Abbildung 2 die Parameter $k = 0{,}2$; $k = 0{,}4$; $k = 0{,}6$ und $k = 0{,}95$ zu.

Teilaufgabe d

(1) Bestimmen Sie die 1. Ableitung der Funktion I_d.

Die notwendige Bedingung für ein lokales Maximum lautet: $I_d'(t) = 0$

Bestimmen Sie die Nullstellen der 1. Ableitung.

Berücksichtigen Sie bei der Bestimmung der Nullstellen, dass $e^{-0{,}4 \cdot t + 0{,}1} = 0$ nie eintritt.

Die hinreichende Bedingung für ein lokales Maximum lautet: $I_d'(t) = 0$ und I_d' hat an der infrage kommenden Stelle einen Vorzeichenwechsel von + nach –.

Überprüfen Sie, ob ein Vorzeichenwechsel vorliegt, indem Sie bei der Darstellung von $I_d'(t)$ als Produkt die Vorzeichen der einzelnen Faktoren bestimmen.

Alternativ: Berechnen Sie die 2. Ableitung der Funktion I_d und prüfen Sie die hinreichende Bedingung für ein lokales Maximum: $I_d'(t) = 0$ und $I_d''(t) < 0$

(2) Begründen Sie, dass das lokale Maximum von I_d aus Teilaufgabe d (1) auch globales Maximum ist.

Berechnen Sie das globale Maximum und vergleichen Sie das Ergebnis mit dem vorgegebenen Wert von 150.

(3) Eine Funktion steigt monoton, wenn ihre Ableitung größer null ist.

Überlegen Sie, durch welche Funktionsvorschrift die Ableitung von Q_d gegeben ist.

Zeigen Sie, dass $Q_d'(t) = I_d(t) > 0$ gilt für $t > 0$.

(4) Die Ladung des Akkus ergibt sich als Änderungseffekt über die Zeit von 12 Stunden.

Berechnen Sie die Gesamtladung des Akkus durch das bestimmte Integral

$$\int_0^{12} I_d(t)\,dt.$$

Lösung

a) (1) Es gilt:

$$\lim_{t \to +\infty} Q(t) = \lim_{t \to +\infty} 1\,000(1 - e^{-0,4 \cdot t})$$
$$= \lim_{t \to +\infty} \left(1\,000 - \frac{1\,000}{e^{0,4 \cdot t}}\right)$$
$$= 1\,000 - \lim_{t \to +\infty} \frac{1\,000}{e^{0,4 \cdot t}}$$
$$= 1\,000 - 0$$
$$= 1\,000$$

Die Funktion Q nähert sich daher für große Werte von t dem Wert 1 000 an.

Nun wird noch begründet, dass dieser Wert nicht überschritten wird.
Es gilt $e^x > 0$ für alle $x \in \mathbb{R}$.

$\Rightarrow \quad e^{-0,4 \cdot t} > 0 \qquad$ für alle $t \in \mathbb{R}$
$\Rightarrow \quad 1 - e^{-0,4 \cdot t} < 1 \qquad$ für alle $t \in \mathbb{R}$
$\Rightarrow \quad 1\,000(1 - e^{-0,4 \cdot t}) < 1\,000 \qquad$ für alle $t \in \mathbb{R}$

Insgesamt ist die Vermutung wahr. Die Funktion Q nähert sich für große Werte von t dem Wert 1 000 von unten an. Der Wert wird aber nicht überschritten.

(2) Der erste Balken erscheint, wenn mindestens 30 % der Kapazität erreicht sind. Bei einer Kapazität von insgesamt 1 000 mAh sind dies:
$0,3 \cdot 1\,000 \text{ mAh} = 300 \text{ mAh}$

Damit der erste Balken erscheint, muss also die Gleichung $Q(t) = 300$ erfüllt sein.
$Q(t) = 300 \quad \Rightarrow \quad t \approx 0,892$

$q(t):=1000\cdot\left(1-e^{-0.4\cdot t}\right)$	*Fertig*
nSolve$(q(t)=300,t)$	0.891687

Das Ergebnis wird in Minuten umgerechnet:
$0,892 \cdot 60 \text{ min} \approx 54 \text{ min}$

Ab dem Start des Ladevorgangs dauert es knapp 54 Minuten, bis der erste Balken angezeigt wird.

Dem Funktionsgraphen aus Abbildung 1 entnimmt man, dass die Ladefunktion Q(t) zwar monoton wächst, dass der Zuwachs aber für größer werdendes t immer geringer wird, da die Steigung immer kleiner wird.
Das hat zur Konsequenz, dass der Zeitraum für einen (immer gleichen) Zuwachs von 300 mAh und damit für das Erscheinen eines weiteren Balkens immer größer wird. Es dauert also immer länger, bis der nächste Balken erscheint.

b) (1) Da $e^{0,4 \cdot t}$ für $t \to +\infty$ streng monoton wächst, folgt:

$$400e^{-0,4 \cdot t} = \frac{400}{e^{0,4 \cdot t}}$$ fällt streng monoton für $t \to +\infty$.

Folglich ist I(t) eine streng monoton fallende Exponentialfunktion, die ihr Maximum am linken Intervallrand, also zum Startzeitpunkt $t = 0$, annimmt.

(2) Nach Teilaufgabe b(1) wird das Maximum bei $t = 0$ angenommen.
Es gilt:
$I(0) = 400e^{-0,4 \cdot 0} = 400 < 500$

Die Bedingung, dass der Ladestrom während des Ladevorgangs den Wert 500 nicht überschreitet, wird also eingehalten.

(3) Der Ladestrom I erreicht den Wert 10, wenn gilt:
$I(t) = 10 \quad \Rightarrow \quad t \approx 9,222$

$i(t):=400 \cdot e^{-0.4 \cdot t}$	*Fertig*
nSolve$(i(t)=10,t)$	9.2222

Das Ergebnis wird in Stunden und Minuten umgerechnet:
9,222 h sind 9 h und $0,222 \cdot 60$ min ≈ 13 min

Bis der Ladevorgang abgeschaltet wird, dauert es also 9 volle Stunden und ca. 13 Minuten.

Durch Einsetzen des berechneten Zeitpunktes in die Funktion Q(t) ergibt sich der zugehörige Ladezustand des Akkus:
$Q(9,222) \approx 975\,[\text{mAh}]$

$q(9.222)$	974.998

Da 975 mAh mehr als 90 % der Kapazität in Höhe von 1 000 mAh sind, zeigt die Balkenanzeige nach dem Abschalten drei Balken an.

c) (1) Der Parameter k beeinflusst die Zeit, mit der die Aufladung erfolgt, und damit die Ladegeschwindigkeit. Je größer k ist, desto schneller wird der Akku geladen.

Mathematisch zeigt sich dies durch eine Ungleichungskette:

$$k_1 < k_2$$
$$k_1 \cdot t < k_2 \cdot t \qquad (\text{für } t > 0)$$
$$e^{k_1 \cdot t} < e^{k_2 \cdot t}$$
$$\frac{1}{e^{k_1 \cdot t}} > \frac{1}{e^{k_2 \cdot t}}$$
$$1 - \frac{1}{e^{k_1 \cdot t}} < 1 - \frac{1}{e^{k_2 \cdot t}}$$
$$1000\left(1 - \frac{1}{e^{k_1 \cdot t}}\right) < 1000\left(1 - \frac{1}{e^{k_2 \cdot t}}\right)$$
$$1000(1 - e^{-k_1 \cdot t}) < 1000(1 - e^{-k_2 \cdot t})$$
$$Q_{k_1}(t) < Q_{k_2}(t)$$

(2) Mit der Bedeutung aus Teilaufgabe c (1) ergibt sich für die Graphen in Abbildung 2 folgende Zuordnung:
Zum Ladegerät 1 gehört der größte Parameter $k = 0{,}95$.
Zum Ladegerät 2 gehört der Parameter $k = 0{,}6$.
Zum Ladegerät 3 gehört der Parameter $k = 0{,}4$.
Zum Ladegerät 4 gehört der kleinste Parameter $k = 0{,}2$.

d) (1) Unter Berücksichtigung der Ableitungsregeln ergibt sich für die 1. Ableitung:

$$\begin{aligned} I_d'(t) &= 100 \cdot e^{-0{,}4 \cdot t + 0{,}1} + (100t + 50) \cdot e^{-0{,}4 \cdot t + 0{,}1} \cdot (-0{,}4) \\ &= e^{-0{,}4 \cdot t + 0{,}1} \cdot (100 + (100t + 50) \cdot (-0{,}4)) \\ &= e^{-0{,}4 \cdot t + 0{,}1} \cdot (100 - 40t - 20) \\ &= e^{-0{,}4 \cdot t + 0{,}1} \cdot (80 - 40t) \\ &= (-40t + 80) \cdot e^{-0{,}4 \cdot t + 0{,}1} \end{aligned}$$

Notwendige Bedingung für ein lokales Maximum: $I_d'(t) = 0$

$$\begin{aligned} I_d'(t) &= 0 \\ (-40t + 80) \cdot e^{-0{,}4 \cdot t + 0{,}1} &= 0 \qquad |: e^{-0{,}4 \cdot t + 0{,}1} \neq 0 \\ -40t + 80 &= 0 \qquad | + 40t \\ 80 &= 40t \qquad |: 40 \\ t &= 2 \end{aligned}$$

Die Funktion I_d besitzt höchstens ein lokales Maximum. Falls es existiert, liegt es an der Stelle $t = 2$.

Hinreichende Bedingung für ein lokales Maximum: $I_d'(t) = 0$ und I_d' hat an der infrage kommenden Stelle einen Vorzeichenwechsel von + nach –.

	$-40t + 80$	$e^{-0{,}4 \cdot t + 0{,}1}$	$I_d'(t)$
$t < 2$	+	+	+
$t > 2$	–	+	–

Damit hat $I_d'(t)$ an der Stelle $t = 2$ einen Vorzeichenwechsel von + nach –.
Die Funktion I_d hat folglich genau ein lokales Maximum. (Weitere lokale Maxima existieren nicht, da die Ableitung I_d' keine weiteren Nullstellen besitzt.)

Alternativ: mithilfe der 2. Ableitung
Hinreichende Bedingung für ein lokales Maximum: $I_d'(t) = 0$ und $I_d''(t) < 0$

$$\begin{aligned} I_d''(t) &= -40 \cdot e^{-0{,}4 \cdot t + 0{,}1} + (-40t + 80) \cdot e^{-0{,}4 \cdot t + 0{,}1} \cdot (-0{,}4) \\ &= e^{-0{,}4 \cdot t + 0{,}1} \cdot (-40 + (-40t + 80) \cdot (-0{,}4)) \\ &= e^{-0{,}4 \cdot t + 0{,}1} \cdot (-40 + 16t - 32) \\ &= (16t - 72) \cdot e^{-0{,}4 \cdot t + 0{,}1} \end{aligned}$$

$I''_d(2) \approx -19{,}86 < 0$

```
a2id(t):=(16·t−72)·e^(−0.4·t+0.1)     Fertig
a2id(2)                               -19.8634
```

Die Funktion I_d hat folglich genau ein lokales Maximum.
(Weitere lokale Maxima existieren nicht, da die Ableitung I'_d keine weiteren Nullstellen besitzt.)

(2) Nach Teilaufgabe d(1) hat die Funktion I_d nur genau ein lokales Maximum. Somit ist dieses lokale Maximum auch das globale Maximum.

Es gilt:

$I_d(2) \approx 124{,}15 < 150$

```
id(t):=(100·t+50)·e^(−0.4·t+0.1)     Fertig
id(2)                                124.146
```

Der Ladestrom überschreitet den Wert 150 daher nie.

(3) Die Funktion I_d ist gemäß Sachzusammenhang die Ableitung von Q_d.
(Die momentane Änderungsrate der Ladung Q_d ist der Ladestrom I_d.)

Es gilt:

$$Q'_d(t) = I_d(t) = (\underbrace{100t + 50}_{>0 \text{ für } t>0})\underbrace{e^{-0{,}4 \cdot t + 0{,}1}}_{>0} > 0$$

Da $Q'_d(t) > 0$ für $t > 0$, ist die Funktion Q_d monoton steigend für $t > 0$.

(4) Gemäß dem Zusammenhang aus Teilaufgabe d(3) ergibt sich die Ladung des Akkus als Änderungseffekt über die Zeit von 12 Stunden. Die Gesamtladung des Akkus berechnet sich als bestimmtes Integral über den Ladestrom:

$$\int_0^{12} I_d(t)\,dt \approx 795$$

```
∫_0^12 id(t) dt                      794.771
```

Die Ladung des Akkus beträgt ungefähr 795 mAh, wenn der Ladevorgang nach 12 Stunden abgebrochen wird.

Abiturprüfung 2018 Mathematik Grundkurs (Nordrhein-Westfalen)
Prüfungsteil B – Analysis B2 (GTR/CAS)

Gegeben ist die Funktion f mit $f(x) = -\frac{1}{10^6}x^4 + \frac{4}{9\,375}x^3 - \frac{13}{250}x^2 + \frac{8}{5}x + 140$ mit Definitionsbereich $\mathbb{R}$.

Punkte

a) (1) Begründen Sie, dass der Graph von f maximal drei Extremstellen besitzt. 2

(2) Berechnen Sie die Koordinaten der Extrempunkte des Graphen von f und bestimmen Sie die Art der Extrempunkte.
[*Zur Kontrolle:* Die Extremstellen sind 20, 100 und 200.] 8

(3) Ermitteln Sie das absolute Maximum des Graphen von f. 3

Die Funktion f besitzt genau zwei Nullstellen.

b) Bestimmen Sie die Nullstellen der Funktion f und geben Sie die Koordinaten des Schnittpunktes des Graphen von f mit der y-Achse an.
[*Zur Kontrolle:* Für die eine Nullstelle gilt $x < 0$ und für die andere gilt $x > 240$.] 4

c) Der Graph der Funktion f soll um p Einheiten ($p \in \mathbb{R}$) nach unten verschoben werden.
Geben Sie alle Werte von p an, für die der verschobene Graph genau drei Nullstellen besitzt. 4

d) Der Graph von f schließt mit den Koordinatenachsen und der zur y-Achse parallelen Geraden mit der Gleichung $x = 240$ ein Flächenstück ein.

(1) Stellen Sie das Flächenstück in der nachfolgenden Abbildung graphisch dar. 2

(2) Bestimmen Sie den Flächeninhalt des Flächenstückes. 3

(3) Bestimmen Sie eine Gleichung der Geraden, die parallel zur y-Achse verläuft und dieses Flächenstück halbiert. 4

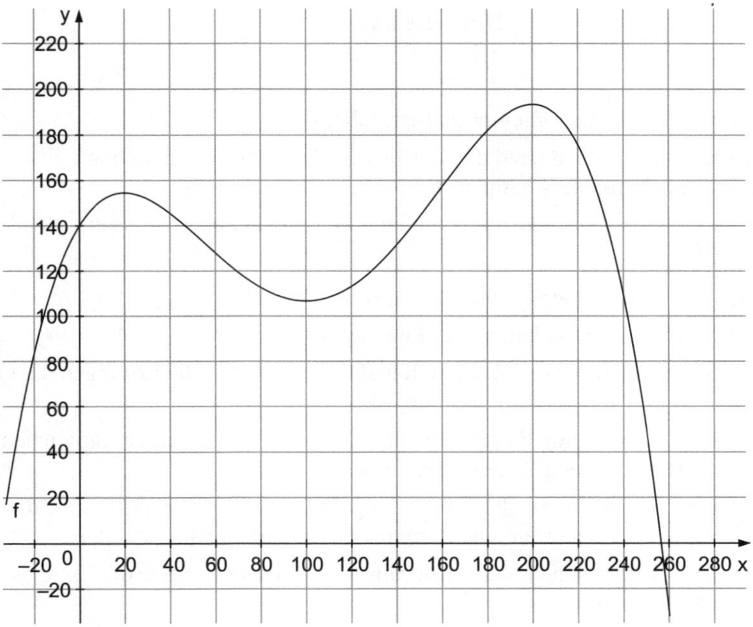

Abbildung: Graph von f

Diabetespatientinnen und -patienten haben die Möglichkeit, mithilfe sogenannter CGM-Geräte ihren Glukosewert, d. h. die Konzentration der Glukose im Blut, ständig zu messen.

Die gegebene Funktion f beschreibt für $0 \leq x \leq 240$ modellhaft die Entwicklung des Glukosewerts eines Patienten. Dabei ist x die seit Beobachtungsbeginn vergangene Zeit in Minuten und f(x) der Glukosewert in Milligramm pro Deziliter ($\frac{mg}{d\ell}$).

e) Bestimmen Sie für den betrachteten Zeitraum ($0 \leq x \leq 240$) denjenigen Zeitpunkt, zu dem der Glukosewert am stärksten ansteigt. 6

f) Es gibt Zeitpunkte, an denen sich der Glukosewert um $-0{,}5\,\frac{mg}{d\ell}$ pro Minute verändert.
Bestimmen Sie alle Zeitpunkte im betrachteten Zeitraum, an denen eine solche Veränderung auftritt. 4

Hinweise und Tipps

Teilaufgabe a

(1) Notwendige Bedingung für eine Extremstelle: $f'(x)=0$

Überlegen Sie, welchen Grad die 1. Ableitung hat, wenn die Funktion f eine ganzrationale Funktion 4. Grades ist.

Beachten Sie, dass eine ganzrationale Funktion n-ten Grades höchstens n Nullstellen hat.

(2) Notwendige Bedingung für eine Extremstelle: $f'(x)=0$

Bestimmen Sie die 1. Ableitung der Funktion f.

Setzen Sie die 1. Ableitung gleich null und bestimmen Sie die Lösungen der Gleichung.

Hinreichende Bedingung für eine Extremstelle: $f'(x)=0$ und an der möglichen Extremstelle hat f' einen Vorzeichenwechsel.

Alternativ: Berechnen Sie die 2. Ableitung der Funktion f und prüfen Sie die hinreichende Bedingung für eine Extremstelle: $f'(x)=0$ und $f''(x)\neq 0$

Setzen Sie zur Berechnung der y-Koordinaten der Extrempunkte die Extremstellen in den Funktionsterm ein.

Vergessen Sie nicht, am Ende Art und Koordinaten der Extrempunkte anzugeben.

(3) Überlegen Sie, wie der Graph der Funktion für $x \to -\infty$ und $x \to +\infty$ verläuft.

Vergleichen Sie die Funktionswerte der in Teilaufgabe a(2) berechneten Hochpunkte.

Teilaufgabe b

In den Nullstellen ist der Funktionswert gleich null.

Setzen Sie den Funktionsterm gleich null und lösen Sie die entstehende Gleichung.

Berechnen Sie für den y-Achsenabschnitt den Funktionswert f(0).

Alternativ: Bestimmen Sie die Nullstellen und den Schnittpunkt mit der y-Achse grafisch mit dem GTR/CAS.

Teilaufgabe c

Berücksichtigen Sie, dass der Graph der Funktion f ohne Verschiebung zwei Nullstellen und die in Teilaufgabe a(2) berechneten Hoch- und Tiefpunkte besitzt.

Der verschobene Graph soll **genau** drei Nullstellen haben.

Genau eine weitere Nullstelle kommt hinzu, wenn der verschobene Graph die x-Achse in einem weiteren Punkt berührt. Überlegen Sie, wann dies der Fall ist.

Teilaufgabe d

(1) Das Flächenstück liegt zwischen dem Graphen der Funktion f und der x-Achse.

Links wird es von der y-Achse und rechts von der Geraden mit der Gleichung $x = 240$ begrenzt.

(2) Bestimmen Sie den Flächeninhalt des Flächenstückes mithilfe eines bestimmten Integrals.

(3) Eine Gerade, die parallel zur y-Achse durch den Punkt $P(k \mid 0)$ verläuft, hat die Gleichung $x = k$.

Das Flächenstück, das der Graph von f mit den Koordinatenachsen und der zur y-Achse parallelen Geraden mit der Gleichung $x = k$ einschließt, soll den in Teilaufgabe d (2) berechneten Flächeninhalt halbieren.

Stellen Sie eine passende Gleichung auf und lösen Sie diese.

Teilaufgabe e

Gesucht ist die maximale Steigung.

Die Steigung des Graphen an einer Stelle entspricht der 1. Ableitung an dieser Stelle.

Notwendige Bedingung für eine extreme Steigung: $f''(x) = 0$

Hinreichende Bedingung für eine maximale Steigung: $f''(x) = 0$ und an der möglichen Extremstelle weist f'' einen Vorzeichenwechsel von + nach – auf.

Beachten Sie, dass es neben lokalen (relativen) Maxima auch noch Randmaxima geben kann.

Alternativ: Lösen Sie die Aufgabe graphisch mit dem GTR/CAS, indem Sie das Maximum der 1. Ableitungsfunktion bestimmen und mit den Funktionswerten am Rand vergleichen.

Teilaufgabe f

Die Veränderung des Glukosewertes wird durch die Steigung der Funktion f angegeben.

Setzen Sie den Funktionsterm der 1. Ableitung gleich der vorgegebenen Steigung und lösen Sie die Gleichung.

Alternativ: Zeichnen Sie den Graphen der 1. Ableitungsfunktion sowie eine Gerade, die der vorgegebenen Steigung entspricht, und bestimmen Sie die Schnittpunkte grafisch mit dem GTR/CAS.

Lösung

a) (1) Die notwendige Bedingung für eine Extremstelle lautet $f'(x)=0$.
Da f eine ganzrationale Funktion 4. Grades ist, ist die 1. Ableitung eine ganzrationale Funktion 3. Grades. Die Ableitung besitzt maximal drei Nullstellen, womit f maximal drei Extremstellen hat.

(2) Mithilfe der Potenz-, Summen- und Faktorregel ergibt sich für die 1. Ableitung der Funktion f:

$$f'(x) = -\frac{1}{10^6}\cdot 4x^3 + \frac{4}{9\,375}\cdot 3x^2 - \frac{13}{250}\cdot 2x + \frac{8}{5}$$

$$= -\frac{1}{250\,000}x^3 + \frac{4}{3125}x^2 - \frac{13}{125}x + \frac{8}{5}$$

Notwendige Bedingung für eine Extremstelle: $f'(x)=0$

Durch Nullsetzen des Funktionsterms und Lösen der Gleichung ergibt sich:

$f'(x)=0 \iff$
$x=20$ oder $x=100$ oder $x=200$

$f(x):=\frac{-1}{10^6}\cdot x^4+\frac{4}{9375}\cdot x^3-\frac{13}{250}\cdot x^2+\frac{8}{5}\cdot x+1$	*Fertig*
$a1f(x):=\frac{-1}{250000}\cdot x^3+\frac{4}{3125}\cdot x^2-\frac{13}{125}\cdot x+\frac{8}{5}$	*Fertig*
polyRoots(a1f(x),x)	{20,100,200}

CAS

$f(x):=\frac{-1}{10^6}\cdot x^4+\frac{4}{9375}\cdot x^3-\frac{13}{250}\cdot x^2+\frac{8}{5}\cdot x+1$	*Fertig*
$a1f(x):=\frac{d}{dx}(f(x))$	*Fertig*
$a1f(x)$	$\frac{-x^3}{250000}+\frac{4\cdot x^2}{3125}-\frac{13\cdot x}{125}+\frac{8}{5}$
solve(a1f(x)=0,x)	x=20 or x=100 or x=200

Hinreichende Bedingung für eine Extremstelle: $f'(x)=0$ und an der möglichen Extremstelle liegt ein Vorzeichenwechsel vor.

Vorzeichenwechsel von + nach – für Maximalstelle;
Vorzeichenwechsel von – nach + für Minimalstelle.

$\left.\begin{array}{l} f'(19) > 0 \\ f'(21) < 0 \end{array}\right\} \Rightarrow$ Bei $x = 20$ liegt eine Maximalstelle.

$\left.\begin{array}{l} f'(99) < 0 \\ f'(101) > 0 \end{array}\right\} \Rightarrow$ Bei $x = 100$ liegt eine Minimalstelle.

$\left.\begin{array}{l} f'(199) > 0 \\ f'(201) < 0 \end{array}\right\} \Rightarrow$ Bei $x = 200$ liegt eine Maximalstelle.

a1f(19)	$\frac{14661}{250000}$
a1f(21)	$\frac{-14141}{250000}$
a1f(99)	-7979
a1f(101)	$\frac{8019}{250000}$
a1f(199)	$\frac{17721}{250000}$
a1f(201)	$\frac{-18281}{250000}$

Alternativ: mithilfe der 2. Ableitung

Die 2. Ableitung der Funktion f lautet:

$$f''(x) = -\frac{3}{250\,000}x^2 + \frac{8}{3125}x - \frac{13}{125}$$

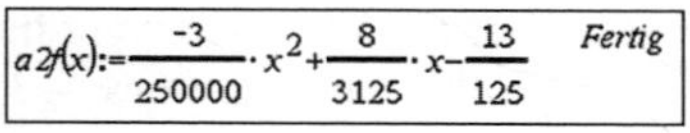

CAS

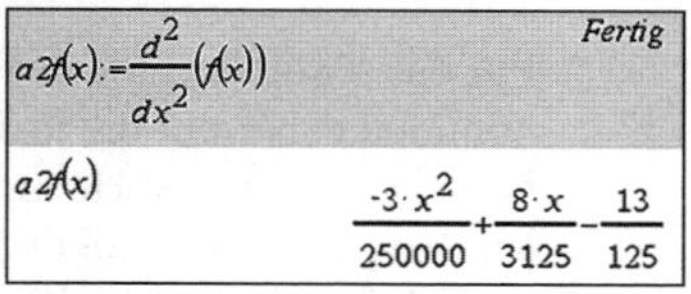

Hinreichende Bedingung für eine Extremstelle: $f'(x) = 0$ und $f''(x) \neq 0$

$f''(x) < 0$ für Maximalstelle; $f''(x) > 0$ für Minimalstelle

$f''(20) < 0 \quad \Rightarrow$ Bei $x = 20$ liegt eine Maximalstelle.

$f''(100) > 0 \quad \Rightarrow$ Bei $x = 100$ liegt eine Minimalstelle.

$f''(200) < 0 \quad \Rightarrow$ Bei $x = 200$ liegt eine Maximalstelle.

Für die Berechnung der y-Koordinaten der Extrempunkte werden die Extremstellen in den Funktionsterm eingesetzt:

$$f(20) = \frac{11\,584}{75}$$

$$f(100) = \frac{320}{3}$$

$$f(200) = \frac{580}{3}$$

Insgesamt erhält man die folgenden Extrempunkte:

$H_1\left(20 \,\middle|\, \frac{11\,584}{75}\right)$, $T\left(100 \,\middle|\, \frac{320}{3}\right)$ und $H_2\left(200 \,\middle|\, \frac{580}{3}\right)$

Anmerkung: Da der Operator bei der Art der Extrempunkte „bestimmen Sie" lautet, ist es auch erlaubt, am Graphen abzulesen, ob es sich um Hoch- oder Tiefpunkte handelt.

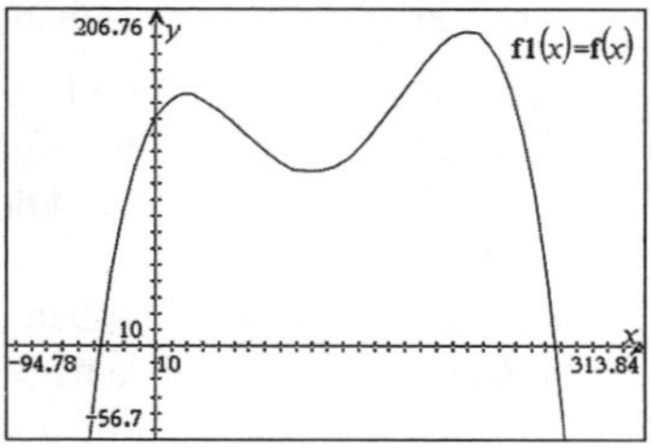

(3) Für das Verhalten von f für betragsmäßig größer werdende x ($x \to \pm\infty$) gilt:

$$\lim_{x \to \pm\infty} f(x) = \lim_{x \to \pm\infty} \left(-\frac{1}{10^6} x^4\right) = -\infty$$

Für das absolute (globale) Maximum kommen daher nur die in Teilaufgabe a(2) bestimmten Hochpunkte infrage.

Ein Vergleich der Funktionswerte zeigt, dass das absolute Maximum bei $x = 200$ liegt und $\frac{580}{3} \approx 193{,}33$ beträgt.

CAS

$\lim_{x \to \infty} (f(x))$	$-\infty$
$\lim_{x \to -\infty} (f(x))$	$-\infty$

b) Die Nullstellen der Funktion f ergeben sich durch Nullsetzen des Funktionsterms und Lösen der entstehenden Gleichung:

$f(x) = 0 \quad \Leftrightarrow \quad x \approx -35{,}07 \quad \text{oder} \quad x \approx 256{,}61$

Der y-Achsenabschnitt des Graphen von f ist gleich dem Funktionswert an der Stelle null:

$f(0) = 140$

polyRoots(f(x),x)	{-35.0724,256.606}
f(0)	140

CAS

solve(f(x)=0,x)	x=-35.0724 or x=256.606
f(0)	140

Alternativ:

Die Nullstellen der Funktion f und die Koordinaten des Schnittpunktes des Graphen von f mit der y-Achse können auch grafisch bestimmt werden.

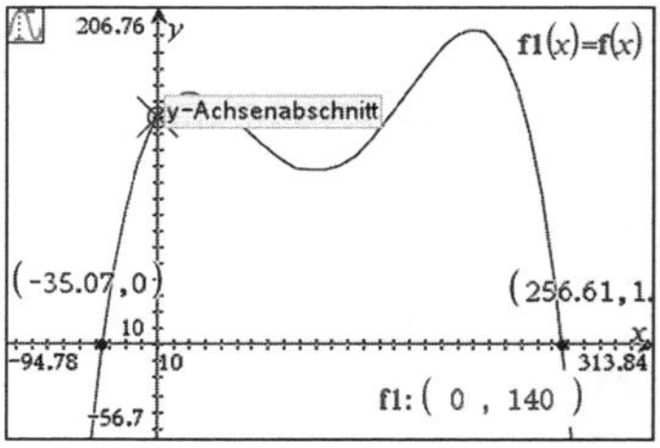

Die Nullstellen der Funktion f sind $x \approx -35{,}07$ und $x \approx 256{,}61$ und für den Schnittpunkt des Graphen von f mit der y-Achse gilt $S_y(0 \mid 140)$.

c) Es kann hilfreich sein, sich den Sachverhalt vorab in einem Grafikfenster mithilfe eines Schiebereglers zu veranschaulichen.

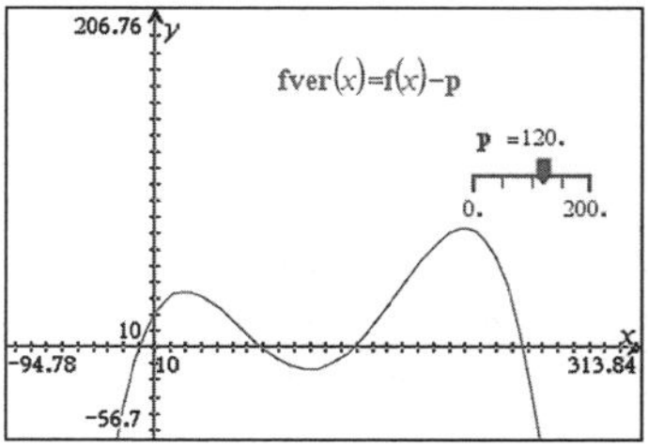

Der Graph der Funktion f besitzt genau zwei Nullstellen und nach Teilaufgabe a(2) liegen die beiden Hochpunkte und der Tiefpunkt oberhalb der x-Achse.

Verschiebt man den Graphen der Funktion in Richtung der y-Achse nach unten, sodass entweder der Tiefpunkt oder der Hochpunkt mit dem kleineren y-Wert auf der x-Achse liegt, kommt eine weitere Nullstelle hinzu und der Graph besitzt genau drei Nullstellen.

Die genauen Werte von p ergeben sich mit den berechneten Koordinaten des Tiefpunktes $T\left(100 \,\middle|\, \frac{320}{3}\right)$ und des Hochpunktes $H_1\left(20 \,\middle|\, \frac{11\,584}{75}\right)$:

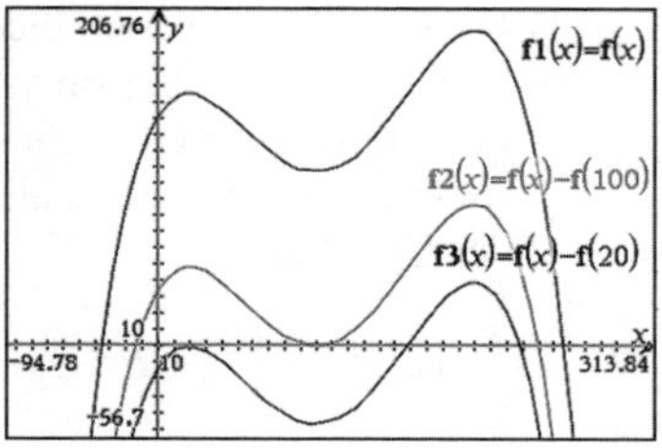

$$p_1 = f(100) = \frac{320}{3}$$

oder

$$p_2 = f(20) = \frac{11\,584}{75}$$

d) (1)

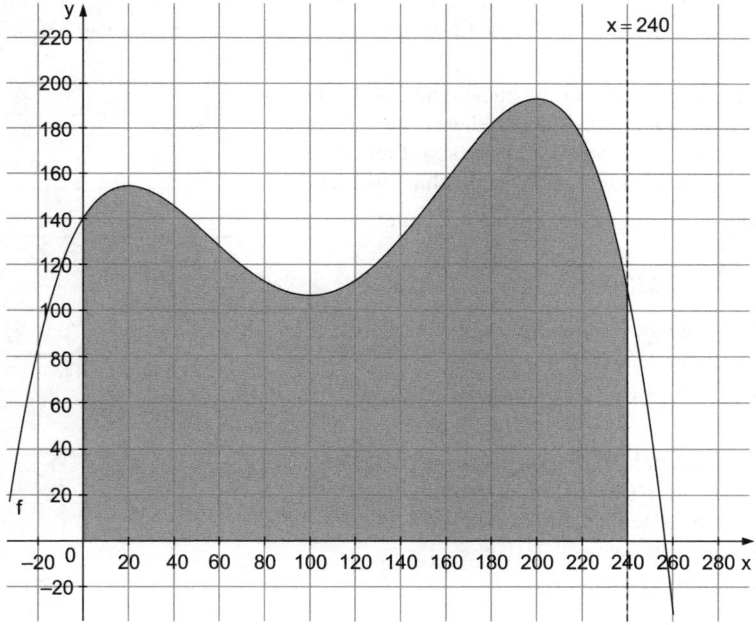

(2) Der Graph von f verläuft im betrachteten Bereich oberhalb der x-Achse. Der Inhalt des Flächenstückes entspricht dem Integral über f(x) mit den Integrationsgrenzen 0 (für die y-Achse) und 240 (für die Gerade mit der Gleichung $x = 240$).

$$\int_0^{240} f(x)\,dx \approx 34\,705{,}9$$

Der Flächeninhalt des Flächenstückes beträgt ca. 34 705,9 FE.

(3) Die Gerade, die dieses Flächenstück halbiert und parallel zur y-Achse verläuft, besitzt die Gleichung x = k mit 0 < k < 240. Gesucht ist also die Lösung der Gleichung:

$$\int_0^k f(x)\,dx = \frac{1}{2}\cdot 34\,705{,}9$$

Als Lösung im Bereich 0 < k < 240 erhält man k ≈ 135,46.

$\text{nSolve}\left(\int_0^k f(x)\,dx = \frac{1}{2}\cdot 34705.9, k\right)|0<k<240$ 135.461

CAS

$\text{solve}\left(\int_0^k f(x)\,dx = \frac{1}{2}\cdot 34705.9, k\right)$

$k=-93.1604$ or $k=135.461$ or $k=308.916$

Zu der gesuchten Geraden gehört also die Gleichung x = 135,46.

Anmerkung: Schränkt man den Lösungsbereich der Gleichung nicht ein, so kann der GTR evtl. eine Lösung ausgeben, die nicht im Intervall [0; 240] liegt.

e) Die Steigung des Graphen an einer Stelle entspricht der 1. Ableitung an dieser Stelle. Das Maximum der Steigung kann somit mithilfe der 2. Ableitungsfunktion berechnet werden.

Die 2. Ableitung der Funktion f lautet:

$$f''(x) = -\frac{3}{250\,000}x^2 + \frac{8}{3125}x - \frac{13}{125}$$

Notwendige Bedingung für eine extremale Steigung: f"(x) = 0

f"(x) = 0 ⇔ x ≈ 54,60 oder x ≈ 158,74

$a2f(x) := \frac{-3}{250000}\cdot x^2 + \frac{8}{3125}\cdot x - \frac{13}{125}$ Fertig

polyRoots(a2f(x),x) {54.5983,158.735}

CAS

$a2f(x) := \frac{d^2}{dx^2}(f(x))$ Fertig

$a2f(x)$ $\frac{-3\cdot x^2}{250000} + \frac{8\cdot x}{3125} - \frac{13}{125}$

solve(a2f(x)=0,x) x=54.5983 or x=158.735

Hinreichende Bedingung für eine maximale Steigung: f"(x) = 0 und an der möglichen Extremstelle liegt ein Vorzeichenwechsel von + nach – vor.

$a2f(158)$ $\frac{57}{62500}$

$a2f(159)$ $\frac{-83}{250000}$

Durch Berechnung folgt:

$$\left.\begin{array}{l} f''(158) > 0 \\ f''(159) < 0 \end{array}\right\} \Rightarrow \text{Bei } x \approx 158{,}74 \text{ liegt eine maximale Steigung vor.}$$

Aufgrund der Teilaufgabe a(2) weiß man, dass der Graph von f nur in den Intervallen [0; 20] und [100; 200] steigt. Die zweite Lösung x ≈ 54,60 der Gleichung f"(x) = 0 braucht daher für die maximale Steigung nicht weiter untersucht zu werden.

Der Glukosewert steigt lokal (relativ) ca. 158,74 Minuten nach Beobachtungsbeginn am stärksten an. Der Anstieg beträgt:

$f'(158{,}74) \approx 1{,}35\,\frac{mg}{d\ell}$ pro Minute

$a1f(158.74)$ 1.34501

Zu untersuchen ist noch, ob der Glukosewert am Rand stärker ansteigt als $1{,}35\,\frac{\text{mg}}{d\ell}$ pro Minute. Dabei genügt eine Berechnung des Anstiegs zu Beginn des Beobachtungszeitraums (x = 0), da der Graph am Ende (x = 240) nach Teilaufgabe a (2) fällt und dieser Randwert somit nicht infrage kommt.

$f'(0) = \frac{8}{5} = 1{,}6\,\frac{\text{mg}}{d\ell}$ pro Minute

```
a1f(0)                                8/5
```

Da der Randwert größer ist, steigt der Glukosewert zu Beginn des betrachteten Zeitraums mit $1{,}6\,\frac{\text{mg}}{d\ell}$ pro Minute am stärksten an.

Alternativ:

Da der Operator „bestimmen Sie“ heißt, kann der Zeitpunkt der stärksten Steigung auch grafisch ermittelt werden.
Bestimmt werden das Maximum und der Funktionswert am linken Rand der Ableitungsfunktion.
Ein Vergleich der y-Koordinaten der beiden Punkte zeigt, dass der Glukosewert zu Beginn des betrachteten Zeitraums mit $1{,}6\,\frac{\text{mg}}{d\ell}$ pro Minute am stärksten ansteigt.

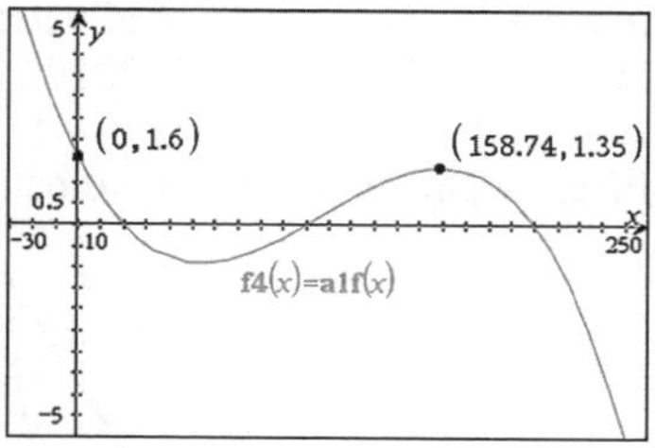

f) Die Zeitpunkte, an denen sich der Glukosewert um $-0{,}5\,\frac{\text{mg}}{d\ell}$ pro Minute ändert, sind diejenigen, an denen der Graph der Funktion die Steigung −0,5 aufweist.
Gleichsetzen des Funktionsterms der 1. Ableitung mit −0,5 und Lösen der entstehenden Gleichung ergibt:

$f'(x) = -0{,}5 \quad \Leftrightarrow \quad x \approx 30{,}64$ oder
$x \approx 83{,}05$ oder
$x \approx 206{,}31$

```
polyRoots(a1f(x)+0.5,x)
                    {30.6415,83.0475,206.311}
```

CAS

```
solve(a1f(x)=-0.5,x)
        x=30.6415 or x=83.0475 or x=206.311
```

Alternativ:

Da der Operator in der Aufgabenstellung „bestimmen Sie“ heißt, können die Zeitpunkte, an denen der Graph eine Steigung von −0,5 aufweist, auch grafisch ermittelt werden.
Eine Steigung von −0,5 kann durch die Gerade mit der Gleichung y = −0,5 dargestellt werden. Bestimmt werden dann die Schnittpunkte des Graphen der 1. Ableitungsfunktion mit dieser Geraden.

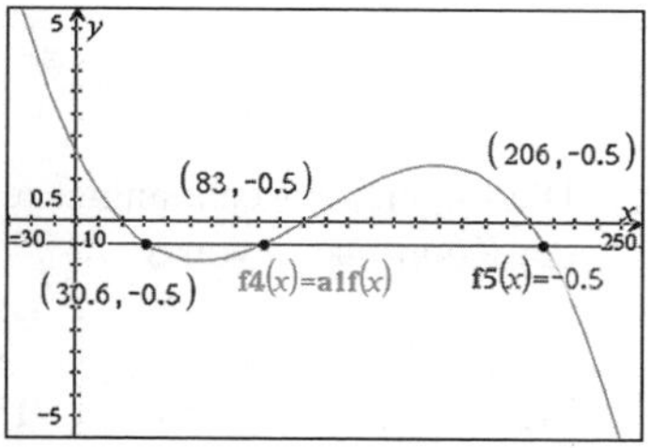

Bei ca. 30,64 Minuten, 83,05 Minuten und 206,31 Minuten nach Beobachtungsbeginn verändert sich der Glukosewert jeweils um $-0{,}5\,\frac{\text{mg}}{d\ell}$ pro Minute.

Abiturprüfung 2018 Mathematik Grundkurs (Nordrhein-Westfalen)
Prüfungsteil B – Vektorielle Geometrie B3 (GTR/CAS)

Das Gebäude eines Museums kann modellhaft durch den abgebildeten Körper ABCDEFG dargestellt werden.
Die obere Etage entspricht dabei der Pyramide DEFG, die untere Etage dem Körper ABCDEF, der Teil der Pyramide DEFS ist. Die Ebene, in der das Dreieck ABC liegt, beschreibt die ebene horizontale Oberfläche des Untergrunds.
Das Dreieck DEF liegt parallel zu dieser Ebene.
In einem kartesischen Koordinatensystem gilt für die Lage einiger der genannten Punkte: A(–5 | 5 | 0), B(–5 | 25 | 0), D(0 | 0 | 15), E(0 | 30 | 15), F(–25 | 5 | 15) und G(–10 | 10 | 35).
Eine Längeneinheit im Koordinatensystem entspricht 1 m in der Realität.

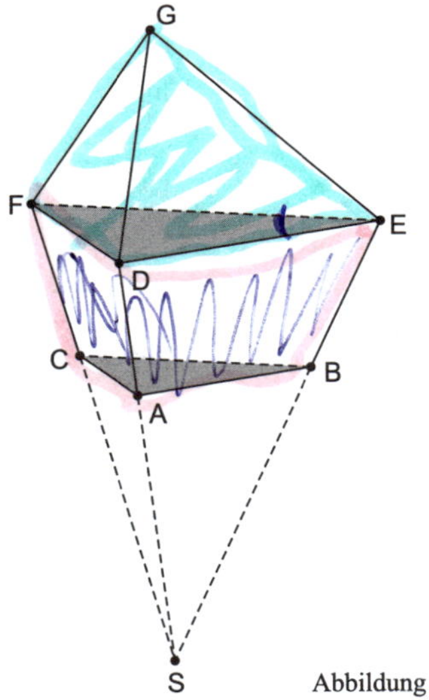

Abbildung 1

Punkte

a) Die folgenden Rechnungen zeigen ein mögliches Vorgehen zur Ermittlung der Koordinaten von S:

$$\begin{pmatrix}0\\0\\15\end{pmatrix}+r\begin{pmatrix}-5\\5\\-15\end{pmatrix}=\begin{pmatrix}0\\30\\15\end{pmatrix}+s\begin{pmatrix}-5\\-5\\-15\end{pmatrix} \quad\Leftrightarrow\quad r=s=3,$$

$$\begin{pmatrix}0\\0\\15\end{pmatrix}+3\begin{pmatrix}-5\\5\\-15\end{pmatrix}=\begin{pmatrix}-15\\15\\-30\end{pmatrix},\ \text{d. h. } S(-15\,|\,15\,|\,-30).$$

Erläutern Sie das dargestellte Vorgehen. 5

b) (1) Weisen Sie nach, dass die Bodenfläche DEF der oberen Etage nicht rechtwinklig ist. 4

(2) Bestimmen Sie für das Dreieck DEF die Größe des Innenwinkels ε bei E.
[*Zur Kontrolle:* $\varepsilon = 45°$] 3

(3) Im Dreieck DEF ist der Punkt P der Fußpunkt der Höhe h auf die Seite $\overline{EF}$ (vgl. Abbildung 2).

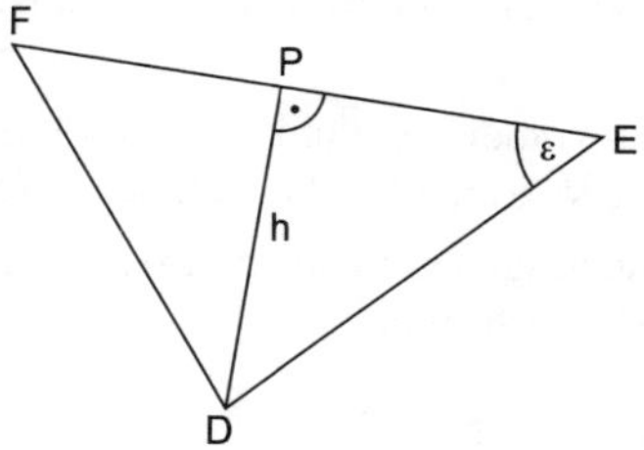

Abbildung 2 [nicht maßstabsgetreu]

Begründen Sie, dass das Dreieck DEP gleichschenklig ist, und bestimmen Sie die Länge der Höhe h.
[*Zur Kontrolle:* $h = 15\sqrt{2}$] 5

(4) Begründen Sie, dass der Abstand des Punktes G zur Ebene durch DEF direkt aus den x_3-Koordinaten der entsprechenden Punkte ermittelt werden kann, und geben Sie diesen Abstand an. 3

(5) Für die obere Etage wird eine Anlage zur Entfeuchtung der Luft installiert, die für 100 m^3 Rauminhalt eine elektrische Leistung von 0,8 Kilowatt benötigt.
Weisen Sie nach, dass für den Betrieb der Anlage eine Leistung von 25 Kilowatt ausreichend ist. 5

Die obere Etage wird durch einen Laser alarmgesichert.
Der Laser ist im Punkt Q mit $Q(-9\,|\,8\,|\,15{,}5)$ an einer Metallstange befestigt. Diese Metallstange verläuft geradlinig von der Spitze G der Pyramide über den Punkt Q zur Bodenfläche der oberen Etage.

c) (1) Ermitteln Sie die Koordinaten des Bodenpunktes R der Metallstange in der Bodenfläche und die Länge der Metallstange.

[*Hinweis:* Ein Nachweis, dass der Punkt R innerhalb des Dreiecks DEF liegt, wird nicht erwartet.] 7

(2) Der Laser im Punkt Q ist so eingestellt, dass der Lichtstrahl in Richtung des Vektors $\vec{v}$ mit $\vec{v} = \begin{pmatrix} 0{,}34 \\ 0{,}84 \\ 0{,}02 \end{pmatrix}$ ausgerichtet ist.

Zeigen Sie, dass der Lichtstrahl mit dieser Einstellung auf die Kante $\overline{GE}$ trifft. 8

Hinweise und Tipps

Teilaufgabe a

- Erinnern Sie sich, wie man die Punkt-Richtungsform einer Geradengleichung angibt und dass man den Schnittpunkt von Geraden durch Kombination der Geradengleichungen erhält.
- Finden Sie heraus, welche der vorgegebenen Ortsvektoren als Anbindungspunkte gewählt wurden.
- Überlegen Sie sich, wie man von diesen Punkten zum Punkt S gelangt, und folgern Sie daraus, welche Richtungsvektoren für die Geradengleichungen gewählt wurden.
- Überlegen Sie sich, wie man ausgehend von den Lösungen der Vektorgleichung den Ortsvektor des Schnittpunktes bestimmt.

Teilaufgabe b

- (1) Ein Dreieck ist dann rechtwinklig, wenn das Skalarprodukt zweier Seitenvektoren des Dreiecks gleich null ist.
- Überprüfen Sie die Rechtwinkligkeit **aller** Winkel mithilfe des Skalarprodukts.
- **Alternativ:** Ist ein Dreieck rechtwinklig, so gilt $a^2 + b^2 = c^2$, wobei a und b die Katheten sind und c die Hypotenuse ist (Umkehrung des Satzes des Pythagoras).
- Bestimmen Sie die Längen der Dreiecksseiten und überprüfen Sie die Rechtwinkligkeit mithilfe der Umkehrung des Satzes des Pythagoras.

- (2) Der Innenwinkel ε bei E wird von den Vektoren $\overrightarrow{ED}$ und $\overrightarrow{EF}$ eingeschlossen.
- Ist φ der Winkel, der von den Vektoren $\vec{a}$ und $\vec{b}$ eingeschlossen wird, gilt:

  $$\cos\varphi = \frac{\vec{a} \circ \vec{b}}{|\vec{a}| \cdot |\vec{b}|}$$

- (3) Beachten Sie, dass das Dreieck DEF durch die Höhe h in zwei rechtwinklige Dreiecke zerlegt wird und $\varepsilon = 45°$ gilt.
- Ein Dreieck mit zwei gleich großen Innenwinkeln ist gleichschenklig.
- Berechnen Sie die Länge der Höhe h mithilfe des Satzes des Pythagoras.
- **Alternativ:** Bestimmen Sie die Länge der Höhe h mithilfe einer Winkelfunktion.

- (4) Betrachten Sie die x_3-Koordinaten der Punkte D, E und F.
- Folgern Sie daraus, wie die Ebene durch DEF im Koordinatensystem liegt.
- Welche Bedeutung hat diese Lage für den Abstand eines beliebigen Punktes zur Ebene?
- Vergessen Sie nicht, den Abstand des Punktes G zur Ebene durch DEF anzugeben.

(5) Das Volumen einer Dreieckspyramide mit der Grundfläche G und der Höhe h_K berechnet sich nach der Formel $V = \frac{1}{3} \cdot G \cdot h_K$.

Wählen Sie als Grundfläche die Dreiecksfläche DEF und berechnen Sie den Flächeninhalt mit der Formel $A = \frac{1}{2} \cdot g \cdot h$, wobei g die Grundseite des Dreiecks und h die Höhe des Dreiecks ist.

Beachten Sie, dass die Höhe h_K der Pyramide dem Abstand des Punktes G zur Ebene durch die Punkte D, E und F entspricht und bereits in Teilaufgabe b (4) angegeben wurde.

Berechnen Sie, welche Leistung für das berechnete Volumen benötigt wird, und entscheiden Sie, ob die vorgegebene Leistung von 25 Kilowatt ausreichend ist.

Teilaufgabe c

(1) Stellen Sie die Zwei-Punkteform der Geraden durch die Punkte G und Q auf.

Welche x_3-Koordinate muss der Bodenpunkt R der Metallstange besitzen, wenn dieser in der Bodenfläche DEF liegt.

Bestimmen Sie den Parameter in der Geradengleichung so, dass die x_3-Koordinate des Bodenpunktes gleich 15 ist.

Berechnen Sie mithilfe des Parameters den Ortsvektor des Schnittpunktes.

Vergessen Sie nicht, die Länge der Metallstange zu berechnen. Sie entspricht der Länge der Strecke $\overline{GR}$.

(2) Geben Sie für den Lichtstrahl des Lasers eine Geradengleichung in Punkt-Richtungsform mit eingeschränktem Definitionsbereich an.

Stellen Sie für die Kante $\overline{GE}$ eine Geradengleichung in Zwei-Punkteform mit eingeschränktem Definitionsbereich auf.

Bestimmen Sie die Parameter, die zum Schnittpunkt der beiden Geraden gehören. Kombinieren Sie dazu die Geradengleichungen und lösen Sie die entstehende Vektorgleichung.

Der Lichtstrahl trifft die Kante, wenn die berechneten Parameter in den Definitionsbereichen von Kante und Lichtstrahl liegen.

Lösung

Machen Sie sich vorab klar, wo die „obere Etage“, die „untere Etage“, die „Oberfläche des Untergrunds“ und die „Bodenfläche der oberen Etage“ liegen, und notieren Sie die Bezeichnungen in Abbildung 1. Speichern Sie außerdem die gegebenen Punkte im GTR/CAS ab.

$oa:=\begin{bmatrix}-5\\5\\0\end{bmatrix}: ob:=\begin{bmatrix}-5\\25\\0\end{bmatrix}: od:=\begin{bmatrix}0\\0\\15\end{bmatrix}$ $\quad\begin{bmatrix}0\\0\\15\end{bmatrix}$

$oe:=\begin{bmatrix}0\\30\\15\end{bmatrix}: of:=\begin{bmatrix}-25\\5\\15\end{bmatrix}: og:=\begin{bmatrix}-10\\10\\35\end{bmatrix}$ $\quad\begin{bmatrix}-10\\10\\35\end{bmatrix}$

a) Für die Vektorgleichung in der 1. Zeile wurden die Gleichungen der Geraden g_{AD} mit dem Anbindungspunkt D und dem Richtungsvektor $\overrightarrow{DA}$ und der Geraden g_{EB} mit dem Anbindungspunkt E und dem Richtungsvektor $\overrightarrow{EB}$ gleichgesetzt.

$$g_{AD}\colon \vec{x}=\vec{d}+r\cdot\overrightarrow{DA}=\begin{pmatrix}0\\0\\15\end{pmatrix}+r\cdot\begin{pmatrix}-5\\5\\-15\end{pmatrix};\ r\in\mathbb{R}$$

$$g_{EB}\colon \vec{x}=\vec{e}+s\cdot\overrightarrow{EB}=\begin{pmatrix}0\\30\\15\end{pmatrix}+s\cdot\begin{pmatrix}-5\\-5\\-15\end{pmatrix};\ s\in\mathbb{R}$$

Umschreiben der Vektorgleichung in die Koordinatengleichungen führt zu einem Gleichungssystem für die Parameter r und s, das die Lösung $r=s=3$ besitzt.

In der 2. Zeile wird durch Einsetzen der Lösung $r=3$ in die Gleichung der Geraden g_{AD} der Ortsvektor des Schnittpunktes S bzw. die Koordinaten von S berechnet.

Insgesamt zeigen die Rechnungen also, wie S als Schnittpunkt der Geraden g_{AD} und g_{EB} bestimmt wird.

b) (1) Die Bodenfläche DEF ist dann rechtwinklig, wenn das Skalarprodukt zweier Seitenvektoren des Dreiecks gleich null ist.

$$\overrightarrow{DE}\circ\overrightarrow{DF}=\begin{pmatrix}0\\30\\0\end{pmatrix}\circ\begin{pmatrix}-25\\5\\0\end{pmatrix}=150\neq 0$$

$$\overrightarrow{ED}\circ\overrightarrow{EF}=\begin{pmatrix}0\\-30\\0\end{pmatrix}\circ\begin{pmatrix}-25\\-25\\0\end{pmatrix}=750\neq 0$$

$$\overrightarrow{FD}\circ\overrightarrow{FE}=\begin{pmatrix}25\\-5\\0\end{pmatrix}\circ\begin{pmatrix}25\\25\\0\end{pmatrix}=500\neq 0$$

dotP(oe−od,of−od)	150
dotP(od−oe,of−oe)	750
dotP(od−of,oe−of)	500

Keine der Seitenvektoren stehen senkrecht aufeinander. Die Bodenfläche DEF ist nicht rechtwinklig.

Alternativ:
Angenommen, die Bodenfläche DEF ist rechtwinklig, dann müsste der Satz des Pythagoras gelten.
Für die Seitenvektoren ergeben sich folgende Längen:

$$|\overrightarrow{DE}| = \left|\begin{pmatrix} 0 \\ 30 \\ 0 \end{pmatrix}\right| = 30\,[\text{LE}]$$

$$|\overrightarrow{DF}| = \left|\begin{pmatrix} -25 \\ 5 \\ 0 \end{pmatrix}\right| = \sqrt{650} = 5\sqrt{26}\;[\text{LE}]$$

$$|\overrightarrow{EF}| = \left|\begin{pmatrix} -25 \\ -25 \\ 0 \end{pmatrix}\right| = 25\sqrt{2}\;[\text{LE}]$$

norm(oe−od)	30
norm(of−od)	25.4951
norm(of−oe)	35.3553

Mit der längsten Seite als möglicher Hypotenuse lautet der Satz des Pythagoras:

$$|\overrightarrow{DE}|^2 + |\overrightarrow{DF}|^2 = |\overrightarrow{EF}|^2$$
$$30^2 + (5\sqrt{26})^2 = (25\sqrt{2})^2$$
$$1\,550 = 1\,250$$

$30^2+(25.4951)^2$	1550.
$(35.3553)^2$	1250.

Da sich eine falsche Aussage ergibt, ist die Bodenfläche DEF nicht rechtwinklig.

(2) Der Innenwinkel ε bei E wird von den Vektoren $\overrightarrow{ED}$ und $\overrightarrow{EF}$ eingeschlossen.

$$\cos\varepsilon = \frac{\overrightarrow{ED} \circ \overrightarrow{EF}}{|\overrightarrow{ED}| \cdot |\overrightarrow{EF}|} = \frac{\begin{pmatrix} 0 \\ -30 \\ 0 \end{pmatrix} \circ \begin{pmatrix} -25 \\ -25 \\ 0 \end{pmatrix}}{\left|\begin{pmatrix} 0 \\ -30 \\ 0 \end{pmatrix}\right| \cdot \left|\begin{pmatrix} -25 \\ -25 \\ 0 \end{pmatrix}\right|}$$

$$= \frac{750}{30 \cdot 25\sqrt{2}} = \frac{1}{\sqrt{2}} \approx 0{,}7071$$

$$\Rightarrow \quad \varepsilon = \cos^{-1}\left(\frac{1}{\sqrt{2}}\right) = 45\,°$$

$\frac{\text{dotP}(od-oe,of-oe)}{\text{norm}(od-oe)\cdot \text{norm}(of-oe)}$	0.707107
$\cos^{-1}(0.70710678118656)$	45.

Der Innenwinkel bei E hat eine Größe von ε = 45°.

(3) Im Teildreieck DEP gilt für den Innenwinkel bei D:

$$\sphericalangle EDP = 180° - 90° - \varepsilon$$
$$= 180° - 90° - 45°$$
$$= 45°$$

Das Dreieck DEP besitzt damit zwei gleich große Innenwinkel und ist demzufolge gleichschenklig.
Da das Dreieck DEP zusätzlich einen rechten Winkel besitzt, ist es sogar rechtwinklig-gleichschenklig mit den Katheten $\overline{DP} = \overline{PE} = h$ und der Hypotenuse $\overline{DE}$.

Mit dem Satz des Pythagoras folgt:

$$h^2 + h^2 = |\overrightarrow{DE}|^2$$
$$2h^2 = 30^2 \qquad |:2$$
$$h^2 = 450 \qquad |\sqrt{}$$
$$h = 15\sqrt{2}$$
$$h \approx 21{,}21\,[\text{LE}]$$

Die Höhe h hat eine Länge von $15\sqrt{2}$ LE.

nSolve$\left(h^2+h^2=(\text{norm}(oe-od))^2,h\right)$ 21.2132

CAS

solve$\left(h^2+h^2=(\text{norm}(oe-od))^2,h\right)$
$h=-15\cdot\sqrt{2}$ or $h=15\cdot\sqrt{2}$

Alternativ:

Im rechtwinkligen Dreieck DEP gilt:

$$\sin\varepsilon = \frac{h}{|\overrightarrow{DE}|} \Rightarrow h = \sin\varepsilon \cdot |\overrightarrow{DE}|$$
$$= \sin(45°) \cdot 30$$
$$= 15\sqrt{2}$$
$$\approx 21{,}21\,[\text{LE}]$$

Die Höhe h hat eine Länge von $15\sqrt{2}$ LE.

h:=sin(45°)· norm$(oe-od)$ 21.2132

(4) Die x_3-Koordinaten der Punkte D, E und F haben alle den gleichen Wert 15. Die Ebene durch die Punkte D, E und F verläuft daher parallel zur x_1x_2-Koordinatenebene und die Entfernung eines beliebigen Punktes zu dieser Ebene ist gleich dem Betrag der Differenz der x_3-Koordinate des Punktes und 15.

Für den Punkt G erhält man folglich den Abstand $|35 - 15| = 20\,[\text{LE}]$.

(5) Die obere Etage hat die Form einer Dreieckspyramide.

Das Volumen einer Dreieckspyramide mit der Grundfläche G und der Höhe h_K berechnet sich nach der Formel $V = \frac{1}{3} \cdot G \cdot h_K$.

Wählt man als Grundfläche der Pyramide die Dreiecksfläche DEF, ergibt sich mit der Grundseite $\overline{EF}$ und der Höhe $h = 15\sqrt{2}$ [LE] aus Teilaufgabe b(3) folgender Flächeninhalt:

$$G = \frac{1}{2} \cdot |\overrightarrow{EF}| \cdot h = \frac{1}{2} \cdot 25\sqrt{2} \cdot 15\sqrt{2} = 375\,[\text{FE}]$$

Mit dieser Grundfläche und der Pyramidenhöhe $h_K = 20$ [LE] aus Teilaufgabe b(4) erhält man:

$$V = \frac{1}{3} \cdot 375 \cdot 20 = 2\,500\,[\text{VE}]$$

Für den Betrieb der Anlage wird folgende Leistung benötigt:

$$\frac{2\,500}{100} \cdot 0{,}8\text{ kW} = 20\text{ kW}$$

Die 25-kW-Anlage reicht daher zur Entfeuchtung der Luft aus.

c) (1) Mit G als Anbindungspunkt und dem Richtungsvektor $\overline{GQ}$ lautet die Zwei-Punkte-Form der geradlinig verlaufenden Metallstange:

$$g_{GQ}: \vec{x} = \vec{g} + t \cdot \overrightarrow{GQ} = \begin{pmatrix} -10 \\ 10 \\ 35 \end{pmatrix} + t \cdot \begin{pmatrix} 1 \\ -2 \\ -19{,}5 \end{pmatrix};\ t \in \mathbb{R}$$

Der Bodenpunkt R, in dem die Metallstange die Bodenfläche DEF trifft, hat die x_3-Koordinate $x_3 = 15$, da nach Teilaufgabe b(4) alle Punkte der Bodenfläche diese x_3-Koordinate besitzen.

Setzt man die 3. Koordinatengleichung der Geraden g_{GQ} gleich 15, ergibt sich:

$$35 - 19{,}5t = 15 \quad \Rightarrow \quad t = \frac{40}{39}$$

Einsetzen von $t = \frac{40}{39}$ in die Gleichung der Geraden g_{GQ} liefert den Ortsvektor des Schnittpunktes R:

$$\vec{r} = \begin{pmatrix} -10 \\ 10 \\ 35 \end{pmatrix} + \frac{40}{39} \cdot \begin{pmatrix} 1 \\ -2 \\ -19{,}5 \end{pmatrix}$$

$$= \begin{pmatrix} -\frac{350}{39} \\ \frac{310}{39} \\ 15 \end{pmatrix} \approx \begin{pmatrix} -8{,}97 \\ 7{,}95 \\ 15 \end{pmatrix}$$

Die Koordinaten des Bodenpunktes R lauten $R\left(-\frac{350}{39} \,\middle|\, \frac{310}{39} \,\middle|\, 15\right)$.

```
oq:=[-9; 8; 15.5]                [-9; 8; 15.5]
o_r:=og+40/39·(oq-og)            [-350/39; 310/39; 15.]
```

CAS

```
oq:=[-9; 8; 15.5]                     [-9; 8; 15.5]
g_gq:=og+t·(oq-og)                    [t-10; 10-2·t; 35-19.5·t]
e_def:=od+r·(oe-od)+s·(of-od)         [-25·s; 30·r+5·s; 15]
solve(g_gq=e_def,{r,s,t})
                      r=8/39 and s=14/39 and t=40/39
o_r:=g_gq|t=40/39                     [-350/39; 310/39; 15]
```

Anmerkung: Mit dem CAS kann der Bodenpunkt R auch durch Kombination der Vektorgleichungen der Geraden g_{GQ} und der Ebene E_{DEF}, in der die Bodenfläche liegt, bestimmt werden (vgl. Abbildung rechts).

Die Länge der Metallstange entspricht der Länge der Strecke $\overline{GR}$:

$$|\overrightarrow{GR}| = \left| \begin{pmatrix} -\frac{350}{39} \\ \frac{310}{39} \\ 15 \end{pmatrix} - \begin{pmatrix} -10 \\ 10 \\ 35 \end{pmatrix} \right| \approx 20{,}13\,[\text{LE}]$$

```
norm(o_r-og)                          20.1311
```

Die Metallstange hat eine Länge von ca. 20,13 LE.

(2) Mit Q als Anbindungspunkt und dem vorgegebenen Vektor $\vec{v}$ als Richtungsvektor lässt sich der Lichtstrahl des Lasers durch folgende Gleichung beschreiben (Punkt-Richtungsform der Geradengleichung):

$$g_L:\ \vec{x} = \vec{q} + m \cdot \vec{v} = \begin{pmatrix} -9 \\ 8 \\ 15{,}5 \end{pmatrix} + m \cdot \begin{pmatrix} 0{,}34 \\ 0{,}84 \\ 0{,}02 \end{pmatrix};\ m \geq 0$$

Mit dem Anbindungspunkt G und dem Richtungsvektor $\overrightarrow{GE}$ lautet die Gleichung der Kante $\overline{GE}$ (Zwei-Punkteform der Geradengleichung):

$$g_{GE}:\ \vec{x} = \vec{g} + n \cdot \overrightarrow{GE} = \begin{pmatrix} -10 \\ 10 \\ 35 \end{pmatrix} + n \cdot \begin{pmatrix} 10 \\ 20 \\ -20 \end{pmatrix};\ 0 \leq n \leq 1$$

Kombination der Gleichungen führt auf folgende Vektorgleichung:

$$\begin{pmatrix} -9 \\ 8 \\ 15{,}5 \end{pmatrix} + m \cdot \begin{pmatrix} 0{,}34 \\ 0{,}84 \\ 0{,}02 \end{pmatrix} = \begin{pmatrix} -10 \\ 10 \\ 35 \end{pmatrix} + n \cdot \begin{pmatrix} 10 \\ 20 \\ -20 \end{pmatrix}$$

Durch Umschreiben der Vektorgleichung in die Koordinatengleichungen erhält man folgendes Gleichungssystem:

I $\quad -9 + 0{,}34\,m = -10 + 10\,n$
II $\quad 8 + 0{,}84\,m = 10 + 20\,n$
III $\quad 15{,}5 + 0{,}02\,m = 35 - 20\,n$

Vereinfacht lautet dieses:

I $\quad 0{,}34\,m - 10\,n = -1$
II $\quad 0{,}84\,m - 20\,n = 2$
III $\quad 0{,}02\,m + 20\,n = 19{,}5$

Das Gleichungssystem besitzt die Lösungen $m = 25$ und $n = \frac{19}{20} = 0{,}95$.

$$\text{linSolve}\left(\begin{cases} 0.34 \cdot m - 10 \cdot n = -1 \\ 0.84 \cdot m - 20 \cdot n = 2 \\ 0.02 \cdot m + 20 \cdot n = 19.5 \end{cases}, \{m,n\}\right) \quad \{25.,0.95\}$$

CAS

$$g\_l := oq + m \cdot \begin{bmatrix} 0.34 \\ 0.84 \\ 0.02 \end{bmatrix} \quad \begin{bmatrix} \frac{17 \cdot m}{50} - 9 \\ \frac{21 \cdot m}{25} + 8 \\ \frac{m}{50} + \frac{31}{2} \end{bmatrix}$$

$$g\_ge := og + n \cdot (oe - og) \quad \begin{bmatrix} 10 \cdot n - 10 \\ 20 \cdot n + 10 \\ 35 - 20 \cdot n \end{bmatrix}$$

$$\text{solve}(g\_l = g\_ge, \{m,n\}) \quad m = 25 \text{ and } n = \frac{19}{20}$$

Da $0 \leq n = 0{,}95 \leq 1$ und $m \geq 0$ ist, trifft der Lichtstrahl mit dieser Einstellung die Kante $\overline{GE}$.

Anmerkung: Die Koordinaten des Schnittpunktes müssen laut Aufgabenstellung nicht bestimmt werden.

Abiturprüfung 2018 Mathematik Grundkurs (Nordrhein-Westfalen)
Prüfungsteil B – Stochastik B5 (GTR/CAS)

Punkte

a) Ein Unternehmen stellt Kunststoffteile her. Erfahrungsgemäß sind 4 % der hergestellten Teile fehlerhaft. Die Zufallsvariable X: „Anzahl fehlerhafter Teile" unter zufällig ausgewählten Teilen kann als binomialverteilt angenommen werden.
800 Kunststoffteile werden zufällig ausgewählt.

(1) Bestimmen Sie für die folgenden Ereignisse jeweils die Wahrscheinlichkeit:
A: „Genau 30 der Teile sind fehlerhaft."
B: „Mindestens 25 der Teile sind fehlerhaft." 5

(2) Bestimmen Sie die zu erwartende Anzahl fehlerhafter Teile und die Standardabweichung von X. 4

(3) Ermitteln Sie, wie viele Kunststoffteile mindestens zufällig ausgewählt werden müssen, damit davon mit einer Wahrscheinlichkeit von mindestens 95 % mindestens ein Teil fehlerhaft ist. 5

Die Kunststoffteile werden aus Kunststoffgranulat hergestellt. Nach einem Wechsel des Granulats vermutet der Produktionsleiter, dass sich der Anteil der fehlerhaften Teile reduziert hat. Um die Vermutung zu überprüfen, werden in einer neuen Stichprobe wiederum 800 Teile ausgewählt. Sind in der Stichprobe höchstens 22 Teile fehlerhaft, so möchte der Produktionsleiter das neue Granulat weiter verwenden.

(4) Zeigen Sie, dass unter der Annahme $p = 0{,}04$ die Wahrscheinlichkeit für höchstens 22 fehlerhafte Teile unter 5 % liegt. 2

Pro Kunststoffteil möchte das Unternehmen einen durchschnittlichen Gewinn von 1 Euro machen. Dabei belaufen sich die Herstellungskosten auf 0,50 Euro pro Kunststoffteil. Der Verkaufspreis v wird vom Unternehmen festgesetzt, wobei fehlerhafte Teile nicht verkauft werden.

(5) Begründen Sie, dass mithilfe der Gleichung
$0{,}04 \cdot (-0{,}5) + 0{,}96 \cdot (v - 0{,}5) = 1$
der Verkaufspreis bestimmt werden kann. 4

(6) Das neue Granulat wird nun verwendet und verursacht in Wirklichkeit nur noch 2 % fehlerhafte Teile. Die Herstellungskosten wurden durch den Wechsel des Granulats nicht beeinflusst.
Ermitteln Sie den prozentualen Preisnachlass, den das Unternehmen beim Verkaufspreis nun gewähren kann. 5

b) Für ein Spiel wird ein Glücksrad verwendet, das drei farbige Sektoren hat. Der Tabelle können die Farben der Sektoren und die Größe der zugehörigen Mittelpunktswinkel entnommen werden.

Farbe	Blau	Rot	Grün
Mittelpunktswinkel	180°	120°	60°

Ein Spieler muss das Glücksrad in jedem Spiel dreimal drehen. Er gewinnt das Spiel, wenn er dreimal die gleiche Farbe erzielt.

(1) Zeigen Sie, dass die Wahrscheinlichkeit, dreimal die gleiche Farbe zu erzielen, $\frac{1}{6}$ beträgt. 4

Es werden 10 Spiele absolviert. Die Zufallsvariable Y: „Anzahl der Spiele, in denen dreimal die gleiche Farbe erzielt wird" ist binomialverteilt.

(2) Entscheiden Sie, welcher der folgenden Ansätze zur Berechnung der Wahrscheinlichkeit für das Eintreten des Ereignisses E: „In genau 3 der 10 Spiele wird jeweils dreimal die gleiche Farbe erzielt" genutzt werden kann, und erläutern Sie die einzelnen Bestandteile dieses ausgewählten Ansatzes.

(I) $P(E) = \left(\frac{1}{2}\right)^3 + \left(\frac{1}{3}\right)^3 + \left(\frac{1}{6}\right)^3$

(II) $P(E) = 3 \cdot \left(\frac{1}{6}\right)^3 \cdot \left(\frac{5}{6}\right)^7$

(III) $P(E) = \binom{10}{3} \cdot \left(\frac{1}{6}\right)^3 \cdot \left(\frac{5}{6}\right)^7$ 5

(3) Es werden die Ereignisse
E_1: „In allen 10 Spielen wird jeweils dreimal die gleiche Farbe erzielt" und
E_2: „In 30 Drehungen wird immer die gleiche Farbe erzielt" betrachtet.

Beurteilen Sie die Aussage: „Ob Ereignis E_1 oder Ereignis E_2 untersucht wird, ist egal, da sie das Gleiche aussagen und mit derselben Wahrscheinlichkeit eintreten." 6

Hinweise und Tipps

Teilaufgabe a

(1) Beachten Sie, dass die Zufallsvariable X binomialverteilt ist mit $n = 800$ und $p = 0{,}04$.

Berechnen Sie $P(A) = P(X = 30)$.

Berechnen Sie $P(B) = P(X \geq 25)$.

(2) Berechnen Sie den Erwartungswert und die Standardabweichung der binomialverteilten Zufallsvariable X.

Verwenden Sie die Formeln $E(X) = n \cdot p$ und $\sigma = \sqrt{n \cdot p \cdot (1-p)}$.

(3) Gesucht ist die Größe n der Stichprobe, sodass mit einer Wahrscheinlichkeit von mindestens 95 % mindestens ein Teil in der Stichprobe fehlerhaft ist.

Bestimmen Sie n so, dass $P(X \geq 1) \geq 0{,}95$ gilt.

Drücken Sie die Wahrscheinlichkeit auf der linken Seite der Ungleichung über die Gegenwahrscheinlichkeit aus und verwenden Sie die Formel
$P(X = k) = \binom{n}{k} \cdot p^k \cdot (1-p)^{n-k}$.

Zum Auflösen der Ungleichung nach n kann der GTR/CAS eingesetzt werden.

Alternativ: Ermitteln Sie n durch systematisches Probieren mit dem GTR/CAS.

(4) Berechnen Sie $P(X \leq 22)$ und entscheiden Sie, ob die Wahrscheinlichkeit unter 5 % liegt.

(5) Überlegen Sie, welche Einnahmen und Kosten jeweils anfallen, wenn das Kunststoffteil fehlerhaft bzw. fehlerfrei ist.

Mit den zugehörigen Wahrscheinlichkeiten gewichtet, soll der angestrebte Gewinn von 1 € erreicht werden.

(6) Bestimmen Sie den Verkaufspreis v beim alten Granulat, indem Sie die Gleichung aus Teilaufgabe a(5) nach v auflösen.

Passen Sie die Gleichung an die neue Situation an und bestimmen Sie den Verkaufspreis v_{neu} beim neuen Granulat.

Berechnen Sie den prozentualen Preisnachlass, indem Sie die beiden Verkaufspreise in Beziehung zueinander setzen.

Teilaufgabe b

(1) Leiten Sie aus den Größen der Mittelpunktswinkel die Wahrscheinlichkeiten der Farben ab.

Berechnen Sie die Teilwahrscheinlichkeiten für 3-mal Blau, 3-mal Rot oder 3-mal Grün mittels Multiplikationsregel und addieren Sie diese Wahrscheinlichkeiten.

(2) Erinnern Sie sich daran, dass sich die Wahrscheinlichkeit für k Erfolge bei einer Binomialverteilung mit der Formel $P(X = k) = \binom{n}{k} \cdot p^k \cdot (1-p)^{n-k}$ berechnen lässt.

Passen Sie die Formel an den vorliegenden Sachkontext an.

Berücksichtigen Sie, dass 3 der 10 Spiele erfolgreich sein sollen und dass Erfolg bedeutet, dass in einem Spiel dreimal die gleiche Farbe erzielt wird.

(3) Begründen Sie, dass die Ereignisse weder das Gleiche aussagen noch mit der gleichen Wahrscheinlichkeit eintreten.

Berücksichtigen Sie, dass 10 Spiele zwar 30 Drehungen sind, aber bei E_1 nicht bei allen 30 Drehungen die gleiche Farbe erzielt werden muss.

Berechnen Sie die Wahrscheinlichkeiten $P(E_1)$ und $P(E_2)$.

Verwenden Sie für $P(E_1)$ die in Teilaufgabe b(1) angegebene Wahrscheinlichkeit.

Berechnen Sie $P(E_2)$, indem Sie die Teilwahrscheinlichkeiten für 30-mal Blau, 30-mal Rot oder 30-mal Grün mittels Multiplikationsregel berechnen und addieren.

Lösung

a) Die Zufallsvariable X, die die Anzahl fehlerhafter Teile unter 800 zufällig ausgewählten Kunststoffteilen angibt, ist binomialverteilt mit $n=800$ und $p=0{,}04$.

(1) Die Wahrscheinlichkeit für das Ereignis A: „Genau 30 der Teile sind fehlerhaft“ beträgt:

$P(A)=P(X=30)\approx 0{,}0693=6{,}93\ \%$

```
binomPdf(800,0.04,30)          0.069276
```

Das Ereignis B: „Mindestens 25 der Teile sind fehlerhaft“ bedeutet, dass 25 oder mehr Teile fehlerhaft sind. Für die Wahrscheinlichkeit dieses Ereignisses gilt:

$$P(B)=P(X\geq 25)=P(25\leq X\leq 800)\approx 0{,}9163=91{,}63\ \%$$

```
binomCdf(800,0.04,25,800)          0.916277
```

Alternativ:

$$P(B)=P(X\geq 25)=1-P(X\leq 24)\approx 0{,}9163=91{,}63\ \%$$

```
1-binomCdf(800,0.04,0,24)          0.916277
```

(2) Der Erwartungswert der binomialverteilten Zufallsvariable X beträgt:

$E(X)=n\cdot p=800\cdot 0{,}04=32$

Für die Standardabweichung von X gilt:

$$\sigma=\sqrt{n\cdot p\cdot(1-p)}=\sqrt{800\cdot 0{,}04\cdot 0{,}96}\approx 5{,}54$$

```
800· 0.04                     32.
√800· 0.04· 0.96              5.54256
```

Zu erwarten sind 32 fehlerhafte Teile und die Standardabweichung von X beträgt ungefähr 5,54.

(3) In dieser Aufgabenstellung ist die Größe n der Stichprobe gesucht, sodass mit einer Wahrscheinlichkeit von mindestens 95 % mindestens ein Teil in der Stichprobe fehlerhaft ist.

$$
\begin{aligned}
& P(X\geq 1)=1-P(X=0)\geq 0{,}95 \\
\Leftrightarrow\quad & 1-\binom{n}{0}\cdot 0{,}04^0\cdot 0{,}96^n\geq 0{,}95 \\
\Leftrightarrow\quad & 1-0{,}96^n\geq 0{,}95 \qquad \left|-0{,}95+0{,}96^n\right. \\
\Leftrightarrow\quad & 0{,}05\geq 0{,}96^n \\
\Leftrightarrow\quad & 0{,}96^n\leq 0{,}05 \\
\Leftrightarrow\quad & n\geq 73{,}39
\end{aligned}
$$

```
nSolve((0.96)^n=0.05,n)          73.3853
```

Es müssen mindestens 74 Kunststoffteile zufällig ausgewählt werden.

CAS

```
solve((0.96)^n≤0.05,n)          n≥73.3853
```

Alternativ:

Die Größe n der Stichprobe kann durch systematisches Probieren ermittelt werden.

$n = 50: \quad P(X \geq 1) \approx 0{,}8701 = 87{,}01\ \%$

$n = 60: \quad P(X \geq 1) \approx 0{,}9136 = 91{,}36\ \%$

$n = 70: \quad P(X \geq 1) \approx 0{,}9426 = 94{,}26\ \%$

$n = 73: \quad P(X \geq 1) \approx 0{,}9492 = 94{,}92\ \%$

$n = 74: \quad P(X \geq 1) \approx 0{,}9512 = 95{,}12\ \%$

binomCdf(50,0.04,1,50)	0.870114
binomCdf(60,0.04,1,60)	0.913648
binomCdf(70,0.04,1,70)	0.94259
binomCdf(73,0.04,1,73)	0.949207
binomCdf(74,0.04,1,74)	0.951239

Es müssen mindestens 74 Kunststoffteile zufällig ausgewählt werden.

(4) Es gilt:
$P(X \leq 22) \approx 0{,}0377 < 0{,}05$

binomCdf(800,0.04,0,22)	0.037705

Die Berechnung zeigt, dass die Wahrscheinlichkeit für höchstens 22 fehlerhafte Teile unter 0,05 = 5 % liegt.

(5) Mit einer Wahrscheinlichkeit von 4 % = 0,04 ist das Kunststoffteil fehlerhaft und wird nicht verkauft. Es entstehen Herstellungskosten in Höhe von 0,50 €, was einem negativen Gewinn entspricht.

Mit der Gegenwahrscheinlichkeit von 96 % = 0,96 ist das Kunststoffteil fehlerfrei und kann verkauft werden. Das Unternehmen macht in diesem Fall einen Gewinn, der der Differenz zwischen Verkaufspreis und Herstellungskosten entspricht. Der Gewinn beträgt also (v − 0,50) €.

Gewichtet man beide Größen mit den Wahrscheinlichkeiten und addiert sie, soll sich der angestrebte, durchschnittliche Gewinn von 1 € pro Stück ergeben. Ohne Einheiten entspricht dies der angegebenen Gleichung:

$0{,}04 \cdot (-0{,}50) + 0{,}96 \cdot (v - 0{,}50) = 1$

(6) Mit der Gleichung aus Teilaufgabe a(5) wird der Verkaufspreis v beim alten Granulat berechnet:

$0{,}04 \cdot (-0{,}5) + 0{,}96 \cdot (v - 0{,}5) = 1$

$\Rightarrow \quad v \approx 1{,}56\,[€]$

nSolve(0.04· -0.5+0.96· (ν−0.5)=1,ν)	1.5625
nSolve(0.02· -0.5+0.98· (ν−0.5)=1,ν)	1.53061

CAS

solve(0.04· -0.5+0.96· (ν−0.5)=1,ν)	ν=1.5625
solve(0.02· -0.5+0.98· (ν−0.5)=1,ν)	ν=1.53061

Mit dem gleichen Ansatz kann der neue Verkaufspreis v_{neu} unter den veränderten Bedingungen berechnet werden. Dazu wird in der Gleichung der Anteil der fehlerhaften Teile auf 2 % und der Anteil der fehlerfreien Teile auf 98 % abgeändert:

$0{,}02 \cdot (-0{,}5) + 0{,}98 \cdot (v_{neu} - 0{,}5) = 1$

$\Rightarrow \quad v_{neu} \approx 1{,}53\,[€]$

Der prozentuale Preisnachlass, den das Unternehmen gewähren kann, beträgt somit:

$$\frac{v - v_{neu}}{v} = \frac{1{,}56 - 1{,}53}{1{,}56} \approx 0{,}0192 = 1{,}92\ \%$$

$\frac{1.56-1.53}{1.56}$	0.019231

Anmerkung: Werden die Verkaufspreise auf vier Stellen nach dem Komma gerundet, ergibt sich ein Preisnachlass von ca. 2,04 %.

b) (1) Die Wahrscheinlichkeiten für die einzelnen Farben beim einmaligen Drehen des Glücksrads ergeben sich aus den Mittelpunktswinkeln der Sektoren:

Farbe	Blau	Rot	Grün
Mittelpunktswinkel	180°	120°	60°
Wahrscheinlichkeit	$\frac{180°}{360°} = \frac{1}{2}$	$\frac{120°}{360°} = \frac{1}{3}$	$\frac{60°}{360°} = \frac{1}{6}$

Dreimal die gleiche Farbe bedeutet 3-mal Blau, 3-mal Rot oder 3-mal Grün. Mittels Multiplikationsregel ergeben sich hierfür die folgenden Wahrscheinlichkeiten:

$$P(\text{Blau, Blau, Blau}) = \frac{1}{2} \cdot \frac{1}{2} \cdot \frac{1}{2} = \left(\frac{1}{2}\right)^3$$

$$P(\text{Rot, Rot, Rot}) = \frac{1}{3} \cdot \frac{1}{3} \cdot \frac{1}{3} = \left(\frac{1}{3}\right)^3$$

$$P(\text{Grün, Grün, Grün}) = \frac{1}{6} \cdot \frac{1}{6} \cdot \frac{1}{6} = \left(\frac{1}{6}\right)^3$$

Die Wahrscheinlichkeit, dreimal die gleiche Farbe zu erzielen, erhält man durch Addition dieser Wahrscheinlichkeiten:

$$\left(\frac{1}{2}\right)^3 + \left(\frac{1}{3}\right)^3 + \left(\frac{1}{6}\right)^3 = \frac{1}{6}$$

(2) Die Zufallsvariable Y, die die Anzahl der Spiele angibt, in denen dreimal die gleiche Farbe erzielt wird, ist binomialverteilt mit $n = 10$ und $p = \frac{1}{6}$ (vgl. Teilaufgabe b(1)).

Die Wahrscheinlichkeit für k Erfolge bei einer Binomialverteilung lässt sich nach folgender Formel berechnen:

$$P(X = k) = \binom{n}{k} \cdot p^k \cdot (1-p)^{n-k}$$

Im vorliegenden Sachkontext gilt: $X = Y$, $k = 3$, $n = 10$ und $p = \frac{1}{6}$.
Damit folgt:

$$P(E) = P(Y = 3) = \binom{10}{3} \cdot \left(\frac{1}{6}\right)^3 \cdot \left(1 - \frac{1}{6}\right)^{10-3} = \binom{10}{3} \cdot \left(\frac{1}{6}\right)^3 \cdot \left(\frac{5}{6}\right)^7$$

Somit ist für die Berechnung der gesuchten Wahrscheinlichkeit Ansatz III der richtige.

Dabei gibt der Binomialkoeffizient $\binom{10}{3}$ die Anzahl der Möglichkeiten an, wie die 3 Spiele mit jeweils dreimal der gleichen Farbe unter den 10 Spielen verteilt sein können.

$\left(\frac{1}{6}\right)^3$ ist die Wahrscheinlichkeit für 3 Spiele mit jeweils dreimal der gleichen Farbe und $\left(\frac{5}{6}\right)^7$ ist die Wahrscheinlichkeit für 7 Spiele, in denen nicht dreimal die gleiche Farbe erzielt wird.

(3) Die beiden Ereignisse E_1 und E_2 sagen weder das Gleiche aus noch treten sie mit der gleichen Wahrscheinlichkeit ein.

- Ereignis E_1:
  In jedem der 10 Spiele (bestehend aus drei Drehungen) müssen die einzelnen Drehungen die gleiche Farbe liefern. Dabei können sich die Farben in den Spielen aber unterscheiden.
  Für die Wahrscheinlichkeit, dass Ereignis E_1 eintritt, gilt mit der Wahrscheinlichkeit $\frac{1}{6}$ aus Teilaufgabe b(1):
  $$P(E_1) = \left(\frac{1}{6}\right)^{10}$$
- Ereignis E_2:
  In allen 30 Drehungen muss immer die gleiche Farbe erzielt werden. D. h., bei allen 10 Spielen (bestehend aus drei Drehungen) erscheint immer nur Blau, Rot oder Grün.
  Die Wahrscheinlichkeit hierfür ist die Summe der Wahrscheinlichkeiten für 30-mal Blau, 30-mal Rot oder 30-mal Grün:
  $$P(E_2) = \left(\frac{1}{2}\right)^{30} + \left(\frac{1}{3}\right)^{30} + \left(\frac{1}{6}\right)^{30}$$

Abiturprüfung 2019 Mathematik Grundkurs (Nordrhein-Westfalen)
Prüfungsteil A – Aufgaben ohne Hilfsmittel

Punkte

a) Gegeben sind die Funktionen g und h durch die Gleichungen
$g(x) = x^2 - x + 1$ mit $x \in \mathbb{R}$ und
$h(x) = -x^2 - 5x + 1$ mit $x \in \mathbb{R}$.

(1) Zeigen Sie, dass sich die Graphen von g und h nur für $x = -2$ und $x = 0$ schneiden. 2

(2) Berechnen Sie den Inhalt der Fläche, die die Graphen von g und h einschließen. 4

b) Gegeben ist die Funktion f durch die Gleichung $f(x) = x \cdot e^{2x+2}$, $x \in \mathbb{R}$.

(1) Bestimmen Sie die erste Ableitung. 3

Für die zweite Ableitung von f gilt: $f''(x) = (4x + 4) \cdot e^{2x+2}$

(2) Bestimmen Sie die Koordinaten des Wendepunktes.
Hinweis: Auf den Nachweis einer hinreichenden Bedingung kann verzichtet werden. 3

c) In einer Urne befinden sich drei rote und sieben weiße Kugeln.

(1) Zweimal nacheinander wird jeweils eine Kugel zufällig entnommen und wieder zurückgelegt.
Berechnen Sie die Wahrscheinlichkeit dafür, dass höchstens eine der entnommenen Kugeln weiß ist. 3

(2) Zehnmal nacheinander wird jeweils eine Kugel zufällig entnommen und wieder zurückgelegt. Die Zufallsgröße X beschreibt die Anzahl der entnommenen weißen Kugeln.
Begründen Sie ohne Berechnung von Wahrscheinlichkeiten, dass keine der folgenden Abbildungen 1 und 2 die Wahrscheinlichkeitsverteilung von X darstellt. 3

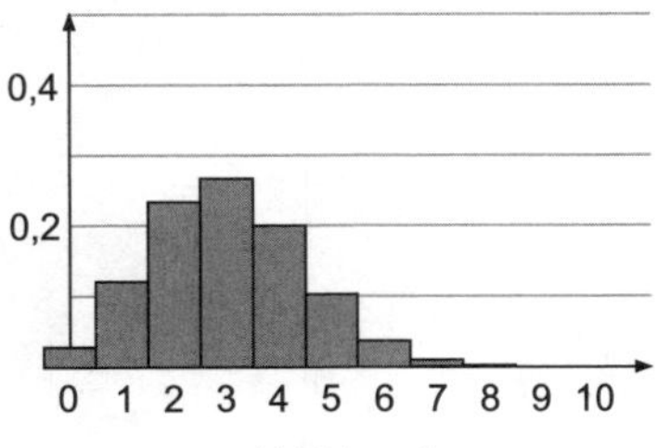

Abbildung 1

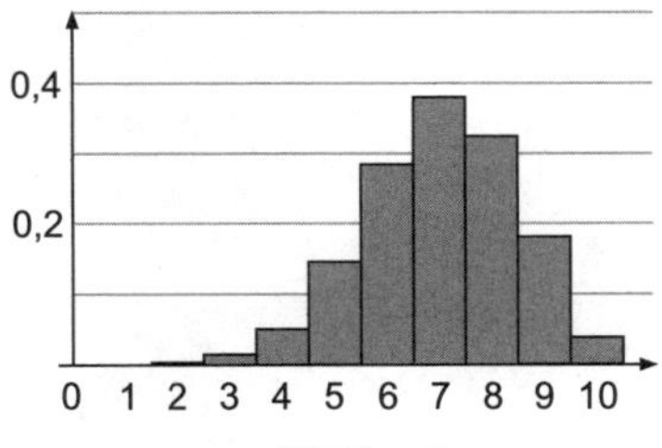

Abbildung 2

d) In einem kartesischen Koordinatensystem sind die Punkte $A(0|2|2)$, $B(4|-1|z)$ und $C(-3|y|6)$ mit $y, z \in \mathbb{R}$ gegeben.

(1) B liegt auf der Geraden $g: \vec{x} = \begin{pmatrix} 0 \\ 2 \\ 2 \end{pmatrix} + r \cdot \begin{pmatrix} -1 \\ 0{,}75 \\ -2 \end{pmatrix}$ mit $r \in \mathbb{R}$.

Bestimmen Sie den Wert von z. 3

(2) Zeigen Sie, dass der Abstand von A und C mindestens 5 beträgt. 3

Hinweise und Tipps

Teilaufgabe a

(1) Setzen Sie die Funktionsterme von g(x) und h(x) gleich und lösen Sie die entstehende Gleichung nach x auf.

Sie erhalten so die Schnittstellen der Graphen.

(2) Der Flächeninhalt der von den Graphen von g und h eingeschlossenen Fläche ergibt sich mittels eines bestimmten Integrals.

Integrieren Sie die Differenzfunktion $h(x) - g(x)$ über den Bereich zwischen den Schnittstellen.

Teilaufgabe b

(1) Bestimmen Sie die Ableitung mithilfe der Produkt- und Kettenregel.

(2) Die notwendige Bedingung für eine Wendestelle lautet $f''(x) = 0$.

Vergessen Sie nicht, auch die y-Koordinate des Wendepunktes zu berechnen.

Teilaufgabe c

(1) Betrachten Sie zur Berechnung der gesuchten Wahrscheinlichkeit das Gegenereignis „beide Kugeln sind weiß".

(2) Abbildung 1: Beachten Sie den Erwartungswert der Zufallsgröße X.

Für den Erwartungswert einer binomialverteilten Zufallsgröße gilt $E(X) = n \cdot p$.

Abbildung 2: Beachten Sie die Summe der Wahrscheinlichkeitswerte.

Die Summe der Werte einer Wahrscheinlichkeitsverteilung kann nicht größer als 1 sein.

Teilaufgabe d

(1) Führen Sie eine Punktprobe mit dem Punkt B bezüglich der Geraden g durch.

Schreiben Sie die entstehende Vektorgleichung um zu einem Gleichungssystem.

Lösen Sie das Gleichungssystem.

(2) Der Abstand zweier Punkte $P(x_P \mid y_P \mid z_P)$ und $Q(x_Q \mid y_Q \mid z_Q)$ berechnet sich nach der Formel: $d(P; Q) = \sqrt{(x_Q - x_P)^2 + (y_Q - y_P)^2 + (z_Q - z_P)^2}$

Setzen Sie die Koordinaten der Punkte A und C in die Abstandsformel ein.

Überlegen Sie, welche Werte der auftretende Term $(y-2)^2$ annehmen kann, und vergleichen Sie mit dem vorgegebenen Mindestabstand.

Lösung

a) (1) Zur Berechnung der Schnittstellen werden die Funktionsterme gleichgesetzt.

$$
\begin{aligned}
g(x) &= h(x)\\
x^2 - x + 1 &= -x^2 - 5x + 1\\
2x^2 + 4x &= 0\\
2x \cdot (x+2) &= 0\\
x = 0 \;\text{ oder }\; x &= -2
\end{aligned}
$$

(2) Zu berechnen ist das bestimmte Integral:

$$
\begin{aligned}
\int_{-2}^{0} (h(x) - g(x))\,dx &= \int_{-2}^{0} (-x^2 - 5x + 1 - (x^2 - x + 1))\,dx\\
&= \int_{-2}^{0} (-2x^2 - 4x)\,dx = \left[-\frac{2}{3}x^3 - 2x^2\right]_{-2}^{0}\\
&= 0 - \left(\frac{16}{3} - 8\right) = 0 - \left(\frac{16}{3} - \frac{24}{3}\right) = \frac{8}{3}
\end{aligned}
$$

Der Inhalt der eingeschlossenen Fläche beträgt $\frac{8}{3}$ FE.

Haben Sie die Differenzfunktion andersherum gewählt, also über $g(x) - h(x)$ integriert, ist der Wert des bestimmten Integrals negativ. Das Integral wird in diesem Fall negativ, da der Graph von g zwischen den Schnittstellen unterhalb des Graphen von h verläuft. (Der Graph von g ist eine nach oben geöffnete Parabel, der Graph von h eine nach unten geöffnete.)
Für den Flächeninhalt ist dann der entsprechende positive Wert anzugeben.

b) (1) Eine Ableitung mithilfe der Produkt- und Kettenregel ergibt:

$$f'(x) = 1 \cdot e^{2x+2} + x \cdot 2 \cdot e^{2x+2} = e^{2x+2} \cdot (1 + 2x)$$

(2) Die notwendige Bedingung für eine Wendestelle lautet $f''(x) = 0$.

$$
\begin{aligned}
(4x+4) \cdot e^{2x+2} &= 0 \qquad \left|: e^{2x+2} \neq 0\right.\\
4x + 4 &= 0\\
x &= -1
\end{aligned}
$$

Die hinreichende Bedingung muss nicht überprüft werden.

Einsetzen der (möglichen) Wendestelle in den Funktionsterm ergibt:

$$f(-1) = -1 \cdot e^{2 \cdot (-1) + 2} = -e^0 = -1$$

Der Graph der Funktion f hat den Wendepunkt $W(-1 \mid -1)$.

c) (1) Die gesuchte Wahrscheinlichkeit lässt sich einfacher über die Wahrscheinlichkeit des Gegenereignisses berechnen:

P(„höchstens eine Kugel ist weiß“) = 1 − P(„beide Kugeln sind weiß“)

$$= 1 - \frac{7}{10} \cdot \frac{7}{10} = 1 - \frac{49}{100} = \frac{51}{100}$$

(2) Die beschriebene Zufallsgröße X ist binomialverteilt mit $n = 10$ und $p = 0{,}7$.

Für den Erwartungswert von X gilt $E(X) = 10 \cdot 0{,}7 = 7$. Deshalb muss der größte Wert der Wahrscheinlichkeitsverteilung von X in der Nähe von $k = 7$ liegen. Bei Abbildung 1 liegt das Maximum aber bei 3 Treffern vor, deshalb kann Abbildung 1 nicht die Wahrscheinlichkeitsverteilung von X darstellen.

Abbildung 2 kann keine Wahrscheinlichkeitsverteilung einer Zufallsgröße darstellen, da die Summe der Werte einer Wahrscheinlichkeitsverteilung genau 1 ist, während die Summe der Werte in Abbildung 2 deutlich größer als 1 ist.

d) (1) Einsetzen des Ortsvektors des Punktes B in die Geradengleichung ergibt die Vektorgleichung:

$$\begin{pmatrix} 4 \\ -1 \\ z \end{pmatrix} = \begin{pmatrix} 0 \\ 2 \\ 2 \end{pmatrix} + r \cdot \begin{pmatrix} -1 \\ 0{,}75 \\ -2 \end{pmatrix}$$

Nach Umschreiben der Vektorgleichung in die Koordinatengleichungen erhält man das Gleichungssystem:

I $\quad 4 = -r \qquad \Rightarrow \quad r = -4$

II $\quad -1 = 2 + 0{,}75r$

III $\quad z = 2 - 2r$

Einsetzen von $r = -4$ in III ergibt:

$z = 2 - 2 \cdot (-4) = 10$

Der Punkt B hat die Koordinaten $B(4 \,|\, -1 \,|\, 10)$.

Da laut Aufgabenstellung der Punkt B auf der Geraden g liegt, muss keine Probe mit Gleichung II durchgeführt werden.

(2) Für den Abstand der Punkte $A(0 \,|\, 2 \,|\, 2)$ und $C(-3 \,|\, y \,|\, 6)$ gilt:

$d(A; C) = \sqrt{(-3-0)^2 + (y-2)^2 + (6-2)^2} = \sqrt{9 + (y-2)^2 + 16} = \sqrt{25 + (y-2)^2}$

Für $y = 2$ ist der Term $(y-2)^2$ gleich 0 und der Abstand beträgt $\sqrt{25} = 5$.

Für $y \neq 2$ ist der Term $(y-2)^2$ größer als 0 und somit $\sqrt{25 + (y-2)^2} > 5$.

Der Abstand der Punkte A und C beträgt daher mindestens 5 [LE].

Die Zahl der Haushalte in Deutschland, die über einen Glasfaseranschluss erreichbar sind, wächst ständig. Aber nicht alle erreichbaren Haushalte nutzen auch ihre Anschlüsse.
Abbildung 1 zeigt die Anzahl der Haushalte mit genutztem Glasfaseranschluss (im Folgenden Glasfaserhaushalte genannt) für die Jahre 2011 bis 2017. Dabei wird auf der t-Achse die Zeit in Jahren seit dem 01. 01. 2011 und auf der y-Achse die Anzahl der Glasfaserhaushalte in Tausend angegeben.

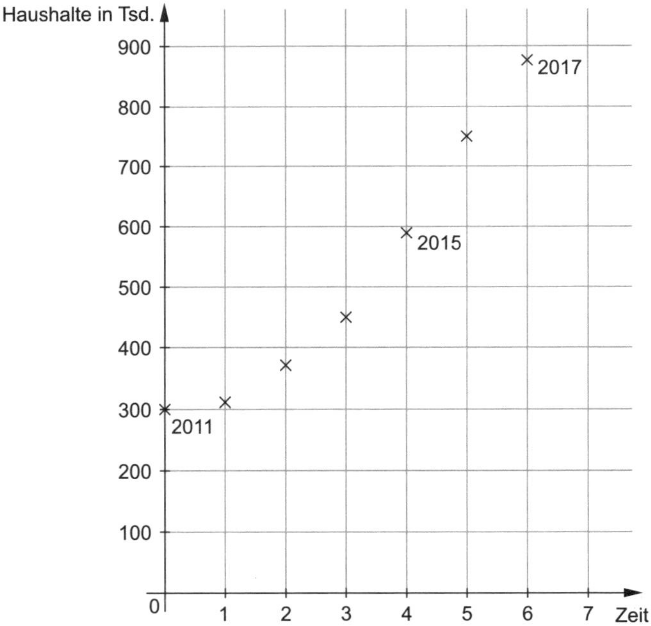

Abbildung 1

Punkte

a) Die Anzahl der Glasfaserhaushalte in Tausend wird durch eine Exponentialfunktion f der Form $f(t) = a \cdot e^{b \cdot t}$ modelliert, deren Graph durch die Punkte $P_1(0|296)$ und $P_2(4|590)$ verläuft. Diese Funktion soll für Prognosen bis zum Jahr 2026 $(t = 15)$ genutzt werden.

(1) Geben Sie den Parameter a an und bestimmen Sie b auf drei Nachkommastellen genau. 4

Im Folgenden soll mit $f(t) = 296 \cdot e^{0,17 \cdot t}$ weitergearbeitet werden.

(2) Im Jahr 2017 wurden in einer Erhebung ca. 880 000 Glasfaserhaushalte gezählt.
Bestimmen Sie die sinnvoll gerundete Anzahl der Glasfaserhaushalte, die sich bei der Modellierung mit der Funktion f für den 01. 01. 2017 ergibt.
Ermitteln Sie die prozentuale Abweichung zu dem Wert aus der Erhebung. 4

(3) Bestimmen Sie im Modell für $0 \leq t \leq 15$ den Zeitpunkt, zu dem die Anzahl der Glasfaserhaushalte am schnellsten wächst.
Bestimmen Sie die zugehörige Wachstumsgeschwindigkeit. 5

Neben der Anzahl der Haushalte mit genutztem Glasfaseranschluss wird auch die Gesamtzahl der Haushalte erhoben, die über einen Glasfaseranschluss erreichbar sind, unabhängig davon, ob sie ihn nutzen oder nicht. Diese Zahl der erreichbaren Haushalte wird durch die Funktion g mit $g(t) = 416{,}5t + 434$ modelliert. Dabei wird auf der t-Achse die Zeit (in Jahren) seit dem 01. 01. 2011 und auf der y-Achse die Anzahl der Haushalte in Tausend angegeben (siehe Abbildung 2).

b) (1) Bestimmen Sie $\frac{f(4)}{g(4)}$ und interpretieren Sie diesen Wert im Sachzusammenhang. 4

(2) Bestimmen Sie rechnerisch den lokalen Hochpunkt der Funktion d mit $d(t) = g(t) - f(t)$, $0 \leq t \leq 15$. 7

(3) Interpretieren Sie die Bedeutung des Hochpunktes der Funktion d im Sachzusammenhang. 2

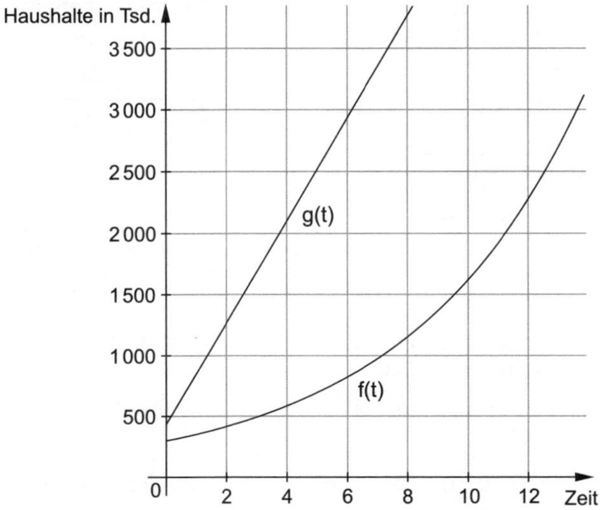

Abbildung 2

Es wird prognostiziert, dass der Markt für Glasfaseranschlüsse im weiteren Verlauf in eine Sättigungsphase eintritt, da eine zunehmende Zahl von Haushalten bereits über einen Glasfaseranschluss verfügt. Im Folgenden wird die Funktion f nur zur Prognose der Anzahl von Glasfaserhaushalten in Tausend bis zum 01. 01. 2026 ($t \leq 15$) genutzt. Der momentane Zuwachs der Anzahl der Glasfaserhaushalte in Tausend pro Jahr ab dem 01. 01. 2026 ($t \geq 15$) wird durch die **Änderungsrate** z mit der Funktionsgleichung $z(t) = 50{,}32 \cdot e^{6{,}99 - 0{,}296 \cdot t}$ modelliert.

c) (1) Bestimmen Sie im Modell die Anzahl der Glasfaserhaushalte am 01. 01. 2026.
Bestimmen Sie die Anzahl der Glasfaserhaushalte, die gemäß der Modellierung vom 01. 01. 2026 bis zum 01. 01. 2036 hinzukommen. 6

(2) Geben Sie einen Ansatz für einen Funktionsterm einer Funktion h an, der für $t \geq 15$ die Anzahl der Glasfaserhaushalte in Tausend modelliert. Eine Vereinfachung oder Berechnung ist nicht erforderlich. 4

(3) Es gilt die Aussage: $z(t) > 0$ und $z'(t) < 0$ für alle $t \in \mathbb{R}$.
[Ein Nachweis ist nicht erforderlich.]
Interpretieren Sie diese Aussage für $t \geq 15$ im Sachzusammenhang. 4

Hinweise und Tipps

Um über die in der Aufgabenstellung betrachteten Zeiträume und Funktionen den Überblick zu behalten, ist es sinnvoll, diese in einer (nach und nach erweiterten) Zeitleiste zusammenzufassen (nicht maßstäblich):

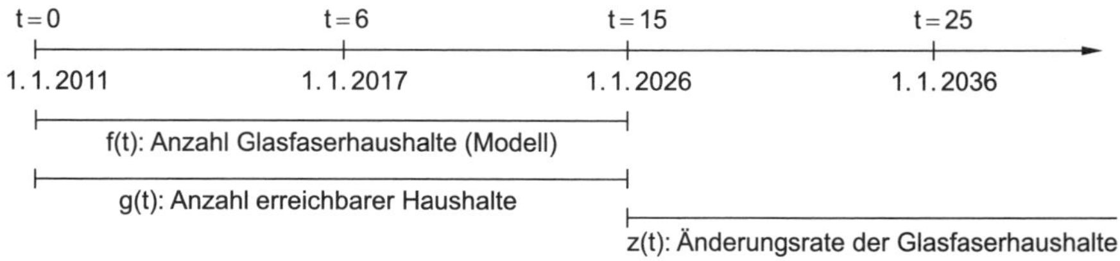

Teilaufgabe a

(1) Setzen Sie die Koordinaten der gegebenen Punkte P_1 und P_2 in die Funktionsgleichung $f(t) = a \cdot e^{b \cdot t}$ der Funktion f ein.

Aus den sich ergebenden zwei Gleichungen können die Parameter a und b berechnet werden.

(2) Die Modellierung beginnt am 01. 01. 2011; dies entspricht dem Zeitpunkt $t = 0$. Welchem Zeitpunkt t entspricht dann der 01. 01. 2017?

Berechnen Sie den Modellwert f(6).

Beachten Sie, dass die Funktion die Anzahl der Haushalte in Tausend angibt.

Berechnen Sie den prozentualen Anteil dieses Wertes gegenüber dem Wert aus der Erhebung.

(3) Die Ableitung f'(t) gibt das Wachstumsverhalten der gegebenen Funktion f(t) an.

Das größte Wachstum liegt also an der Maximalstelle von f'(t) vor.

Um diese zu ermitteln, betrachten Sie mithilfe von f''(t) das Monotonieverhalten von f'(t).

Teilaufgabe b

(1) Berechnen Sie die beiden Funktionswerte und den Quotienten mit Ihrem Rechner.

Interpretieren Sie das Ergebnis als prozentualen Anteil.

(2) Notwendiges Kriterium für eine Maximalstelle von d(t): $d'(t) = 0$

Ermitteln Sie die Nullstellen t_E von d'(t). Diese sind Kandidaten für eine Maximalstelle.

Hinreichendes Kriterium für eine Maximalstelle von d(t): $d''(t_E) < 0$

Ein lokales Maximum liegt vor, wenn beide Kriterien erfüllt sind.

(3) Überlegen Sie, welche Größe durch die Differenzfunktion d(t) ausgedrückt wird.

Teilaufgabe c

(1) Bis zum 01. 01. 2026 ($t = 15$) sind f(15) Glasfaserhaushalte entstanden.

Ab dem 01. 01. 2026 ist für die Modellierung die Änderungsrate z(t) gegeben. Der Zuwachs der Anzahl der Glasfaserhaushalte ergibt sich aus der Änderungsrate durch Integration über den betrachteten Zeitraum.

Bestimmen Sie den Wert des Integrals mit Ihrem GTR bzw. CAS.

(2) Bis zum 01. 01. 2026 ($t = 15$) erfolgt die Modellierung durch die Funktion f(t). Berücksichtigen Sie für den Term der Funktion h(t) die Anzahl der Glasfaserhaushalte am Ende dieses Zeitraums.

Ab dem 01. 01. 2026 ($t > 15$) ist für die Modellierung die Änderungsrate z(t) zu verwenden; der Zuwachs der Anzahl der Glasfaserhaushalte ergibt sich dann mittels eines bestimmten Integrals (vgl. auch (1)).

(3) Gemäß Monotoniesatz folgt aus $z'(t) < 0$ für alle $t \in \mathbb{R}$: z(t) ist über den gesamten Zeitraum streng monoton fallend.

Überlegen Sie, was das für die Änderungsrate z(t) im Kontext bedeutet.

Beachten Sie dabei, dass $z(t) > 0$ für alle $t \in \mathbb{R}$ gilt.

Lösung

a) (1) Der Graph der Modellfunktion f verläuft durch die Punkte $P_1(0\,|\,296)$ und $P_2(4\,|\,590)$. Einsetzen der Punktkoordinaten in die Funktionsgleichung ergibt:

$$f(0) = a \cdot e^{b \cdot 0} = 296 \quad \Rightarrow \quad a = 296$$

$$f(4) = 296 \cdot e^{b \cdot 4} = 590$$

$$\Rightarrow \quad e^{b \cdot 4} = \frac{590}{296}$$

$$4b = \ln\left(\frac{590}{296}\right)$$

$$b = \frac{1}{4} \cdot \ln\left(\frac{590}{296}\right) \approx 0{,}172$$

Alternativ: Lösung mit GTR

$f(t):=296\cdot e^{b\cdot t}$	*Fertig*
nSolve(f(4)=590,b)	0.172441

(2) Da die Modellierung am 01. 01. 2011 beginnt (t = 0), ist zur Berechnung des Modellwertes am 01. 01. 2017 der Funktionswert f(6) zu ermitteln:

$f(t):=296\cdot e^{0.17\cdot t}$	*Fertig*
f(6)	820.866

$$f(6) = 296 \cdot e^{0{,}17 \cdot 6} \approx 820{,}866$$

Da die Funktion f die Anzahl der Haushalte in Tausend angibt, bedeutet dies, dass am 01. 01. 2017 ca. 820 000 Glasfaserhaushalte vorhanden sind.

Abweichung gegenüber Erhebung:

$$\frac{f(6)}{880} \approx \frac{820{,}866}{880} \approx 0{,}933$$

$\frac{f(6)}{880}$	0.932802

Die Abweichung des Modellwertes zu dem Wert aus der Erhebung beträgt ca. 100 % − 93,3 % = 6,7 %.

(3) Das größte Wachstum einer Funktion liegt an der Maximalstelle der Ableitungsfunktion vor. Gesucht ist folglich das Maximum von f'(t) im Intervall [0; 15]. Es ist:

$$f'(t) = 296 \cdot 0{,}17 \cdot e^{0{,}17t} = 50{,}32 \cdot e^{0{,}17t}$$

$$f''(t) = 50{,}32 \cdot 0{,}17 \cdot e^{0{,}17t} = 8{,}5544 \cdot e^{0{,}17t} > 0 \quad \text{für } t \in [0;\, 15]$$

D. h.: f'(t) ist im betrachteten Intervall [0; 15] streng monoton steigend, das Maximum wird also am rechten Intervallrand bei t = 15 angenommen mit:

$$f'(15) \approx 644{,}453$$

$a1f(t):=\frac{d}{dt}(f(t))$	*Fertig*
a1f(15)	644.453

Die Anzahl der Glasfaserhaushalte wächst im Modell für t = 15, also am Ende der im Modell betrachteten 15 Jahre bis 2026, am schnellsten mit einer Wachstumsgeschwindigkeit von ca. 640 000 [Haushalten pro Jahr].

Anmerkung: Eine grafische Analyse des Graphen der Ableitungsfunktion mithilfe des GTR ist möglich; man erkennt, dass die Funktionswerte kontinuierlich ansteigen, das Maximum also am rechten Intervallrand angenommen wird.

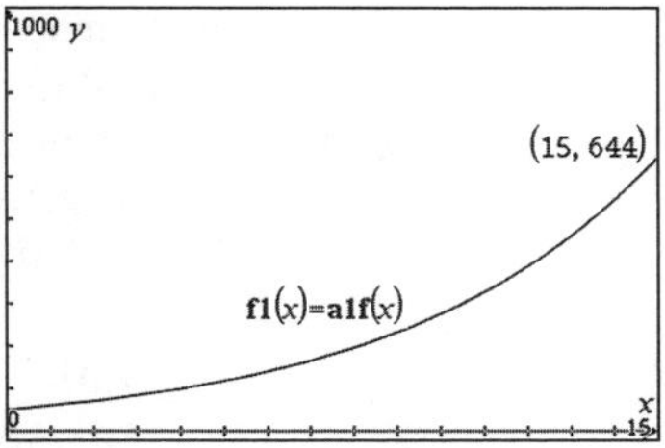

b) (1) Es gilt:

$$\frac{f(4)}{g(4)} = \frac{296 \cdot e^{0{,}17 \cdot 4}}{416{,}5 \cdot 4 + 434} \approx 0{,}28$$

Dieser Quotient beschreibt zum Zeitpunkt $t=4$, also am 01. 01. 2015, den Anteil der Glasfaserhaushalte an allen Haushalten, die über einen Glasfaseranschluss erreichbar sind.
Dieser Anteil beträgt ca. 28 %.

(2) Für die Differenzfunktion d(t) gilt:

$$d(t) = g(t) - f(t) = 416{,}5t + 434 - 296 \cdot e^{0{,}17 \cdot t}$$

Notwendiges Kriterium für die Existenz eines lokalen Maximums: $d'(t) = 0$

$$d'(t) = 416{,}5 - 296 \cdot 0{,}17 \cdot e^{0{,}17 \cdot t} = 416{,}5 - 50{,}32 \cdot e^{0{,}17 \cdot t}$$

$$d'(t) = 0 \iff 50{,}32 \cdot e^{0{,}17 \cdot t} = 416{,}5$$

$$e^{0{,}17 \cdot t} = \frac{416{,}5}{50{,}32}$$

$$0{,}17t = \ln\left(\frac{416{,}5}{50{,}32}\right)$$

$$t = \frac{1}{0{,}17} \cdot \ln\left(\frac{416{,}5}{50{,}32}\right) \approx 12{,}43$$

Falls die Funktion d(t) ein lokales Maximum besitzt, wird dieses also an der Stelle $t_E \approx 12{,}43$ angenommen.

Hinreichendes Kriterium für ein lokales Maximum von d(t) an der Stelle t_E:
$d'(t_E) = 0$ und $d''(t_E) < 0$

$$d''(t) = -50{,}32 \cdot 0{,}17 \cdot e^{0{,}17 \cdot t} = -8{,}5544 \cdot e^{0{,}17 \cdot t}$$

$$d''(12{,}43) = -8{,}5544 \cdot e^{0{,}17 \cdot 12{,}43} \approx -70{,}8 < 0$$

Damit hat die Funktion d an der Stelle $t_E \approx 12{,}43$ ein lokales Maximum und $H(t_E \mid d(t_E)) \approx H(12{,}43 \mid 3\,162{,}04)$ ist der Hochpunkt auf dem Graphen von d(t).

(3) Die Differenzfunktion d(t) modelliert die Anzahl der Haushalte, die (theoretisch) über einen Glasfaseranschluss verfügen, diesen aber nicht nutzen.
Im Hochpunkt, also zum Zeitpunkt $t_E \approx 12{,}43$ (d. h. ca. 12 Jahre und 5 Monate nach Modellierungsbeginn, also innerhalb des Jahres 2023) ist diese Anzahl mit ca. 3 162 000 Haushalten maximal.

c) (1) Der 01. 01. 2026 entspricht dem Zeitpunkt $t = 15$; zu berechnen ist also zunächst:

$$f(15) = 296 \cdot e^{0{,}17 \cdot 15} \approx 3\,790{,}90$$

Am 01. 01. 2026 gibt es also etwa 3 790 000 Glasfaserhaushalte.

Für den nachfolgenden Zeitraum ist die Änderungsrate z(t) gegeben. Gefragt ist nach der Änderung im Zeitraum vom 01. 01. 2026 bis zum 01. 01. 2036, also nach der Änderung in einem Zeitraum über 10 Jahre. Diese ergibt sich aus dem bestimmten Integral über die Änderungsrate im betrachteten Zeitintervall. Die Intervallgrenzen ergeben sich wie folgt: Der 01. 01. 2026 liegt 15 Jahre nach Modellierungsbeginn am 01. 01. 2011, dies entspricht also $t = 15$, der 01. 01. 2036 liegt 25 Jahre nach Modellierungsbeginn, entspricht also $t = 25$.

$$\int_{15}^{25} z(t)\,dt = \int_{15}^{25} 50{,}32 \cdot e^{6{,}99 - 0{,}296t}\,dt \approx 2\,064{,}39$$

$$\int_{15}^{25} \left(50.32 \cdot e^{6.99 - 0.296 \cdot t}\right) dt \quad 2064.39$$

Das bedeutet: Im Zeitraum vom 01. 01. 2026 bis zum 01. 01. 2036 nimmt die Anzahl der Glasfaserhaushalte um ca. 2 060 000, also um gut 2 Millionen Haushalte zu.

(2) Bis zum 01. 01. 2026 ($t = 15$) ist die Funktion f für die Modellierung zu verwenden. Am Ende dieses Modellierungszeitraums, also zum Zeitpunkt $t = 15$ gibt es f(15) Glasfaserhaushalte.
Danach, also ab dem 01. 01. 2026 ($t > 15$), ist die Änderungsrate z(t) zu verwenden, aus der mittels bestimmten Integrals die Anzahl der hinzukommenden Glasfaserhaushalte berechnet werden können.
Daraus ergibt sich folgender Ansatz für eine Funktion h(t), die für $t \geq 15$ die Anzahl der Glasfaserhaushalte modelliert:

$$h(t) = f(15) + \int_{15}^{t} z(x)\,dx$$

(3) $z'(t) < 0$ für alle $t \in \mathbb{R}$ bedeutet gemäß Monotoniesatz, dass z(t) für alle $t \in \mathbb{R}$ streng monoton fallend ist. Da zugleich $z(t) > 0$ ist, wächst die Anzahl der Glasfaserhaushalte ab dem Jahr 2026 weiterhin an, aber das Wachstum geht kontinuierlich zurück.

Abiturprüfung 2019 Mathematik Grundkurs (Nordrhein-Westfalen)
Prüfungsteil B – Analysis B2 (CAS)

Für jede reelle Zahl $k>0$ ist durch die Gleichung $f_k(x)=x^3-k\cdot x,\ x\in\mathbb{R}$, eine Funktion f_k gegeben.

Punkte

a) (1) Die in der nebenstehenden Abbildung 1 dargestellten Graphen I, II und III gehören jeweils zu einem der Werte $k=1$, $k=2$ und $k=3$. Entscheiden Sie, welcher Wert zu welchem Graphen gehört. 3

(2) Ermitteln Sie denjenigen Wert von k, für den der Punkt $(0{,}5\,|\,-1)$ auf dem Graphen von f_k liegt. 3

(3) Bestimmen Sie denjenigen Wert von k, für den die Tangente an den Graphen von f_k im Punkt $(2\,|\,f_k(2))$ die Steigung 8 besitzt. 4

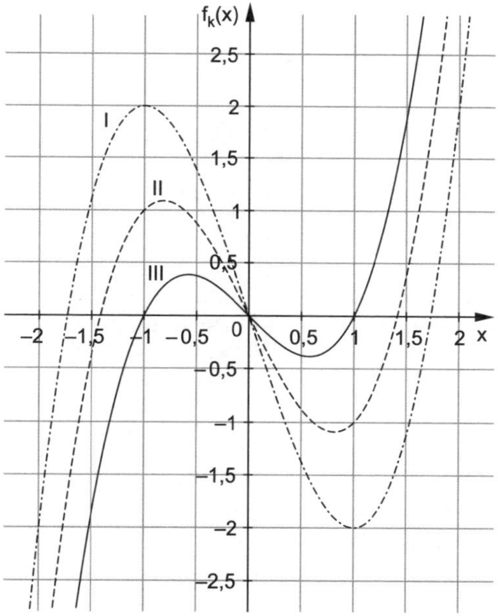

Abbildung 1

Im Folgenden wird die konkrete Funktion f_1 mit der Gleichung $f_1(x)=x^3-x$, $x\in\mathbb{R}$, betrachtet.

b) Untersuchen Sie die Funktion f_1 rechnerisch auf lokale Extremstellen. 6

c) (1) Bestimmen Sie den Inhalt der Fläche, die für $x\le 0$ vom Graphen von f_1 und der x-Achse eingeschlossen wird. 4

(2) In der folgenden Abbildung 2 sehen Sie den Graphen von f_1 und eine Gerade g_a: $y=a\cdot x$, die den Graphen von f_1 an drei Stellen $x=s_1$, $x=0$ und $x=s_3$ schneidet.

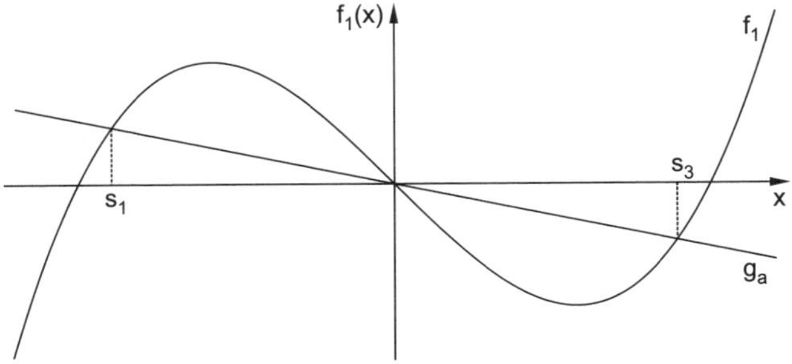

Abbildung 2

Geben Sie für die in Abbildung 2 dargestellte Situation **ohne weitere Berechnung** den Wert des Integrals $\int_{s_1}^{s_3} (f_1(x) - a \cdot x)\,dx$ an.
Begründen Sie Ihre Angabe. 5

Zur leichteren Bearbeitung ist auf dieser Seite die Abbildung 3 eingefügt.
Sie stimmt mit der Abbildung 1 (Seite 14) überein.

d) (1) Zeichnen Sie die Gerade
t: $y = -0{,}25 \cdot x + 0{,}25$
in die Abbildung 3 ein. 2

(2) Weisen Sie rechnerisch nach, dass t eine Tangente an den Graphen von f_1 ist. 5

(3) Die Tangente t und der Graph von f_1 schließen eine Fläche ein.
Ermitteln Sie den Inhalt dieser Fläche. 4

(4) Zeigen Sie: Für jede reelle Zahl $r > 0$ ist die Gerade durch die Punkte $A_r(-r \mid f_1(-r))$ und $B_r(2 \cdot r \mid f_1(2 \cdot r))$ eine Tangente an den Graphen von f_1 im Punkt A_r. 4

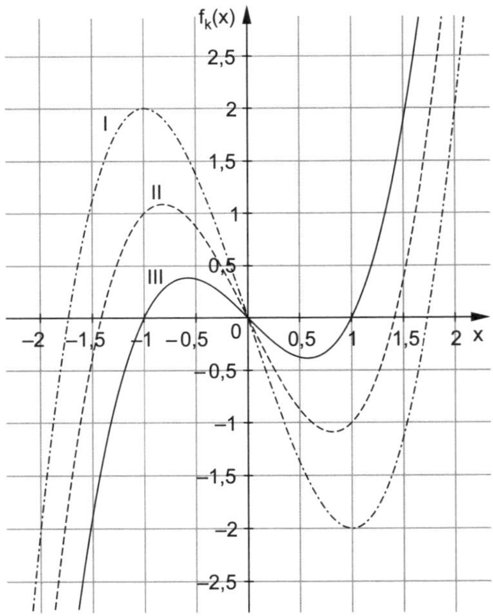

Abbildung 3

Hinweise und Tipps

Teilaufgabe a

(1) Zeichnen Sie mit dem CAS die Graphen der drei Funktionen der Schar und vergleichen Sie diese mit den vorgegebenen Graphen.

Oder

Vergleichen Sie die Nullstellen bzw. einzelne Funktionswerte der Funktionen mit den vorgegebenen Graphen.

(2) Stellen Sie mithilfe der Koordinaten des gegebenen Punktes eine Gleichung auf.

Lösen Sie die Gleichung nach k auf oder bestimmen Sie die Lösung mit dem CAS.

(3) Die Steigung der Tangente in einem Punkt entspricht dem Wert der 1. Ableitung an der entsprechenden Stelle.

Setzen Sie die 1. Ableitung an der Stelle $x=2$ mit der vorgegebenen Steigung 8 gleich und lösen Sie die Gleichung mit dem CAS.

Teilaufgabe b

Bestimmen Sie die 1. Ableitung der Funktion mithilfe der Potenz- und Summenregel.

Die notwendige Bedingung für Extremstellen lautet $f_1'(x)=0$.

Eine hinreichende Bedingung für Extremstellen lautet $f_1'(x)=0$ und $f_1''(x) \neq 0$ oder $f_1'(x)=0$ und an der möglichen Extremstelle findet ein Vorzeichenwechsel der Funktion $f_1'(x)$ statt.

Entscheiden Sie anhand des Wertes der 2. Ableitung bzw. der Art des Vorzeichenwechsels, ob es sich jeweils um ein lokales Maximum oder Minimum handelt.

Teilaufgabe c

(1) Bestimmen Sie die Nullstellen der Funktion f_1 als Integrationsgrenzen.

Beachten Sie den vorgegebenen Bereich für x.

Berechnen Sie den Wert des Integrals mit dem CAS.

Stellen Sie fest, ob die Fläche ober- oder unterhalb der x-Achse liegt, und geben Sie den Flächeninhalt an.

(2) Welche Bedeutung hat es, wenn eine ganzrationale Funktion nur ungerade Exponenten hat?

Was bedeutet dies für die Flächeninhalte der beiden eingeschlossenen Flächen?

Überlegen Sie zudem, welche Bedeutung es für den Wert eines Integrals über eine Differenzfunktion hat, wenn der Graph der einen Funktion im jeweiligen Bereich oberhalb bzw. unterhalb des Graphen der anderen Funktion verläuft.

Teilaufgabe d

(1) Zum Einzeichnen der Geraden ist es günstig, zwei Punkte der Geraden zu bestimmen und die Gerade durch diese beiden Punkte zu zeichnen.

(2) Bestimmen Sie den Berührpunkt von Gerade und Graph.

Nutzen Sie dazu aus, dass der Graph der Funktion f_1 im Berührpunkt die gleiche Steigung wie die Gerade t haben muss.

Weisen Sie nach, dass die Tangente und der Graph der Funktion f_1 an der (möglichen) Berührstelle den gleichen Funktionswert haben.

(3) Bestimmen Sie mit dem CAS die Schnittstellen der Tangente t und des Graphen von f_1 entweder als Nullstellen der Differenzfunktion oder durch grafische Ermittlung der Schnittpunkte.

Berechnen Sie mithilfe des CAS und diesen Schnittstellen als Integrationsgrenzen den Wert des Integrals über die Differenzfunktion.

(4) Ist $t(x) = mx + b$ die Tangente an den Graphen einer Funktion f an der Stelle a, so gilt: $f(a) = t(a)$ und $f'(a) = t'(a) = m$

Die Steigung m einer Geraden durch die Punkte $A(x_A \mid y_A)$ und $B(x_B \mid y_B)$ berechnet sich nach der Formel $m = \frac{y_B - y_A}{x_B - x_A}$.

Lösung

a) (1) Eine Zuordnung kann erfolgen, wenn die Nullstellen oder einzelne Funktionswerte betrachtet werden. Da keine Begründung der Zuordnung verlangt wird, ist die Zuordnung jedoch einfacher, wenn die Graphen der drei Funktionen vorher im CAS gezeichnet werden.

Daraus erhält man folgende Zuordnung:

$k=1 \Rightarrow$ III

$k=2 \Rightarrow$ II

$k=3 \Rightarrow$ I

$fk(x):=x^3-k\cdot x$	Fertig
$f1(x):=x^3-x$	Fertig
$f2(x):=x^3-2\cdot x$	Fertig
$f3(x):=x^3-3\cdot x$	Fertig

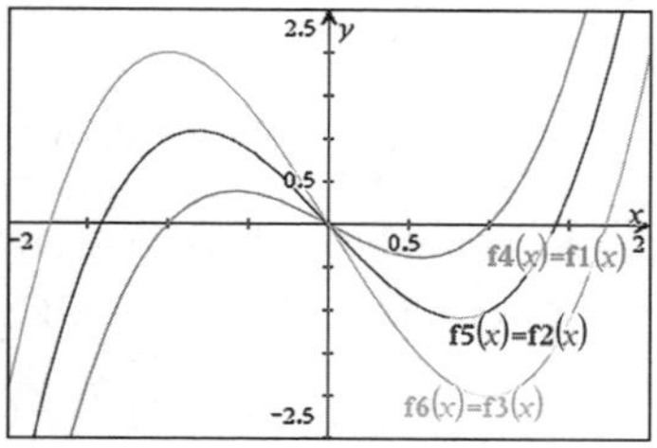

(2) Einsetzen der Koordinaten des gegebenen Punktes in die Funktionsgleichung von f_k ergibt eine Gleichung, die mit dem CAS gelöst werden kann (Operator „ermitteln Sie“):

$$f_k(0{,}5) = -1$$
$$0{,}125 - k\cdot 0{,}5 = -1$$
$$0{,}5k = 1{,}125$$
$$k = 2{,}25$$

solve$(fk(0.5)=-1,k)$	$k=\frac{9}{4}$

Der Graph der Funktion $f_{2,25}$ enthält den Punkt $(0{,}5\,|\,-1)$.

(3) Die Steigung der Tangente im Punkt $(2\,|\,f_k(2))$ ist gleich dem Wert der 1. Ableitungsfunktion an der Stelle $x=2$. Gleichsetzen von $f_k'(2)$ mit der vorgegebenen Steigung 8 führt zu einer Gleichung, deren Lösung mit dem CAS ermittelt wird (Operator „bestimmen Sie“):

$$f_k'(x) = 3x^2 - k$$

$$f_k'(2) = 8 \;\Leftrightarrow\; 12 - k = 8 \;\Leftrightarrow\; k = 4$$

Die Tangente an den Graphen von f_4 an der Stelle $x=2$ hat die Steigung 8.

$a1fk(x):=\frac{d}{dx}(fk(x))$	Fertig
$a1fk(x)$	$3\cdot x^2-k$
solve$(a1fk(2)=8,k)$	$k=4$

b) Es ist $f_1(x) = x^3 - x$.

Eine Ableitung der Funktion mithilfe der Potenz-, Summen- und Faktorregel ergibt:

$f_1'(x) = 3x^2 - 1$

$f_1''(x) = 6x$

Die notwendige Bedingung für Extremstellen lautet $f_1'(x) = 0$.

$$3x^2 - 1 = 0$$

$$x^2 = \frac{1}{3}$$

$$x = \sqrt{\frac{1}{3}} = \frac{1}{3}\sqrt{3} \approx 0{,}58 \quad \vee \quad x = -\sqrt{\frac{1}{3}} = -\frac{1}{3}\sqrt{3} \approx -0{,}58$$

Eine hinreichende Bedingung für Extremstellen lautet $f_1'(x) = 0$ und $f_1''(x) \neq 0$.

$f_1''(x) < 0$ für Maximumstelle; $f_1''(x) > 0$ für Minimumstelle

$$f_1''\left(\frac{1}{3}\sqrt{3}\right) = 6 \cdot \frac{1}{3}\sqrt{3} = 2\sqrt{3} > 0 \qquad \Rightarrow \text{ Minimumstelle}$$

$$f_1''\left(-\frac{1}{3}\sqrt{3}\right) = 6 \cdot \left(-\frac{1}{3}\sqrt{3}\right) = -2\sqrt{3} < 0 \qquad \Rightarrow \text{ Maximumstelle}$$

Alternativ:

Eine hinreichende Bedingung für Extremstellen lautet: $f_1'(x) = 0$ und an der möglichen Extremstelle findet ein Vorzeichenwechsel der Funktion $f_1'(x)$ statt.

Es ist: $f_1'(-1) = 2$, $f_1'(0) = -1$ und $f_1'(1) = 2$

An der Stelle $x = -\frac{1}{3}\sqrt{3}$ findet also ein Vorzeichenwechsel von + nach – statt, an der Stelle $x = \frac{1}{3}\sqrt{3}$ ein Vorzeichenwechsel von – nach +.

$x = -\frac{1}{3}\sqrt{3}$ ist somit eine Maximumstelle und $x = \frac{1}{3}\sqrt{3}$ eine Minimumstelle.

c) (1) Die Integrationsgrenzen sind gleich den Nullstellen der Funktion f_1.

Eine Lösung der Gleichung $f_1(x) = 0$ mit dem CAS (Operator „bestimmen Sie") ergibt die Nullstellen:

$x = 0 \vee x = -1 \vee x = 1$

solve(f1(x)=0,x) x=-1 or x=0 or x=1

Für $x \leq 0$ liegt die zwischen dem Graphen der Funktion f_1 und der x-Achse eingeschlossene Fläche im Intervall [–1; 0] oberhalb der x-Achse (vgl. Abbildung zur Aufgabe). Der Wert des Integrals entspricht also dem Flächeninhalt.

Mit dem CAS erhält man:

$$\int_{-1}^{0} f_1(x)\,dx = \frac{1}{4}$$

$\int_{-1}^{0} f1(x)\,dx \quad \frac{1}{4}$

Der Flächeninhalt der Fläche, die für $x \leq 0$ vom Graphen der Funktion f_1 und der x-Achse eingeschlossen wird, beträgt $\frac{1}{4}$ FE.

(2) Es gilt:

$$\int_{s_1}^{s_3} (f_1(x) - a \cdot x)\, dx = 0$$

Begründung: Der Graph der Funktion f_1 und die Gerade g_a sind punktsymmetrisch zum Ursprung, da in den Funktionstermen nur ungerade Exponenten vorkommen. Mit dem Graphen und der Gerade sind auch die Schnittstellen s_1 und s_3 sowie die vom Graphen und der Geraden eingeschlossenen Flächen punktsymmetrisch zum Ursprung. Die Flächeninhalte der beiden eingeschlossenen Flächen sind also gleich groß, jedoch unterschiedlich orientiert, da der Graph der Funktion f_1 im Intervall $[s_1; 0]$ oberhalb der Geraden g_a und im Intervall $[0; s_3]$ unterhalb der Geraden g_a verläuft. Bei gleich großen Flächen mit unterschiedlich orientiertem Flächeninhalt ist die Flächenbilanz gleich 0.

d) (1) Es ist:

$t(x) = -0,25x + 0,25$

Zum Einzeichnen der Geraden ist es günstig, zwei Punkte der Geraden zu bestimmen und die Gerade durch diese beiden Punkte zu zeichnen.

Die Punkte können beispielsweise sein:

$t(1) = -0,25 + 0,25 = 0$

$\Rightarrow\ P(1\,|\,0)$

$t(-1) = 0,25 + 0,25 = 0,5$

$\Rightarrow\ Q(-1\,|\,0,5)$

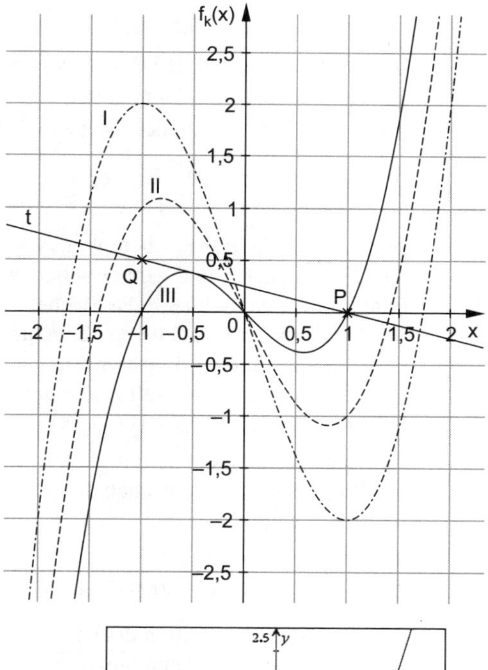

Alternativ:
Zeichnen Sie den Graphen der Funktion f_1 und die Gerade t im Grafikfenster des CAS und übertragen Sie die Lage anhand erkennbarer Punkte in die gegebene Abbildung.

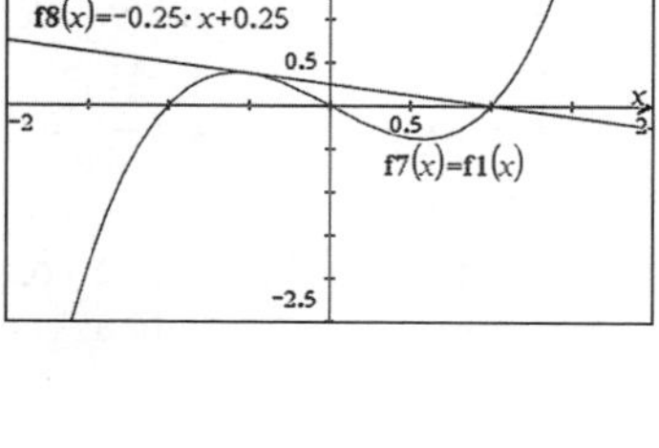

(2) Bei einer Tangente müssen im gemeinsamen Punkt des Graphen der Funktion und der Geraden – dem Berührpunkt – die Steigungen von Gerade und Graph übereinstimmen. Der Graph der Funktion f_1 muss an der Berührstelle somit die Steigung $m = -0{,}25$ der Geraden t haben.

$$f_1'(x) = 3x^2 - 1$$

$$3x^2 - 1 = -0{,}25$$

$$x^2 = 0{,}25$$

$$x = -0{,}5 \ \vee \ x = 0{,}5$$

Mögliche Berührstellen sind also $x = -0{,}5$ und $x = 0{,}5$.

In der Zeichnung zu (1) erkennt man, dass $x = -0{,}5$ die Berührstelle von Gerade und Graph sein muss. Es genügt also, für diese Stelle zusätzlich nachzuweisen, dass die Funktionswerte übereinstimmen.

Es gilt:

$$f_1(-0{,}5) = -0{,}125 + 0{,}5 = 0{,}375$$

$$t(-0{,}5) = -0{,}25 \cdot (-0{,}5) + 0{,}25 = 0{,}125 + 0{,}25 = 0{,}375$$

Die Gerade t berührt den Graphen von f_1 im Punkt $B(-0{,}5 \mid 0{,}375)$ und ist daher eine Tangente an den Graphen der Funktion f_1.

(3) Der Operator „ermitteln Sie" erlaubt eine Lösung mithilfe des CAS.

t(x):=-0.25·x+0.25	*Fertig*
d(x):=t(x)-f1(x)	*Fertig*
d(x)	$-x^3+0.75\cdot x+0.25$
solve(d(x)=0,x)	x=-0.5 or x=1.

Zur Berechnung des Flächeninhaltes der von der Tangente t und dem Graphen der Funktion f_1 eingeschlossenen Fläche werden die Schnittstellen von Tangente und Graph als Integrationsgrenzen benötigt. Dies sind die Nullstellen der Differenzfunktion $d(x) = t(x) - f_1(x)$.

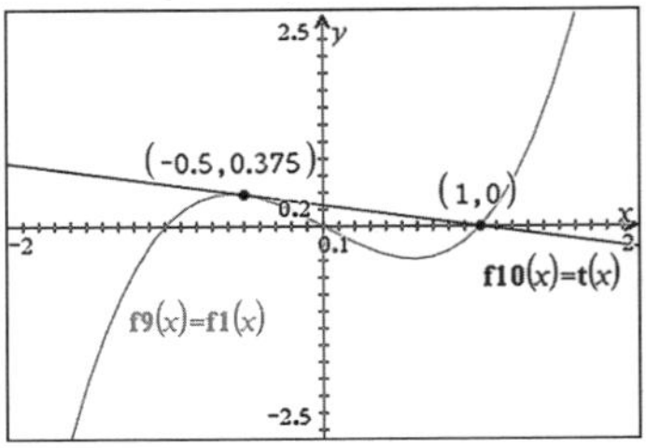

Alternativ können die Schnittpunkte von Tangente und Graph auch direkt bestimmt werden.

Man erhält:

$$t(x) = f_1(x) \quad \Leftrightarrow \quad x = -0{,}5 \ \vee \ x = 1$$

Mit der Differenzfunktion d(x) als Integrationsfunktion kann nun der Flächeninhalt ermittelt werden:

$$\int_{-0.5}^{1} d(x)\,dx \qquad \frac{27}{64}$$

$$\int_{-0{,}5}^{1} (t(x) - f_1(x))\,dx = \frac{27}{64} \approx 0{,}42$$

Der Inhalt der Fläche, die von der Tangente t und dem Graphen der Funktion f_1 eingeschlossen wird, beträgt ca. 0,42 FE.

(4) Ist $t(x) = mx + b$ die Tangente an den Graphen einer Funktion f an der Stelle $x = a$, so gilt:

I $f(a) = t(a)$

II $f'(a) = t'(a) = m$

Der Punkt $A_r(-r \mid f_1(-r))$ ist ein Punkt der Geraden und liegt auf dem Graphen der Funktion f_1. Bedingung I ist somit erfüllt.

Nach Teilaufgabe b ist $f_1'(x) = 3x^2 - 1$ und damit:

$f_1'(-r) = 3 \cdot (-r)^2 - 1 = 3r^2 - 1$

Die Steigung m einer Geraden durch die Punkte $A(x_A \mid y_A)$ und $B(x_B \mid y_B)$ berechnet sich nach der Formel $m = \frac{y_B - y_A}{x_B - x_A}$.

Einsetzen der Koordinaten der Punkte $A_r(-r \mid f_1(-r))$ und $B_r(2r \mid f_1(2r))$ in die Formel für die Steigung ergibt:

$$m = \frac{f_1(2r) - f_1(-r)}{2r - (-r)} = \frac{(2r)^3 - 2r - ((-r)^3 - (-r))}{3r}$$

$$= \frac{8r^3 - 2r - (-r^3 + r)}{3r}$$

$$= \frac{9r^3 - 3r}{3r} = 3r^2 - 1$$

Bedingung II ist also erfüllt.

Bei der Geraden durch die Punkte $A_r(-r \mid f_1(-r))$ und $B_r(2r \mid f_1(2r))$ handelt es sich um eine Tangente an den Graphen der Funktion f_1 im Punkt $A_r(-r \mid f_1(-r))$.

Abiturprüfung 2019 Mathematik Grundkurs (Nordrhein-Westfalen)
Prüfungsteil B – Vektorielle Geometrie B3 (GTR/CAS)

Die Abbildung zeigt den Würfel ABCDEFGH mit G(5 | 5 | 5) und H(0 | 5 | 5) in einem kartesischen Koordinatensystem.
Die Punkte I(5 | 0 | 1), J(2 | 5 | 0), K(0 | 5 | 2) und L(1 | 0 | 5) liegen jeweils auf einer Kante des Würfels.

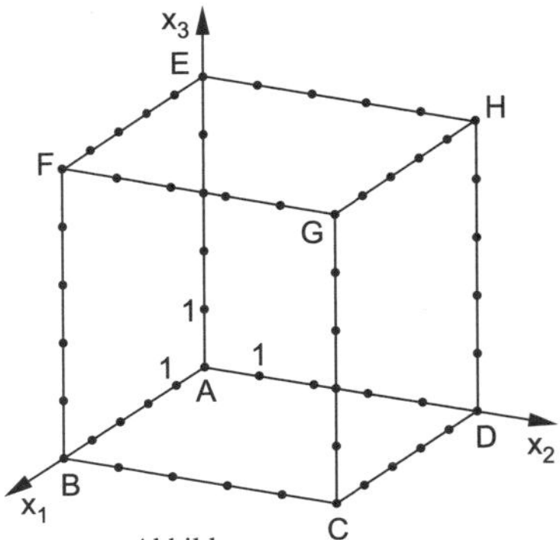

Abbildung

Punkte

a) Geben Sie die Koordinaten der Eckpunkte D und F an. 2

b) Zeichnen Sie das Viereck IJKL in die Abbildung ein. 4

c) Das Viereck IJKL liegt in einer Ebene Q.
Stellen Sie eine Parametergleichung der Ebene Q auf.
[*Mögliche Lösung:* Q: $\vec{x} = \begin{pmatrix} -2 \\ 5 \\ 4 \end{pmatrix} + k \cdot \begin{pmatrix} -5 \\ 5 \\ 1 \end{pmatrix} + \ell \cdot \begin{pmatrix} -6 \\ 5 \\ 2 \end{pmatrix}$ mit $k, \ell \in \mathbb{R}$] 4

d) Stellen Sie die Raumdiagonale $\overline{AG}$ in Parameterform dar.
Berechnen Sie den Schnittpunkt U von $\overline{AG}$ und der Ebene Q. 7

e) Zeigen Sie, dass das Viereck IJKL ein Trapez ist, in dem zwei Seiten gleich lang sind.
Weisen Sie nach, dass die Seite $\overline{IL}$ des Trapezes doppelt so lang ist wie die Seite $\overline{JK}$. 6

f) Berechnen Sie die Größe eines Innenwinkels des Trapezes IJKL. 4

g) Der Punkt P(4 | 0 | 2) liegt auf der Strecke $\overline{IL}$.
Zeigen Sie, dass $\overrightarrow{JP}$ auf $\overrightarrow{IL}$ senkrecht steht. 3

h) Berechnen Sie den Flächeninhalt des Trapezes IJKL. 5

i) Gegeben ist die Ebene S: $\vec{x} = v \cdot \begin{pmatrix} -1 \\ -5 \\ 5 \end{pmatrix} + w \cdot \begin{pmatrix} -5 \\ 5 \\ 1 \end{pmatrix}$ mit $v, w \in \mathbb{R}$.
Der Punkt K liegt in einer Ebene T, die parallel zu S ist.
Untersuchen Sie, ob auch der Punkt L in T liegt. 5

Hinweise und Tipps

Teilaufgabe a

- Entnehmen Sie der Abbildung und den Punkten G und H die Kantenlänge des Würfels.
- Die Punkte D und F haben eine besondere Lage im Koordinatensystem. Überlegen Sie, welche Eigenschaften sich aus dieser Lage ergeben.

Teilaufgabe b

- Beachten Sie, dass bei jedem der vier Punkte genau eine Koordinate gleich null ist. Welche Bedeutung hat dies für die Lage der Punkte im Koordinatensystem?
- Denken Sie daran, dass die Punkte auf den Würfelkanten liegen.
- Bestimmen Sie die Lage der Punkte auf den Kanten im Polygonzugverfahren.
- Vergessen Sie nicht, die Punkte zu einem Viereck zu verbinden.

Teilaufgabe c

- Stellen Sie die Drei-Punkte-Form der Ebenengleichung der Ebene Q auf, z. B. mit den Punkten I, J und L.

Teilaufgabe d

- Bestimmen Sie die Zwei-Punkte-Form der Raumdiagonalen $\overline{AG}$.
- Achten Sie beim Definitionsbereich des Parameters darauf, dass es sich bei der Diagonalen um eine Strecke handelt.
- Kombinieren Sie die Parametergleichungen der Ebene Q und der Raumdiagonalen.
- Stellen Sie das zur Vektorgleichung gehörende Gleichungssystem auf.
- Lösen Sie das Gleichungssystem mithilfe des GTR bzw. CAS.
- Vergleichen Sie die ermittelte Lösung mit der Definitionsmenge des Parameters bei der Raumdiagonalen.
- Bestimmen Sie die Koordinaten des Schnittpunktes U.

Teilaufgabe e

- Überlegen Sie, durch welche Eigenschaft ein Viereck zu einem Trapez wird.
- Zwei Vektoren sind parallel, wenn sie linear abhängig sind.
- Der Abstand zweier Punkte $P(x_P|y_P|z_P)$ und $Q(x_Q|y_Q|z_Q)$ berechnet sich nach der Formel: $d(P; Q) = \sqrt{(x_P - x_Q)^2 + (y_P - y_Q)^2 + (z_P - z_Q)^2}$

Teilaufgabe f

- Ist φ z. B. der Innenwinkel des Trapezes beim Eckpunkt I, so wird φ eingeschlossen von den Vektoren $\overrightarrow{IJ}$ und $\overrightarrow{IL}$ und berechnet mithilfe der Formel $\cos\varphi = \frac{\overrightarrow{IJ} \circ \overrightarrow{IL}}{|\overrightarrow{IJ}| \cdot |\overrightarrow{IL}|}$.

Teilaufgabe g

- Zwei Vektoren $\vec{a}$ und $\vec{b}$ stehen dann senkrecht aufeinander, wenn das Skalarprodukt der Vektoren gleich 0 ist.

Teilaufgabe h

- Der Flächeninhalt eines Trapezes mit den Grundseiten (parallelen Seiten) a und c und der Höhe h berechnet sich nach der Formel: $A = \frac{1}{2} \cdot (a + c) \cdot h$
- Überlegen Sie, welche Bedeutung es hat, dass die Strecke $\overline{JP}$ senkrecht zu den beiden parallelen Seiten des Trapezes verläuft.
- Bestimmen Sie die Längen der Grundseiten und der Höhe und setzen Sie die berechneten Werte in die Flächeninhaltsformel ein.

Teilaufgabe i

- Die Spannvektoren paralleler Ebenen sind linear abhängig.
- Überlegen Sie, welchen Ortsvektor man als Anbindungspunkt der Ebene T nehmen kann, und stellen Sie die Parameterform der Ebenengleichung auf.
- Führen Sie mit dem Punkt L eine Punktprobe bzgl. der Ebene T durch.
- Setzen Sie hierzu den Ortsvektor von L mit der Ebenengleichung gleich und lösen Sie die Vektorgleichung bzw. das zugehörige Gleichungssystem.

Lösung

a) Die Punkte D und F sind Eckpunkte des Würfels mit der Kantenlänge 5 LE.
Der Punkt D liegt auf der x_2-Achse; alle Punkte der x_2-Achse haben die Eigenschaft $x_1 = x_3 = 0$. Somit ist $D(0\,|\,5\,|\,0)$.
F liegt in der x_1x_3-Ebene; alle Punkte dieser Ebene haben die Eigenschaft $x_2 = 0$. Durch Abzählen entlang der x_1- bzw. x_3-Achse erhält man $F(5\,|\,0\,|\,5)$.

b) Die Punkte liegen auf den Kanten des Würfels und, da jeweils eine Koordinate gleich 0 ist, in einer Koordinatenebene. Da die Kantenlänge des Würfels 5 LE beträgt, ist es günstig, beim Einzeichnen der Punkte (im Polygonzugverfahren) zuerst die 5 Einheiten auf einer Koordinatenachse abzutragen. Anschließendes Verbinden der Punkte ergibt das Viereck IJKL.

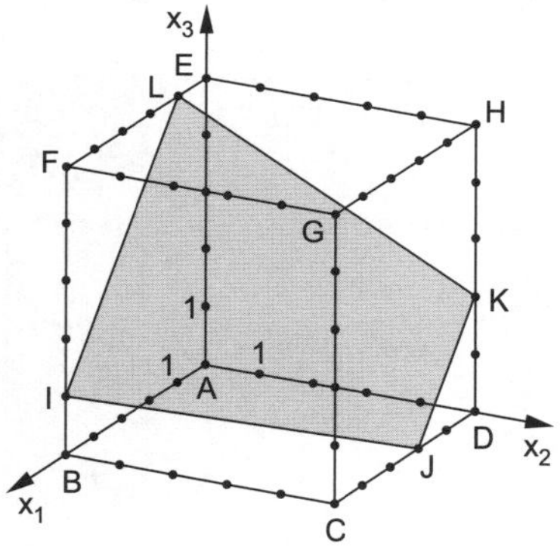

c) Mit dem Anbindungspunkt I und den Spannvektoren $\overrightarrow{IJ}$ und $\overrightarrow{IL}$ lautet die Drei-Punkte-Form der Ebenengleichung der Ebene Q:

$$Q\colon\ \vec{x} = \begin{pmatrix}5\\0\\1\end{pmatrix} + r\cdot\begin{pmatrix}-3\\5\\-1\end{pmatrix} + s'\cdot\begin{pmatrix}-4\\0\\4\end{pmatrix} = \begin{pmatrix}5\\0\\1\end{pmatrix} + r\cdot\begin{pmatrix}-3\\5\\-1\end{pmatrix} + s\cdot\begin{pmatrix}-1\\0\\1\end{pmatrix};\ s', r, s \in \mathbb{R}$$

d) Die Zwei-Punkte-Form der Raumdiagonalen $\overline{AG}$ lautet:

$$s_{AG}\colon\ \vec{x} = \begin{pmatrix}0\\0\\0\end{pmatrix} + t'\cdot\begin{pmatrix}5\\5\\5\end{pmatrix} = t\cdot\begin{pmatrix}1\\1\\1\end{pmatrix};\ t' \in [0;1] \text{ bzw. } t \in [0;5]$$

Durch Kombinieren der Parametergleichungen der Ebene Q (vgl. Teilaufgabe c) und der Raumdiagonalen erhält man die Vektorgleichung:

$$\begin{pmatrix}5\\0\\1\end{pmatrix} + r\cdot\begin{pmatrix}-3\\5\\-1\end{pmatrix} + s\cdot\begin{pmatrix}-1\\0\\1\end{pmatrix} = t\cdot\begin{pmatrix}1\\1\\1\end{pmatrix}$$

Durch Umschreiben der Vektorgleichung in die Koordinatengleichungen erhält man das Gleichungssystem:

I $\quad 5-3r-s=t$

II $\quad 5r=t$

III $\quad 1-r+s=t$

Lösung des Gleichungssystems durch geeignete Umformungen:

I – II $\quad 5-8r-s=0 \quad$ (I')

I – III $\quad 4-2r-2s=0 \quad$ (II')

$2\cdot$ I' – II' $\quad 6-14r=0 \;\Rightarrow\; r=\frac{3}{7}$

$\text{linSolve}\left(\begin{cases}5-3\cdot r-s=t\\ 5\cdot r=t\\ 1-r+s=t\end{cases},\{r,s,t\}\right) \qquad \left\{\frac{3}{7},\frac{11}{7},\frac{15}{7}\right\}$

Einsetzen von $r=\frac{3}{7}$ in II ergibt: $t=\frac{15}{7}\in[0;5]$

Der Schnittpunkt U hat die Koordinaten $U\left(\frac{15}{7}\,\middle|\,\frac{15}{7}\,\middle|\,\frac{15}{7}\right)$.

e) In einem Trapez sind zwei gegenüberliegende Seiten parallel. Betrachtet man die Abbildung, so können nur die Seiten $\overline{IL}$ und $\overline{JK}$ parallel sein.
Die Seitenvektoren sind dann parallel, wenn sie linear abhängig sind.

Es sind $\overrightarrow{IL}=\begin{pmatrix}-4\\0\\4\end{pmatrix}$ und $\overrightarrow{JK}=\begin{pmatrix}-2\\0\\2\end{pmatrix}$.

Da $\overrightarrow{IL}=2\cdot\overrightarrow{JK}$ ist, sind die beiden Seitenvektoren parallel und das Viereck IJKL ist ein Trapez.

$i:=\begin{bmatrix}5\\0\\1\end{bmatrix}:j:=\begin{bmatrix}2\\5\\0\end{bmatrix}:k:=\begin{bmatrix}0\\5\\2\end{bmatrix}:l:=\begin{bmatrix}1\\0\\5\end{bmatrix} \qquad \begin{bmatrix}1\\0\\5\end{bmatrix}$

$v\_il:=l-i \qquad \begin{bmatrix}-4\\0\\4\end{bmatrix}$

$v\_jk:=k-j \qquad \begin{bmatrix}-2\\0\\2\end{bmatrix}$

$2\cdot v\_jk \qquad \begin{bmatrix}-4\\0\\4\end{bmatrix}$

CAS

$\text{solve}(v\_il=r\cdot v\_jk,r) \qquad r=2$

Für die beiden anderen Seitenvektoren berechnet man folgende Längen:

$|\overrightarrow{IJ}|=\left|\begin{pmatrix}-3\\5\\-1\end{pmatrix}\right|=\sqrt{9+25+1}=\sqrt{35}$ [LE]

und

$|\overrightarrow{KL}|=\left|\begin{pmatrix}1\\-5\\3\end{pmatrix}\right|=\sqrt{1+25+9}=\sqrt{35}$ [LE]

norm(k−l)	5.91608
norm(j−i)	5.91608

CAS

norm(k−l)	$\sqrt{35}$
norm(j−i)	$\sqrt{35}$

Die Seiten $\overline{IJ}$ und $\overline{KL}$ des Trapezes sind gleich lang.

Aus $\overrightarrow{IL}=2\cdot\overrightarrow{JK}$ folgt auch, dass die Seite $\overline{IL}$ doppelt so lang ist wie die Seite $\overline{JK}$.

f) Ist φ beispielsweise der Innenwinkel des Trapezes beim Eckpunkt I, so wird φ eingeschlossen von den Vektoren $\overrightarrow{IJ}$ und $\overrightarrow{IL}$ und es gilt:

$$\cos\varphi = \frac{\overrightarrow{IJ} \circ \overrightarrow{IL}}{|\overrightarrow{IJ}| \cdot |\overrightarrow{IL}|}$$

Mit den Vektoren $\overrightarrow{IJ} = \begin{pmatrix} -3 \\ 5 \\ -1 \end{pmatrix}$ und $\overrightarrow{IL} = \begin{pmatrix} -4 \\ 0 \\ 4 \end{pmatrix}$ ergibt sich:

$$\cos\varphi = \frac{\begin{pmatrix} -3 \\ 5 \\ -1 \end{pmatrix} \circ \begin{pmatrix} -4 \\ 0 \\ 4 \end{pmatrix}}{\left|\begin{pmatrix} -3 \\ 5 \\ -1 \end{pmatrix}\right| \cdot \left|\begin{pmatrix} -4 \\ 0 \\ 4 \end{pmatrix}\right|} = \frac{12-4}{\sqrt{35}\cdot\sqrt{32}} = \frac{8}{\sqrt{1120}}$$

$\frac{\text{dotP}(j-i,l-i)}{\text{norm}(j-i)\cdot\text{norm}(l-i)}$	0.239046
$\cos^{-1}(0.2390465)$	76.1697

$$\varphi = \cos^{-1}\left(\frac{8}{\sqrt{1120}}\right) \approx 76{,}17°$$

Der Innenwinkel des Trapezes beim Eckpunkt I beträgt ca. 76°.

Sie können auch einen der anderen Innenwinkel berechnen. Achten Sie dabei immer auf die richtige Ausrichtung der Vektoren ausgehend vom zugehörigen Eckpunkt. Für den Winkel beim Eckpunkt L ergibt sich ebenfalls ca. 76° (gleichschenkliges Trapez), für die anderen beiden Innenwinkel je etwa 104°.

g) Die Vektoren $\overrightarrow{IL}$ und $\overrightarrow{JP}$ stehen dann senkrecht aufeinander, wenn das Skalarprodukt der Vektoren gleich 0 ist.

$$\overrightarrow{IL} \circ \overrightarrow{JP} = \begin{pmatrix} -4 \\ 0 \\ 4 \end{pmatrix} \circ \begin{pmatrix} 2 \\ -5 \\ 2 \end{pmatrix} = -8+0+8=0$$

$p:=\begin{bmatrix} 4 \\ 0 \\ 2 \end{bmatrix}$	$\begin{bmatrix} 4 \\ 0 \\ 2 \end{bmatrix}$
dotP(l−i,p−j)	0

Die Vektoren $\overrightarrow{IL}$ und $\overrightarrow{JP}$ stehen also senkrecht aufeinander.

h) Der Flächeninhalt eines Trapezes mit den Grundseiten (parallelen Seiten) a und c und der Höhe h berechnet sich nach der Formel:

$$A = \frac{1}{2}\cdot(a+c)\cdot h$$

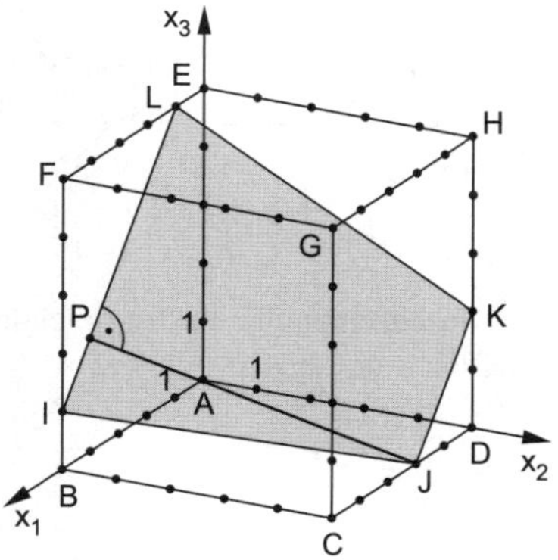

Der Punkt P liegt auf der Strecke $\overline{IL}$ (dies ist in der Aufgabenstellung vorausgesetzt und muss nicht gezeigt werden).

Da $\overrightarrow{IL}$ und $\overrightarrow{JP}$ senkrecht aufeinander stehen (vgl. Teilaufgabe g), gibt die Strecke $\overline{JP}$ die Höhe des Trapezes an.

Die Längen der Grundseiten und der Höhe sind:

$$|\overrightarrow{IL}| = \left|\begin{pmatrix} -4 \\ 0 \\ 4 \end{pmatrix}\right| = \sqrt{16+0+16} = \sqrt{32} = 4\sqrt{2} \text{ [LE]}$$

$$|\overrightarrow{JK}| = \left|\begin{pmatrix} -2 \\ 0 \\ 2 \end{pmatrix}\right| = \sqrt{4+0+4} = \sqrt{8} = 2\sqrt{2} \text{ [LE]}$$

$$|\overrightarrow{JP}| = \left|\begin{pmatrix} 2 \\ -5 \\ 2 \end{pmatrix}\right| = \sqrt{4+25+4} = \sqrt{33} \text{ [LE]}$$

Einsetzen der Längen in die Flächeninhaltsformel des Trapezes ergibt:

$$A = \frac{1}{2} \cdot (4\sqrt{2} + 2\sqrt{2}) \cdot \sqrt{33} = 3\sqrt{2} \cdot \sqrt{33} = 3\sqrt{66} \text{ [FE]}$$

Das Trapez hat einen Flächeninhalt von $3\sqrt{66}$ FE.

GTR

norm(l−i)	5.65685
norm(k−j)	2.82843
norm(p−j)	5.74456
at:=0.5· (norm(l−i)+norm(k−j))· norm(p−j)	24.3721

CAS

norm(l−i)	$4\cdot\sqrt{2}$
norm(k−j)	$2\cdot\sqrt{2}$
norm(p−j)	$\sqrt{33}$
at:=0.5· (norm(l−i)+norm(k−j))· norm(p−j)	24.3721

i) Die Spannvektoren paralleler Ebenen sind linear abhängig. Wählt man den Punkt K als Anbindungspunkt der Ebene T und die Spannvektoren der Ebene S als Spannvektoren der Ebene T, so erhält man als Parameterform für T:

$$T: \vec{x} = \begin{pmatrix} 0 \\ 5 \\ 2 \end{pmatrix} + r \cdot \begin{pmatrix} -1 \\ -5 \\ 5 \end{pmatrix} + s \cdot \begin{pmatrix} -5 \\ 5 \\ 1 \end{pmatrix};\ r, s \in \mathbb{R}$$

Eine Punktprobe durch Einsetzen des Ortsvektors des Punktes L in die Parameterform der Ebenengleichung von T ergibt die Vektorgleichung:

$$\begin{pmatrix} 1 \\ 0 \\ 5 \end{pmatrix} = \begin{pmatrix} 0 \\ 5 \\ 2 \end{pmatrix} + r \cdot \begin{pmatrix} -1 \\ -5 \\ 5 \end{pmatrix} + s \cdot \begin{pmatrix} -5 \\ 5 \\ 1 \end{pmatrix}$$

Umschreiben der Vektorgleichung in die Koordinatengleichungen führt zum Gleichungssystem:

I $1 = -r - 5s$

II $0 = 5 - 5r + 5s$

III $5 = 2 + 5r + s$

Lösung des Gleichungssystems durch geeignete Umformungen:

$\text{I}+\text{II} \quad 1=5-6r \quad \Rightarrow \quad r=\frac{2}{3}$

$$\text{linSolve}\left(\begin{cases}1=-r-5\cdot s\\0=5-5\cdot r+5\cdot s\\5=2+5\cdot r+s\end{cases},\{r,s\}\right) \qquad \left\{\frac{2}{3},\frac{-1}{3}\right\}$$

Einsetzen von $r=\frac{2}{3}$ in I führt zur Gleichung:

$1=-\frac{2}{3}-5s \quad \Rightarrow \quad s=-\frac{1}{3}$

CAS

$$e\_t:=\begin{bmatrix}0\\5\\2\end{bmatrix}+r\cdot\begin{bmatrix}-1\\-5\\5\end{bmatrix}+s\cdot\begin{bmatrix}-5\\5\\1\end{bmatrix} \qquad \begin{bmatrix}-r-5\cdot s\\-5\cdot r+5\cdot s+5\\5\cdot r+s+2\end{bmatrix}$$

$$\text{solve}(l=e\_t,\{r,s\}) \qquad r=\frac{2}{3} \text{ and } s=\frac{-1}{3}$$

Probe mit Gleichung III:

$5=2+\frac{10}{3}-\frac{1}{3} \quad \text{(w)}$

Der Punkt L liegt ebenfalls in T.

Für ein Schwimmbad besitzen 2 000 Personen eine Jahreskarte. Für einen bestimmten Tag beschreibt die Zufallsgröße X die Anzahl der Jahreskartenbesitzer, die das Schwimmbad besuchen. Vereinfachend soll davon ausgegangen werden, dass X binomialverteilt ist. Dabei beträgt die Wahrscheinlichkeit dafür, dass ein zufällig ausgewählter Jahreskartenbesitzer an diesem Tag das Schwimmbad besucht, 10 %.

Punkte

a) (1) Es gilt $P(X=210) \approx 2{,}2\ \%$.
Interpretieren Sie diese Aussage im Sachzusammenhang. 2

(2) Bestimmen Sie die Wahrscheinlichkeit dafür, dass mehr als 210 Jahreskartenbesitzer das Schwimmbad besuchen. 3

(3) Bestimmen Sie die Wahrscheinlichkeit dafür, dass der Wert von X höchstens um eine halbe Standardabweichung vom Erwartungswert der Zufallsgröße abweicht. 6

(4) Bestimmen Sie die größte natürliche Zahl k, für die die Wahrscheinlichkeit dafür, dass weniger als k Jahreskartenbesitzer das Schwimmbad besuchen, kleiner als 10 % ist. 4

(5) Beschreiben Sie im Sachzusammenhang ein Zufallsexperiment, das durch das abgebildete Baumdiagramm dargestellt wird.
Geben Sie ein Ereignis an, dessen Wahrscheinlichkeit $1-(r+s)$ beträgt. 4

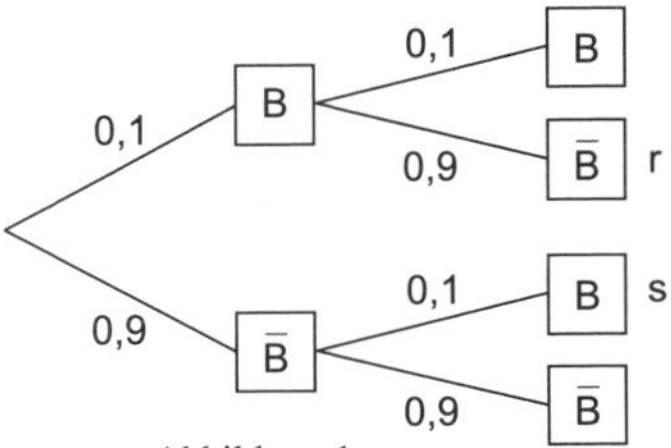

Abbildung 1

b) Abbildung 2 zeigt das Histogramm zu $P_{2\,000;\,0{,}1}(X=k)$.

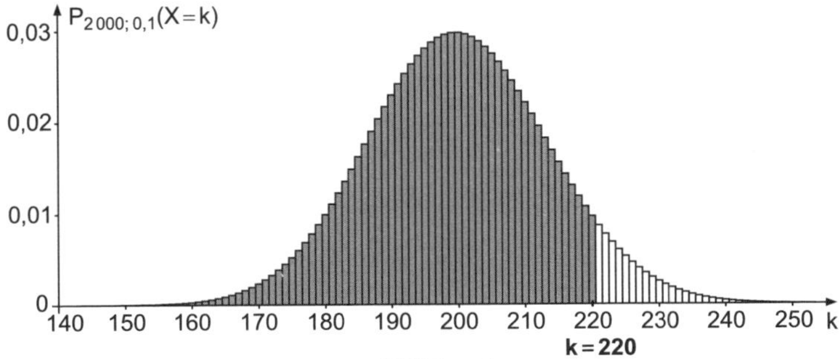

Abbildung 2

(1) Beschreiben Sie im Sachzusammenhang eine Fragestellung, die zu der in Abbildung 2 dargestellten Situation passt. 3

(2) Bestimmen Sie die in Abbildung 2 dunkel dargestellte Wahrscheinlichkeit auf vier Nachkommastellen genau. 2

c) Auf dem Gelände des Schwimmbades wird ein Kiosk betrieben. Der Besitzer nimmt vereinfachend an, dass jeder Gast 4 €, 12 € oder gar kein Geld an seinem Kiosk ausgibt. Die Wahrscheinlichkeit, dass ein Gast 4 € ausgibt, betrage 50 %, die Wahrscheinlichkeit, dass ein Gast 12 € ausgibt, betrage 30 %.

(1) Am betrachteten Tag besuchen 660 Personen das Bad.
Bestimmen Sie die Höhe der Einnahmen, mit denen der Besitzer des Kiosks rechnen kann. 3

(2) Ermitteln Sie die Wahrscheinlichkeit dafür, dass der Besitzer des Kiosks an dem betrachteten Tag erwartete Einnahmen von den Jahreskartenbesitzern hat, die mindestens 1 000 € betragen. 4

d) Die Schwimmbadleitung hat die Außenanlagen komplett umgestaltet. Nun hofft sie, dass sich die Wahrscheinlichkeit dafür erhöht hat, dass ein zufällig ausgewählter Jahreskartenbesitzer an einem Tag, der mit dem in der Einleitung genannten vergleichbar ist, das Schwimmbad besucht. Daher zählt sie an einem solchen vergleichbaren Tag die Anzahl der Besucher mit Jahreskarte. Falls es 215 oder mehr sind, will die Schwimmbadleitung davon ausgehen, dass die Umbaumaßnahmen wirksam waren.

(1) X sei die in a) betrachtete Zufallsgröße.
Ermitteln Sie $P_{2\,000;\,0,1}(X \geq 215)$ und erläutern Sie die Bedeutung des Wertes im Sachzusammenhang. 5

(2) Die getroffenen Maßnahmen mögen Erfolg gehabt haben. Die Wahrscheinlichkeit dafür, dass ein zufällig ausgewählter Jahreskartenbesitzer an dem betrachteten Tag das Schwimmbad besucht, betrage nun 12 %. Für diesen Tag beschreibt die neue Zufallsgröße Y die Anzahl der Jahreskartenbesitzer, die das Schwimmbad besuchen. Dabei sei $p_{neu} = 0{,}12$ und $n = 2\,000$. Vereinfachend soll wieder davon ausgegangen werden, dass Y binomialverteilt ist.
Ermitteln Sie die Wahrscheinlichkeit dafür, dass die Schwimmbadleitung in der vorliegenden Situation die Wirksamkeit der Umbaumaßnahmen falsch beurteilt. 4

Hinweise und Tipps

Teilaufgabe a

Betrachten Sie die Aufgabenstellung als Bernoulli-Versuch mit der Zufallsgröße X: „Anzahl der Jahreskartenbesitzer, die an einem bestimmten Tag das Schwimmbad besuchen“ und beachten Sie, dass X als binomialverteilt angenommen wird mit $n = 2\,000$ und $p = 0{,}1$.

(1) $X = 210$ gibt eine feste Anzahl von Jahreskartenbesitzern an.

(2) Zu berechnen ist $P(X > 210)$.

(3) Berechnen Sie zunächst den Erwartungswert μ und die Standardabweichung σ.
Für den Erwartungswert einer binomialverteilten Zufallsgröße gilt $\mu = n \cdot p$, für die Standardabweichung $\sigma = \sqrt{n \cdot p \cdot (1-p)}$.
Zu berechnen ist dann $P\left(\mu - \frac{\sigma}{2} \le X \le \mu + \frac{\sigma}{2}\right)$.

(4) Die Aufgabe lässt sich wie folgt in eine Ungleichung übersetzen:
Gesucht ist der größte Wert $k \in \mathbb{N}$, sodass gilt: $P(X < k) < 0{,}1$
Dieser Wert für k lässt sich durch gezieltes Probieren mit dem Rechner ermitteln.

(5) Betrachten Sie nacheinander zwei Jahreskartenbesitzer und analysieren Sie deren Schwimmbadbesuch an einem bestimmten Tag.
Beachten Sie, dass die Endwahrscheinlichkeiten im Baumdiagramm mittels der Multiplikationsregel (1. Pfadregel) berechnet werden.

Teilaufgabe b

(1) Das Histogramm stellt die Wahrscheinlichkeiten der binomialverteilten Zufallsgröße X mit $n = 2\,000$ und $p = 0{,}1$ im Bereich $140 \le k \le 250$ grafisch dar.
Überlegen Sie, was der dunkel hinterlegte Bereich darstellt, und formulieren Sie eine dazu passende Fragestellung im Sachzusammenhang.

(2) Zu bestimmen ist die Summe der Wahrscheinlichkeiten $P(X = 0)$ bis $P(X = 220)$.
Dies entspricht der Wahrscheinlichkeit $P(X \le 220)$. Verwenden Sie zur Berechnung Ihren GTR bzw. CAS.

Teilaufgabe c

(1) Betrachten Sie die Zufallsgröße A: „Ausgaben eines Badegastes“ (in Euro).
Diese kann die Werte $a_1 = 0$, $a_2 = 4$ und $a_3 = 12$ annehmen. Die Wahrscheinlichkeiten für $A = a_i$ können Sie der Aufgabenstellung entnehmen.
Berechnen Sie dann den Erwartungswert von A mit:

$$\mu = \sum_{i=1}^{3} a_i \cdot P(A = a_i)$$

Der berechnete Wert gibt die zu erwartenden Einnahmen pro Badegast an. Multiplizieren Sie diese mit der Anzahl der Gäste.

(2) Gehen Sie davon aus, dass an dem betrachteten Tag n Jahreskartenbesitzer das Schwimmbad besuchen. Ermitteln Sie die dabei zu erwartenden Einnahmen (in Abhängigkeit von n) und setzen Sie diese gleich 1 000 €. Auf diese Weise ist die erforderliche Anzahl n an Jahreskartenbesitzern zu ermitteln.

Schließlich ist noch die Wahrscheinlichkeit $P(X \geq n)$ zu berechnen.

Teilaufgabe d

(1) Berechnen Sie die Wahrscheinlichkeit $P(X \geq 215)$ mit Ihrem GTR bzw. CAS.

Es handelt sich hierbei um die Wahrscheinlichkeit für einen Fehler 2. Art. Beschreiben Sie diesen im Sachzusammenhang.

(2) Diese Aufgabenstellung erfordert die Berechnung der Wahrscheinlichkeit eines Fehlers 1. Art, wobei der tatsächliche (neue) Wert für p konkret vorgegeben ist.

Berechnen Sie die Wahrscheinlichkeit $P(Y < 215)$ mit $n = 2\,000$ und $p_{neu} = 0{,}12$ mit Ihrem GTR bzw. CAS.

Lösung

a) Die in den Aufgabenstellungen (1) bis (4) betrachteten Situationen können als 2 000-facher Bernoulli-Versuch mit der zugehörigen Zufallsgröße X: „Anzahl der Jahreskartenbesitzer, die an einem bestimmten Tag das Schwimmbad besuchen" interpretiert werden. X ist binomialverteilt mit $n = 2\,000$ und $p = 0{,}1$.

(1) $P(X = 210) = \binom{2\,000}{210} \cdot 0{,}1^{210} \cdot 0{,}9^{1790} \approx 2{,}2\ \%$

Der Term berechnet die Wahrscheinlichkeit dafür, dass an dem bestimmten Tag genau 210 der 2 000 Jahreskartenbesitzer das Schwimmbad besuchen. Diese Wahrscheinlichkeit beträgt ca. 2,2 %.

(2) Zu berechnen ist:

$P(X > 210) = 1 - P(X \leq 210)$

$\approx 1 - 0{,}784 = 0{,}216 = 21{,}6\ \%$

binomCdf(2000,0.1,210)	0.784215

(3) Man berechnet zunächst den Erwartungswert und die Standardabweichung von X:

$\mu = E(X) = n \cdot p = 2\,000 \cdot 0{,}1 = 200$

$\sigma = \sqrt{n \cdot p \cdot (1-p)} = \sqrt{2\,000 \cdot 0{,}1 \cdot 0{,}9} = \sqrt{180} \approx 13{,}4$

Gefragt ist nach der Wahrscheinlichkeit dafür, dass die Zufallsgröße X in einem Intervall um den Erwartungswert 200 mit einer Länge von $\frac{\sigma}{2} \approx 6{,}7$ liegt.

Für diese Wahrscheinlichkeit ergibt sich:

$P\left(\mu - \frac{\sigma}{2} \leq X \leq \mu + \frac{\sigma}{2}\right) = P(200 - 6{,}7 \leq X \leq 200 + 6{,}7) = P(193{,}3 \leq X \leq 206{,}7)$

Da aufgrund des Sachkontextes und der Binomialverteilung nur ganze Werte für X infrage kommen, entspricht dies folgender Wahrscheinlichkeit:

$P(194 \leq X \leq 206)$

$= P(X \leq 206) - P(X \leq 193)$

$\approx 0{,}689 - 0{,}317 = 0{,}372 = 37{,}2\ \%$

binomCdf(2000,0.1,206)	0.688661
binomCdf(2000,0.1,193)	0.31674

Die gesuchte Wahrscheinlichkeit beträgt ca. 37,2 %.

(4) Die Aufgabenstellung lässt sich mithilfe einer Ungleichung formulieren:

Gesucht ist der größte Wert $k \in \mathbb{N}$, sodass gilt: $P(X < k) < 0{,}1$

Aus (3) ergibt sich, dass $k < 193$ sein muss, da $P(X \leq 193) \approx 0{,}317$ ist.

Den gesuchten Wert k kann man experimentell ermitteln und beginnt dabei z. B. bei 180; es ergeben sich folgende Wahrscheinlichkeiten:

$P(X < 181) = P(X \leq 180) \approx 0{,}07$

$P(X < 182) = P(X \leq 181) \approx 0{,}08$

$P(X < 183) = P(X \leq 182) \approx 0{,}09 < 0{,}1$

$P(X < 184) = P(X \leq 183) \approx 0{,}11 > 0{,}1$

binomCdf(2000,0.1,180)	0.071431
binomCdf(2000,0.1,181)	0.082499
binomCdf(2000,0.1,182)	0.094791
binomCdf(2000,0.1,183)	0.108358

Also ist $k = 183$ der gesuchte Wert.

(5) Ein zum abgebildeten Baumdiagramm passendes Zufallsexperiment könnte wie folgt aussehen:
Von den 2000 Jahreskartenbesitzern werden zwei Personen zufällig ausgewählt und es wird überprüft, ob sie an dem bestimmten Tag das Schwimmbad besuchen (B) oder nicht ($\overline{B}$). In der ersten Stufe wird die erste Person dargestellt, es gilt $P(B)=0{,}1$ und $P(\overline{B})=0{,}9$. Die zweite Person wird in der zweiten Stufe des Baumdiagramms dargestellt; auch für sie gilt $P(B)=0{,}1$ und $P(\overline{B})=0{,}9$.

Betrachtet man beide Personen zusammen, so ergeben sich die folgenden vier Möglichkeiten mit den mittels Pfadregel berechneten Wahrscheinlichkeiten:

$P(BB)=0{,}1\cdot 0{,}1$

$P(B\overline{B})=0{,}1\cdot 0{,}9=r$

$P(\overline{B}B)=0{,}9\cdot 0{,}1=s$

$P(\overline{B}\,\overline{B})=0{,}9\cdot 0{,}9$

Aus dieser Übersicht erkennt man, dass der Wert $1-(r+s)$ die Wahrscheinlichkeit für folgendes Ereignis angibt:
An dem betrachteten Tag wird das Schwimmbad entweder von beiden (BB) oder von keinem der beiden ($\overline{B}\,\overline{B}$) ausgewählten Jahreskartenbesitzern besucht.

b) (1) Das Histogramm stellt die Wahrscheinlichkeiten der binomialverteilten Zufallsgröße X mit den Parametern $n=2000$ und $p=0{,}1$ grafisch dar. Die Schrittweite ist 1, somit kann für jeden Wert k im dargestellten Bereich $140\leq k\leq 250$ die Wahrscheinlichkeit $P(X=k)$ (näherungsweise) abgelesen werden.
Für $k\leq 220$ sind die der jeweiligen Wahrscheinlichkeit entsprechenden Säulen dunkel hinterlegt, die Summe dieser Rechteckflächen entspricht dem Wert

$$\sum_{k=0}^{220} P(X=k)=P(X\leq 220).$$

Die Abbildung könnte also folgende Fragestellung veranschaulichen:
„Mit welcher Wahrscheinlichkeit besuchen 220 oder weniger (d. h. höchstens 220) Jahreskartenbesitzer an dem bestimmten Tag das Schwimmbad?"

(2) Zu bestimmen ist die Summe der Wahrscheinlichkeiten $P(X=0)$ bis $P(X=220)$:

$$\sum_{k=0}^{220} P(X=k)=P(X\leq 220)\approx 0{,}9352$$

```
binomCdf(2000,0.1,0,220)        0.935176
```

c) (1) Die Zufallsgröße A: „Ausgaben eines Badegastes" (in Euro) nimmt die Werte $a_1=0$, $a_2=4$ und $a_3=12$ an. Die zugehörigen Wahrscheinlichkeiten sind:

$P(A=a_2)=0{,}5=50\,\%$

$P(A=a_3)=0{,}3=30\,\%$

$\Rightarrow\; P(A=a_1)=1-0{,}5-0{,}3=0{,}2=20\,\%$

Der Erwartungswert von A (in Euro) ergibt sich dann zu:

$$\mu = \sum_{i=1}^{3} a_i \cdot P(A = a_i) = 0 \cdot 0{,}2 + 4 \cdot 0{,}5 + 12 \cdot 0{,}3 = 5{,}6$$

Da 660 Personen das Bad besuchen, kann der Besitzer des Kiosks insgesamt mit Einnahmen in Höhe von $660 \cdot 5{,}6\ € = 3\,696\ €$ rechnen.

(2) Angenommen, am betrachteten Tag besuchen n Jahreskartenbesitzer das Schwimmbad. Von diesen kann der Kioskbesitzer 5,6n (Euro) an Einnahmen erwarten; vgl. (1). Diese Einnahmen sollen (mindestens) 1 000 € betragen:

$$5{,}6n = 1000 \quad \Rightarrow \quad n = \frac{1000}{5{,}6} \approx 178{,}6$$

D. h., mindestens 179 Jahreskartenbesitzer müssen das Schwimmbad an diesem Tag besuchen, damit der Kioskbesitzer mit Einnahmen in Höhe von mindestens 1 000 € rechnen kann. Die Wahrscheinlichkeit hierfür ist:

$$P(X \geq 179) = 1 - P(X \leq 178)$$
$$\approx 1 - 0{,}053 = 0{,}947$$

binomCdf(2000,0.1,178)	0.052711

Die gesuchte Wahrscheinlichkeit beträgt ca. 95 %.

d) (1) Mittels GTR bzw. CAS erhält man:

$$P(X \geq 215) = 1 - P(X \leq 214)$$
$$\approx 1 - 0{,}86 = 0{,}14$$

binomCdf(2000,0.1,0,214)	0.859774
1-0.85977407992834	0.140226

Falls der Anteil der Jahreskartenbesitzer, die an einem bestimmten Tag nach der Umgestaltung der Außenanlagen das Schwimmbad besuchen, nach wie vor (nur) 10 % beträgt, beträgt die Wahrscheinlichkeit, dass mindestens 215 der 2 000 Jahreskartenbesitzer an diesem Tag das Schwimmbad besuchen, ca. 14 %. Die Schwimmbadleitung würde in diesem Fall die Umbaumaßnahmen als wirksam beurteilen (Grenze laut Aufgabenstellung 215), obwohl sich die Wahrscheinlichkeit p gar nicht erhöht hat (Fehler 2. Art).

(2) Die Schwimmbadleitung wird die Umbaumaßnahmen laut Aufgabentext (fälschlicherweise) als unwirksam beurteilen, wenn an einem untersuchten Tag die Anzahl der Schwimmbadbesucher mit Jahreskarte weniger als 215 beträgt. Die Wahrscheinlichkeit dafür ist:

$$P_{2\,000;\,0{,}12}(Y < 215)$$
$$= P_{2\,000;\,0{,}12}(Y \leq 214) \approx 0{,}038 = 3{,}8\ \%$$

binomCdf(2000,0.12,0,214)	0.038041

Die Schwimmbadleitung beurteilt die Wirksamkeit der Umbaumaßnahmen mit einer Wahrscheinlichkeit von etwa 3,8 % falsch (es handelt sich um einen Fehler 1. Art).

Abiturprüfung 2020 Mathematik Grundkurs (Nordrhein-Westfalen)
Prüfungsteil A – Aufgaben ohne Hilfsmittel

Punkte

a) Gegeben ist die Funktion f mit $f(x) = x^3 - x$, $x \in \mathbb{R}$.

(1) Zeigen Sie: $f'(-1) = 2$. 2

(2) Bestimmen Sie eine Gleichung der Tangente an den Graphen von f an der Stelle $x = -1$. 4

b) Die Funktion f ist gegeben durch $f(x) = e^x - e$, $x \in \mathbb{R}$.
Der Graph von f und die Koordinatenachsen begrenzen im 4. Quadranten eine Fläche (vgl. Abbildung 1).

(1) Der Graph von f hat genau eine Nullstelle.
Zeigen Sie, dass $x = 1$ die Nullstelle des Graphen von f ist. 2

(2) Berechnen Sie den Inhalt der vom Graphen von f und den Koordinatenachsen eingeschlossenen Fläche. 4

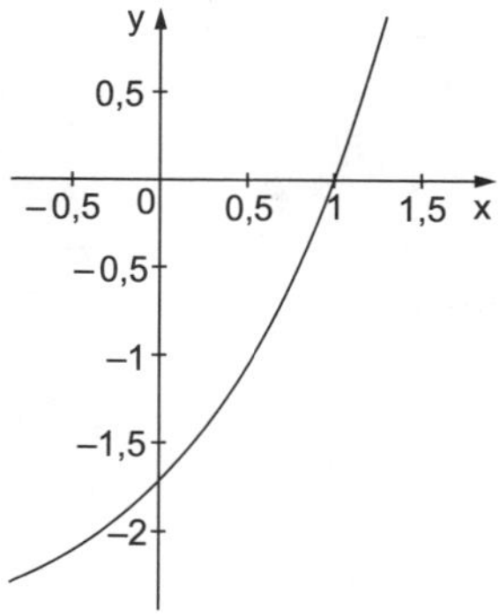

Abbildung 1

c) Die Punkte A(0|0|0), B(3|4|0), C, D(–8|6|0), E(0|0|10), F, G und H bilden einen Quader (siehe Abbildung 2).

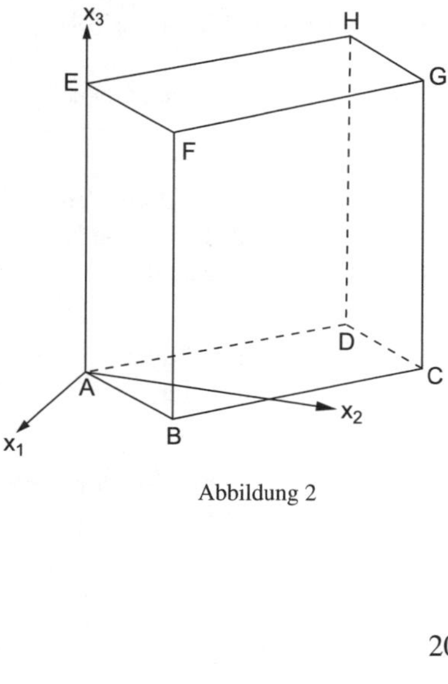

Abbildung 2

(1) Ermitteln Sie die Koordinaten des Punktes G. 2

(2) Weisen Sie rechnerisch nach, dass die Kanten $\overline{AB}$ und $\overline{AD}$ senkrecht zueinander verlaufen. 2

(3) Ermitteln Sie das Volumen V des Quaders. 2

d) Bei einem Stadtfest gibt es ein Glücksrad, welches in zehn gleich große Sektoren unterteilt ist (siehe Abbildung 3). Jede teilnehmende Person dreht das Glücksrad genau einmal.

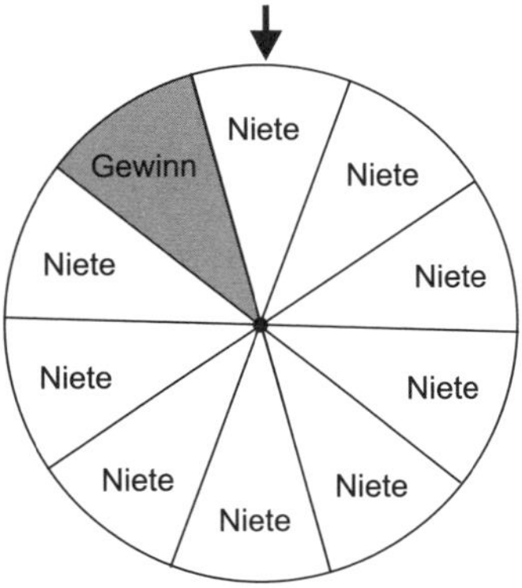

Abbildung 3

(1) Beschreiben Sie in diesem Sachzusammenhang ein Ereignis, dessen Wahrscheinlichkeit mit dem folgenden Term berechnet werden kann:
$\binom{7}{0} \cdot 0{,}1^0 \cdot 0{,}9^7 + \binom{7}{1} \cdot 0{,}1^1 \cdot 0{,}9^6$. 2

(2) Geben Sie einen Term an, mit dem die Wahrscheinlichkeit für das folgende Ereignis berechnet werden kann:
„Von 20 teilnehmenden Personen erhalten genau vier Personen einen Gewinn." 1

Ein anderes Glücksrad ist in n gleich große Sektoren aufgeteilt. Zwei Personen drehen dieses Glücksrad jeweils genau einmal. Die Zufallsgröße X gibt die Anzahl der Personen an, die einen Gewinn erhalten. Es gilt: $P(X = 0) = \frac{4}{9}$.

(3) Ermitteln Sie eine mögliche Gesamtzahl n der Sektoren auf dem Glücksrad sowie die zugehörige Anzahl der Sektoren mit einem Gewinn. 3

Hinweise und Tipps

Teilaufgabe a

(1) Bestimmen Sie die 1. Ableitung.

(2) Die Steigung einer Tangente an der Stelle $x=-1$ ergibt sich durch die 1. Ableitung von f an der Stelle $x=-1$.

Bestimmen Sie den Punkt $S(-1\,|\,y)$ und stellen Sie die Gleichung der Tangente auf.

Teilaufgabe b

(1) Zeigen Sie, dass $f(1)=0$.

(2) Bestimmen Sie mithilfe von Abbildung 1 und Teilaufgabe (1) die Grenzen des Integrals.

Teilaufgabe c

(1) Ermitteln Sie die Koordinaten des Ortsvektors $\overrightarrow{OG}$ durch eine Vektorkette mit geeigneten Vektoren im Quader vom Ursprung (Punkt A) bis zum Punkt G.

Die Vektoren $\overrightarrow{BC}$ und $\overrightarrow{CG}$ können nicht direkt berechnet werden, da die Koordinaten von C nicht gegeben sind. Durch welche Vektoren im Quader können sie ausgedrückt werden?

(2) Bestimmen Sie die Vektoren $\overrightarrow{AB}$ und $\overrightarrow{AD}$.

Zeigen Sie mithilfe des Skalarprodukts, dass die beiden Vektoren senkrecht zueinander verlaufen.

(3) Im Quader berechnet man das Volumen durch $V=|\overrightarrow{AB}|\cdot|\overrightarrow{AD}|\cdot|\overrightarrow{AE}|$.

Teilaufgabe d

(1) Bedenken Sie, dass es sich um eine Binomialverteilung handelt. Ermitteln Sie anhand des Terms die Anzahl der teilnehmenden Personen, die Anzahl der Personen mit Gewinn und die Gewinnwahrscheinlichkeit.

(2) Betrachten Sie die Zufallsgröße X für die Anzahl der Personen mit Gewinn.

Berechnen Sie $P(X=4)$.

(3) Erstellen Sie eine Gleichung für $P(X=0)=\frac{4}{9}$, indem Sie für die Gewinnwahrscheinlichkeit p als Variable einsetzen. Lösen Sie die Gleichung nach p auf.

Lösung

a) (1) Die 1. Ableitung von f lautet:
$f'(x) = 3 \cdot x^2 - 1$
$f'(-1) = 3 \cdot (-1)^2 - 1 = 3 - 1 = 2$

(2) Eine Tangente hat die Gleichung $y = m \cdot x + b$.
Der Berührungspunkt S der Tangente mit dem Graphen von f an der Stelle $x = -1$ wird berechnet durch:
$f(-1) = (-1)^3 - (-1) = (-1) + 1 = 0 = y$
Damit gilt: $S(-1\,|\,0)$

Die Steigung m der Tangente entspricht der Steigung des Graphen von f im Punkt S.
Man erhält m, indem man $x = -1$ in die 1. Ableitung von f einsetzt (siehe Teilaufgabe a (1)).
$f'(-1) = 2 = m$

Setzt man die Werte für $S(-1\,|\,0)$ und $m = 2$ in die Tangentengleichung ein, so erhält man:
$0 = 2 \cdot (-1) + b$
$0 = -2 + b \qquad |+2$
$b = 2$

Die Tangentengleichung lautet somit: $y = 2 \cdot x + 2$

b) (1) $f(1) = e^1 - e = 0$

(2) Eine Stammfunktion von f ist:
$F(x) = e^x - e \cdot x$

Da der Graph von f an der Stelle $x = 1$ die einzige Nullstelle besitzt, kann der gesuchte Flächeninhalt wie folgt bestimmt werden:

$$\int_0^1 (e^x - e)\,dx = [e^x - e \cdot x]_0^1 = (e^1 - e \cdot 1) - (e^0 - e \cdot 0) = 0 - 1 = -1$$

Die eingeschlossene Fläche beträgt demnach 1 FE.

c) (1) Eine Vektorkette von A nach G lautet:
$\overrightarrow{OG} = \overrightarrow{AG} = \overrightarrow{AB} + \overrightarrow{BC} + \overrightarrow{CG}$
Es gilt:

$$\overrightarrow{BC} = \overrightarrow{AD} = \begin{pmatrix} -8 \\ 6 \\ 0 \end{pmatrix}$$

$$\overrightarrow{CG} = \overrightarrow{AE} = \begin{pmatrix} 0 \\ 0 \\ 10 \end{pmatrix}$$

Daraus ergibt sich:

$$\overrightarrow{OG} = \overrightarrow{AB} + \overrightarrow{BC} + \overrightarrow{CG} = \begin{pmatrix} 3 \\ 4 \\ 0 \end{pmatrix} + \begin{pmatrix} -8 \\ 6 \\ 0 \end{pmatrix} + \begin{pmatrix} 0 \\ 0 \\ 10 \end{pmatrix} = \begin{pmatrix} -5 \\ 10 \\ 10 \end{pmatrix}$$

Die Koordinaten des Punktes G lauten: $G(-5\,|\,10\,|\,10)$.

(2) $\overrightarrow{AB} = \begin{pmatrix} 3 \\ 4 \\ 0 \end{pmatrix}$; $\overrightarrow{AD} = \begin{pmatrix} -8 \\ 6 \\ 0 \end{pmatrix}$

Die beiden Vektoren sind genau dann orthogonal, wenn das Skalarprodukt null ist.

$\overrightarrow{AB} \circ \overrightarrow{AD} = 3 \cdot (-8) + 4 \cdot 6 + 0 \cdot 0 = 0$

Die Kante $\overline{AB}$ verläuft senkrecht zur Kante $\overline{AD}$.

(3) Für das Volumen des Quaders gilt:

$$\begin{aligned} V &= |\overrightarrow{AB}| \cdot |\overrightarrow{AD}| \cdot |\overrightarrow{AE}| \\ &= \left|\begin{pmatrix} 3 \\ 4 \\ 0 \end{pmatrix}\right| \cdot \left|\begin{pmatrix} -8 \\ 6 \\ 0 \end{pmatrix}\right| \cdot \left|\begin{pmatrix} 0 \\ 0 \\ 10 \end{pmatrix}\right| \\ &= \sqrt{3^2 + 4^2} \cdot \sqrt{(-8)^2 + 6^2} \cdot \sqrt{10^2} \\ &= 5 \cdot 10 \cdot 10 \\ &= 500 \end{aligned}$$

Das Volumen des Quaders beträgt 500 VE.

d) (1) Es handelt sich um eine Binomialverteilung mit der Versuchsanzahl $n = 7$ und der Trefferwahrscheinlichkeit $p = 0{,}1$. Die Zufallsgröße X gibt an, wie viele Personen einen Gewinn erhalten. Der Term gibt die Wahrscheinlichkeit $P(X \leq 1)$ an.
Im Sachzusammenhang wird damit die Wahrscheinlichkeit dafür bestimmt, dass von 7 teilnehmenden Personen höchstens eine einen Gewinn erhält.

(2) Es wird die Wahrscheinlichkeit $P(X = 4)$ gesucht, wobei X die Personen mit Gewinn beschreibt. Die Zufallsgröße X ist binomialverteilt mit $n = 20$ und $p = 0{,}1$. Damit ergibt sich:

$$P(X = 4) = \binom{20}{4} \cdot 0{,}1^4 \cdot 0{,}9^{16}$$

(3) Es handelt sich um eine Binomialverteilung mit $n = 2$ (zwei teilnehmende Personen). Die Trefferwahrscheinlichkeit p muss bestimmt werden, um die Anzahl der Sektoren auf dem Glücksrad zu ermitteln.

$$P(X = 0) = \binom{2}{0} \cdot p^0 \cdot (1 - p)^2 = (1 - p)^2$$

Da nach Vorgabe $P(X=0)=\frac{4}{9}$ gilt, folgt:

$$(1-p)^2=\frac{4}{9} \quad \Leftrightarrow \quad 1-p=\frac{2}{3} \text{ oder } 1-p=-\frac{2}{3} \quad \Leftrightarrow \quad p=\frac{1}{3} \text{ oder } p=\frac{5}{3}$$

Da für p gilt: $0 \le p \le 1$, folgt daraus: $p=\frac{1}{3}$

Das Glücksrad hat demnach z. B. drei gleich große Sektoren, von denen eines das Gewinnfeld ist.

Es gibt unendlich viele Lösungen. Eine weitere Lösung ist z. B., dass das Glücksrad aus sechs gleich großen Sektoren besteht, von denen zwei Gewinnfelder sind.

Abiturprüfung 2020 Mathematik Grundkurs (Nordrhein-Westfalen)
Prüfungsteil B – Analysis B1 (GTR)

Flüsse treten manchmal über ihre Ufer. Zur Vermeidung solcher Überschwemmungen werden große Wasserbecken eingesetzt, sogenannte Rückhaltebecken. Droht eine Überschwemmung, so wird ein Teil des Flusswassers in das Rückhaltebecken geleitet. Dort wird das Wasser zunächst zurückgehalten und später kontrolliert in den Fluss geleitet.
Im Folgenden soll zunächst der Zufluss in und anschließend der Abfluss des Wassers aus einem Rückhaltebecken betrachtet werden.
Zur Modellierung der momentanen **Zuflussrate,** mit der das Wasser des Flusses während eines Beobachtungszeitraumes von 40 Stunden in das Rückhaltebecken fließt, wird für $0 \leq t \leq 40$ die Funktion f mit der Gleichung

$f(t) = 7\,200 \cdot t^2 \cdot e^{-0{,}25 \cdot t}$, mit $t \in \mathbb{R}$,

verwendet. Dabei ist t die Zeit seit Beobachtungsbeginn in Stunden und f(t) die momentane Zuflussrate in m^3 Wasser pro Stunde.

In der folgenden Abbildung 1 ist der Graph von f im Intervall [0; 40] dargestellt.

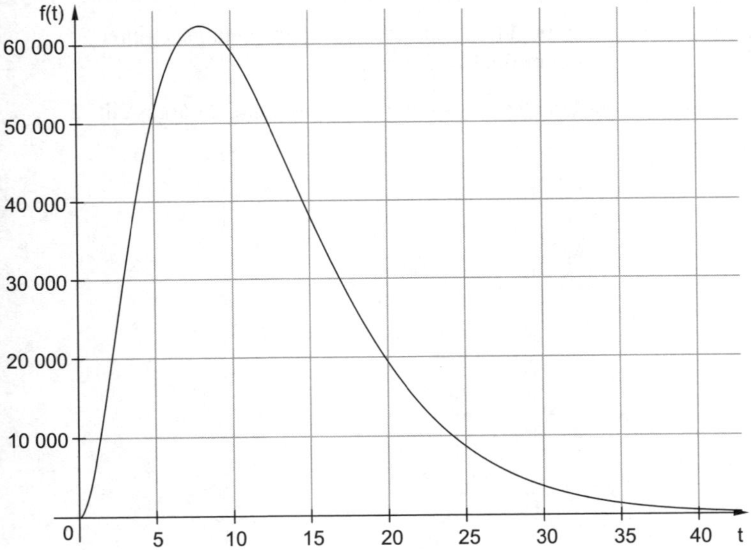

Abbildung 1

Punkte

a) (1) Geben Sie den Funktionswert von f an der Stelle $t = 20$ an und interpretieren Sie diesen Wert im Sachzusammenhang. 3

(2) Zeigen Sie: $f'(t) = 7\,200 \cdot (-0{,}25 \cdot t^2 + 2 \cdot t) \cdot e^{-0{,}25 \cdot t}$. 3

(3) Weisen Sie rechnerisch nach, dass die momentane Zuflussrate im Modell 8 Stunden nach Beobachtungsbeginn maximal ist, und geben Sie die maximale momentane Zuflussrate an. 7

b) Ermitteln Sie, wie viel Wasser im Beobachtungszeitraum von 40 Stunden in das Rückhaltebecken fließt. 4

c) Die momentane **Abflussrate** vom Rückhaltebecken in den Fluss im Beobachtungszeitraum wird für $0 \leq t \leq 40$ durch die Funktion g mit der Gleichung

$g(t) = 540 \cdot t^3 \cdot e^{-0{,}25 \cdot t}$, mit $t \in \mathbb{R}$,

modelliert. Dabei ist g(t) die momentane Abflussrate in m^3 Wasser pro Stunde. Ohne Nachweis darf verwendet werden:

$g'(t) = -135 \cdot (t^3 - 12 \cdot t^2) \cdot e^{-0{,}25 \cdot t}$.

(1) Bestimmen Sie den Zeitpunkt im Beobachtungszeitraum, zu dem die momentane Abflussrate am stärksten zunimmt. 5

(2) Bestimmen Sie den Zeitpunkt, bis zu dem seit Beobachtungsbeginn 50 000 m^3 Wasser aus dem Becken fließen. 4

d) Der Graph von f und der Graph von g sind in der Abbildung 2 dargestellt.

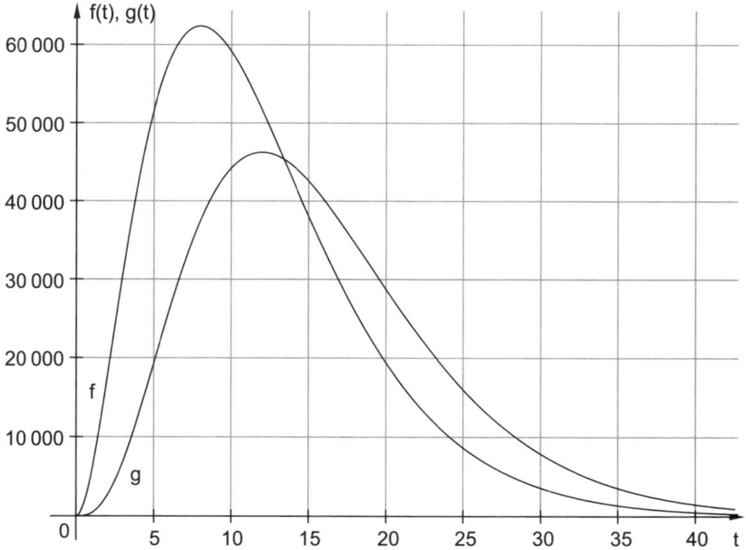

Abbildung 2

Die Funktion d ist durch die Gleichung $d(t) = f(t) - g(t)$ gegeben.

(1) Geben Sie $d(10)$ und $d(20)$ an und interpretieren Sie die beiden Werte im Sachzusammenhang. 5

(2) Ermitteln Sie anhand von Abbildung 2 näherungsweise den Zeitpunkt im Beobachtungszeitraum, bis zu dem die Wassermenge im Rückhaltebecken zunimmt, und begründen Sie Ihr Vorgehen. 4

(3) Bestimmen Sie $\int_0^{40} d(t)\,dt$ und interpretieren Sie das Ergebnis im Sachzusammenhang. 5

Hinweise und Tipps

Teilaufgabe a

(1) Benutzen Sie den Funktionsterm zur Berechnung.

(2) Wenden Sie die Produkt- und Kettenregel an.

(3) Die notwendige Bedingung für eine Extremstelle ist $f'(t)=0$.

Ein Produkt wird 0, wenn wenigstens ein Faktor 0 wird.

Die hinreichende Bedingung für eine Maximumstelle ist $f'(t)=0$ und $f'(t)$ hat an der möglichen Maximumstelle einen +/– Vorzeichenwechsel.

Oder

Die hinreichende Bedingung für eine Maximumstelle ist $f'(t)=0$ und $f''(t)<0$.

Untersuchen Sie die Funktion auf Randmaxima.

Denken Sie daran, das Maximum anzugeben.

Teilaufgabe b

Denken Sie daran, dass die Funktion f(t) die Zuflussrate in m^3 je Stunde angibt.

Achten Sie darauf, dass der Beobachtungszeitraum eingeschränkt ist.

Berechnen Sie das bestimmte Integral.

Teilaufgabe c

(1) Die momentane Abflussrate nimmt zu dem Zeitpunkt am stärksten zu, in dem die Funktion $g'(t)$ ihr Maximum annimmt.

Denken Sie daran, dass der Operator „bestimmen“ eine grafische Lösung zulässt.

Bestimmen Sie grafisch das Maximum.

Untersuchen Sie, ob es ein Randmaximum gibt.

Oder

Die notwendige Bedingung für eine Extremstelle ist $g''(t)=0$.

Die hinreichende Bedingung für eine Maximumstelle ist $g''(t)=0$ und $g'''(t)<0$.

(2) Das bestimmte Integral über der Funktion g(t) im Intervall [0; z] gibt die Wassermenge an, die vom Beobachtungsbeginn bis zum Zeitpunkt $t=z$ in das Rückhaltebecken geflossen ist.

Setzen Sie den Wert des Integrals mit der vorgegebenen Wassermenge gleich und lösen Sie die Gleichung mit dem GTR.

Achten Sie auf den Definitionsbereich.

Teilaufgabe d

(1) Die Funktion d(t) ist die Differenzfunktion der Funktionen f(t) und g(t). Sie gibt somit die Zuwachs-/die Abnahmerate der Wassermenge in m^3 je Stunde im Rückhaltebecken an.

Denken Sie daran, dass die Werte im Sachzusammenhang zu erklären sind.

(2) Welche Bedeutung hat es, wenn der Graph der Funktion f oberhalb des Graphen der Funktion g verläuft?

(3) Berechnen Sie das bestimmte Integral.

Achten Sie darauf, dass Folgendes gilt:

$$\int_0^{40} d(t)\,dt = \int_0^{40} (f(t) - g(t))\,dt = \int_0^{40} f(t)\,dt - \int_0^{40} g(t)\,dt$$

Die Integrale über f(t) bzw. g(t) geben die zugeflossene bzw. abgeflossene Menge an.

Lösung

a) (1) Durch Einsetzen von t = 20 in den Funktionsterm erhält man:

$f(20) = 7\,200 \cdot 20^2 \cdot e^{-0,25 \cdot 20} \approx 19\,405$

$f(t) := 7200 \cdot t^2 \cdot e^{-0.25 \cdot t} \mid 0 \le t \le 40$ — Fertig
$f(20)$ — 19405.3

20 Stunden nach Beginn der Beobachtung beträgt die Zuflussrate etwa 19 405 m^3 pro Stunde.

(2) Durch Anwenden der Produkt- und Kettenregel erhält man:

$$f'(t) = 7\,200 \cdot 2t \cdot e^{-0,25t} + 7\,200 \cdot t^2 \cdot (-0,25) \cdot e^{-0,25t}$$
$$= 7\,200 \cdot (2t - 0,25t^2) \cdot e^{-0,25t}$$
$$= 7\,200 \cdot (-0,25t^2 + 2t) \cdot e^{-0,25t}$$

(3) Die notwendige Bedingung für eine Extremstelle ist f'(t) = 0.

$$f'(t) = 0$$
$$7\,200 \cdot (-0,25t^2 + 2t) \cdot e^{-0,25t} = 0 \qquad |: 7\,200 \cdot e^{-0,25t}$$
$$-0,25t^2 + 2t = 0$$
$$t \cdot (-0,25t + 2) = 0$$

Ein Produkt wird 0, wenn wenigstens ein Faktor 0 wird.

$t = 0 \ \vee \ -0,25t + 2 = 0$
$t = 0 \ \vee \ t = 8$

$a1f(t) := 7200 \cdot (-0.25 \cdot t^2 + 2 \cdot t) \cdot e^{-0.25 \cdot t}$ — Fertig
nSolve$(a1f(t)=0,t)$ — 0.
nSolve$(a1f(t)=0,t) \mid t>0$ — 8.

Die hinreichende Bedingung für eine Maximumstelle ist f'(t) = 0 und f'(t) hat an der möglichen Maximumstelle einen +/– Vorzeichenwechsel.

	7 200 t	− 0,25t + 2	$e^{-0,25t}$	f'(t)
0 < t < 8	+	+	+	+
8 < t < 40	+	–	+	–

An der Stelle t = 8 befindet sich ein lokales/relatives Maximum.

Alternativ (mithilfe der 2. Ableitung):
Die hinreichende Bedingung für eine Maximumstelle ist f'(t) = 0 und f''(t) < 0.
$f''(8) \approx -1\,949 < 0$

$a2f(t) := \frac{d}{dt}(a1f(t))$ — Fertig
$a2f(8)$ — -1948.83

Das lokale Maximum erhält man durch Einsetzen von t = 8 in den Funktionsterm:

$f(8) = 7\,200 \cdot 8^2 \cdot e^{-0,25 \cdot 8} \approx 62\,363$

Untersuchung auf Randextrema:

$f(0) = 7\,200 \cdot 0^2 \cdot e^{-0,25 \cdot 0} = 0$

$f(40) = 7\,200 \cdot 40^2 \cdot e^{-0,25 \cdot 40} \approx 523$

$f(8)$	62362.5
$f(0)$	0.
$f(40)$	523.007

Das lokale Maximum ist also auch das absolute Maximum. Es liegt zum Zeitpunkt t = 8 mit ca. 62 363 m³ pro Stunde vor.

b) $\int_0^{40} f(t)\,dt = 919\,048$

$\int_0^{40} f(t)\,dt$	919048.

Im Beobachtungszeitraum fließen ca. 920 000 m³ Wasser in das Rückhaltebecken.

c) (1) Die momentane Abflussrate nimmt zu dem Zeitpunkt am stärksten zu, in dem die Funktion g'(t) ihr Maximum annimmt.

Der Operator „bestimmen“ lässt eine grafische Lösung zu.

Die Funktion g'(t) wird im GTR definiert und gezeichnet.

$a1g(t):=-135\cdot(t^3-12\cdot t^2)\cdot e^{-0.25\cdot t}$	*Fertig*

Ein lokales/relatives Maximum liegt ca. 5,07 Stunden nach Beobachtungsbeginn vor. Ein Vergleich mit den Randwerten zeigt, dass das lokale/relative Maximum zugleich das globale/absolute Maximum ist.

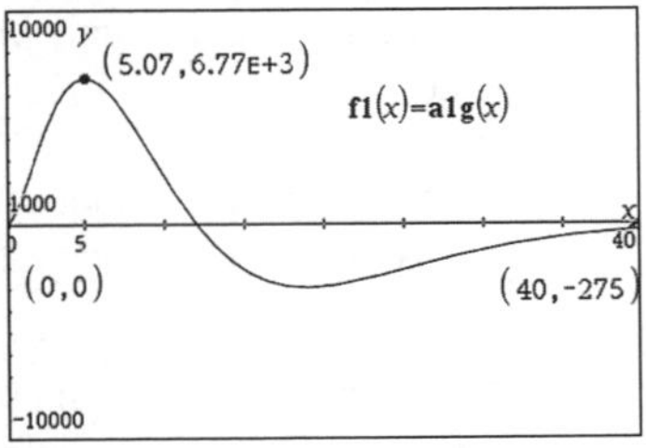

Alternativ (rechnerische Lösung):
Die notwendige Bedingung für eine Extremstelle ist g''(t) = 0.
Die notwendige Bedingung ist erfüllt für $t_1 \approx 5{,}07$ und $t_2 \approx 18{,}93$.

$a2g(t):=\frac{d}{dt}(a1g(t))$	*Fertig*
nSolve$(a2g(t)=0,t)\|t>0$	5.0718
nSolve$(a2g(t)=0,t)\|t>6$	18.9282

Die hinreichende Bedingung für eine Maximumstelle ist g''(t) = 0 und g'''(t) < 0.
Zum Zeitpunkt $t_1 = 5{,}07$ liegt ein lokales/relatives Maximum vor.

Ein Vergleich mit den Randwerten zeigt, dass dieses Maximum auch das globale/absolute Maximum ist.

$a3g(t):=\frac{d^2}{dt^2}(a1g(t))$	*Fertig*
$a3g(5.0718)$	-667.456
$a3g(18.9282)$	77.9705
$a1g(0)$	0.
$a1g(40)$	-274.579

(2) Das bestimmte Integral über der Funktion g(t) im Intervall [0; z] gibt die Wassermenge an, die vom Beobachtungsbeginn bis zum Zeitpunkt t = z in das Rückhaltebecken geflossen ist.
Gleichsetzen des bestimmten Integrals mit 50 000 und Lösen mit dem GTR ergibt:

$$\int_0^z g(t)\,dt = 50\,000 \quad \Rightarrow \quad t \approx 5{,}83$$

(Der Zeitpunkt $t \approx -3{,}65$ liegt nicht im Definitionsbereich).

$g(t):=540\cdot t^3\cdot e^{-0.25\cdot t}$	*Fertig*
$\text{nSolve}\left(\int_0^z g(t)\,dt=50000,z\right)$	-3.6462
$\text{nSolve}\left(\int_0^z g(t)\,dt=50000,z\right)\Big\vert z>0$	5.82532

Zum ungefähren Zeitpunkt t = 5,83 sind 50 000 m^3 Wasser aus dem Rückhaltebecken geflossen.

d) (1) Die Funktion d(t) ist die Differenzfunktion der Funktionen f(t) und g(t). Sie gibt somit die Zuwachs-/die Abnahmerate der Wassermenge in m^3 je Stunde im Rückhaltebecken an.
10 Stunden nach Beobachtungsbeginn nimmt die Wassermenge unter Berücksichtigung von Zu- und Abfluss mit einer Rate von ca. 14 775 m^3 je Stunde zu.

$d(t):=f(t)-g(t)$	*Fertig*
$d(10)$	14775.3
$d(20)$	-9702.64

20 Stunden nach Beobachtungsbeginn nimmt die Wassermenge unter Berücksichtigung von Zu- und Abfluss mit einer Rate von ca. 9 703 m^3 je Stunde ab.

(2) Bis zum Zeitpunkt t = 13 verläuft der Graph der Zuflussfunktion oberhalb des Graphen der Abflussfunktion. Die Wassermenge im Rückhaltebecken nimmt somit zu. Daher ist ungefähr zum Zeitpunkt t = 13 die Wassermenge im Rückhaltebecken maximal.

(3) Es gilt:

$$\int_0^{40} d(t)\,dt \approx 98\,181$$

$\int_0^{40} d(t)\,dt$	98180.9

Die Funktion d(t) beschreibt die Differenz der Zufluss- und der Abflussrate. Das Integral über d(t) gibt die Wassermenge an, die in dem Zeitraum zu- oder abgeflossen ist.
Am Ende des Beobachtungszeitraums befinden sich ca. 98 181 m^3 mehr Wasser im Rückhaltebecken als am Anfang des Beobachtungszeitraums.

Abiturprüfung 2020 Mathematik Grundkurs (Nordrhein-Westfalen)
Prüfungsteil B – Analysis B2 (CAS)

Das Jagdverhalten von Raubkatzen in der freien Wildbahn ist gekennzeichnet durch eine hohe Anfangsbeschleunigung. Darauf folgt eine kurze Phase mit annähernd konstanter Geschwindigkeit, bevor die Geschwindigkeit wieder abfällt.
Die Geschwindigkeit eines Tigers bei einem Jagdvorgang aus der Ruheposition heraus wird für $0 \le t \le 10$ zunächst ohne Berücksichtigung der Phase mit konstanter Geschwindigkeit modelliert. Dazu wird für $0 \le t \le 10$ die Funktion f mit

$f(t) = 0{,}0808 \cdot t^3 - 1{,}71 \cdot t^2 + 10{,}08 \cdot t, \;\; t \in \mathbb{R}$

verwendet. Dabei gibt t die Zeit seit Verlassen der Ruheposition in Sekunden und f(t) die Geschwindigkeit in $\frac{m}{s}$ an.

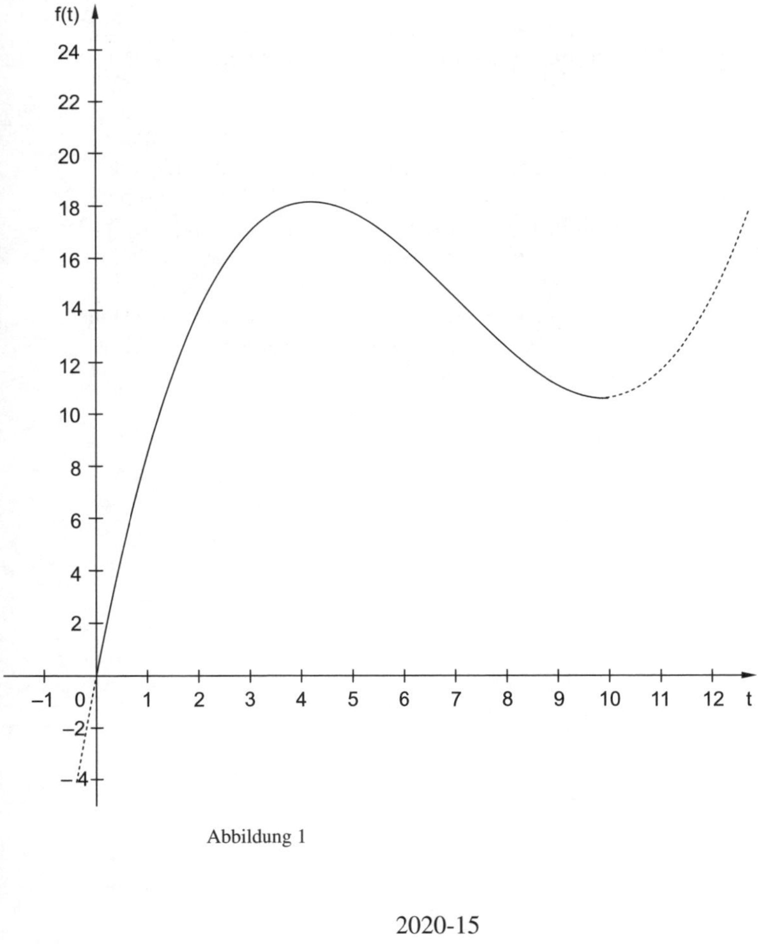

Abbildung 1

Punkte

a) (1) Geben Sie den Funktionswert von f für $t=5$ an und interpretieren Sie diesen Wert im Sachzusammenhang. 3

(2) Weisen Sie rechnerisch nach, dass der Tiger seine Maximalgeschwindigkeit von ca. $18{,}2\,\frac{m}{s}$ ungefähr 4,2 Sekunden nach Verlassen der Ruheposition erreicht, und geben Sie die Maximalgeschwindigkeit in $\frac{km}{h}$ an. 7

(3) Ermitteln Sie das Zeitintervall, in dem die Geschwindigkeit des Tigers mindestens $15\,\frac{m}{s}$ beträgt. 4

b) (1) Erläutern Sie die Bedeutung der ersten Ableitung von f im Sachzusammenhang. 2

(2) Ermitteln Sie den Zeitpunkt, zu dem die Geschwindigkeit am stärksten abnimmt, auf zwei Nachkommastellen genau. 4

c) Bestimmen Sie $\int_0^{10} f(t)\,dt$ und erläutern Sie die Bedeutung dieses Wertes im Sachzusammenhang. 4

d) Nehmen Sie an, dass der Tiger zunächst seine Maximalgeschwindigkeit gemäß dem Modell von Seite 1 erreicht (Phase 1). Nach Erreichen seiner Maximalgeschwindigkeit behält er diese noch 5 s lang bei (Phase 2). Anschließend verringert sich seine Geschwindigkeit gemäß einem neuen Modell (Phase 3). Dieses entspricht bis auf eine zeitliche Verschiebung dem Modell von Seite 1 (vgl. Abbildung 2). Ab $t=15$ läuft er mit konstanter Geschwindigkeit weiter (Phase 4). Im Folgenden werden die ersten 15 s (Phase 1 bis 3) dieses Ablaufs betrachtet.

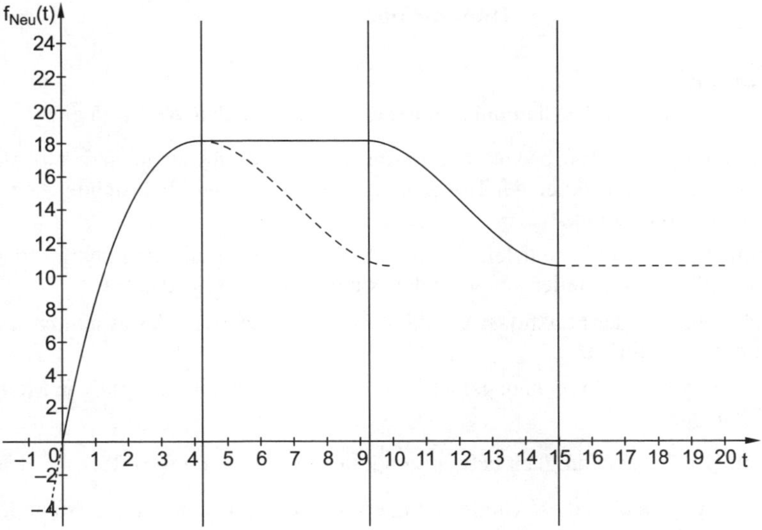

Abbildung 2

(1) Geben Sie für die Phasen 2 und 3 jeweils einen Funktionsterm an.
[*Hinweis:* Der Term für Phase 3 muss nicht vereinfacht werden.] 4

(2) Prüfen Sie, ob nach 15 s ein knickfreier Übergang zu einer konstanten Funktion, welche die Geschwindigkeit in Phase 4 modelliert, möglich ist. 3

(3) Ermitteln Sie die Länge der Strecke, die der Tiger in diesen ersten 15 s zurücklegt, und geben Sie die Durchschnittsgeschwindigkeit in diesem Zeitintervall an. 5

e) Für eine andere Raubkatze wird ein Modell gesucht, bei dem die Höchstgeschwindigkeit 6 s nach dem Verlassen der Ruhelage erreicht wird und $20\,\frac{m}{s}$ beträgt. Dieses Modell soll durch die Funktion g mit $g(t) = r \cdot f(s \cdot t)$ mit $r, s \in \mathbb{R}$ beschrieben werden.
Ermitteln Sie geeignete Werte für die beiden Parameter r und s, sodass die Funktion g als Transformation der Funktion f die beschriebene Eigenschaft hat.
[Hinweis: Die neue Funktionsvorschrift muss nicht vereinfacht werden.] 4

Hinweise und Tipps

Teilaufgabe a

(1) Definieren Sie im CAS die Funktion f(t) und setzen Sie den Wert $t = 5$ ein.

(2) Beachten Sie, dass das absolute Maximum einer Funktion sowohl an den lokalen Extremstellen (Nullstellen der 1. Ableitung) als auch an den Randstellen angenommen werden kann.

Ermitteln Sie dazu die Nullstellen von f'(t) und berechnen Sie die Funktionswerte von f an diesen Nullstellen sowie an den Randstellen von [0; 10].

Durch Vergleich der Funktionswerte lässt sich dann die Stelle des absoluten Maximums ermitteln.

Sie benötigen den Umrechnungsfaktor von Stunden in Sekunden und von Metern in Kilometer.

(3) Es gilt: Die Geschwindigkeit beträgt mindestens $15\,\frac{m}{s}$, wenn $f(t) \geq 15$.

Das Intervall, in dem diese Ungleichung erfüllt ist, ergibt sich durch Lösung der Gleichung $f(t) = 15$.

Beachten Sie, dass es auch Lösungen außerhalb des vorgegebenen Zeitintervalls von [0; 10] geben kann. Diese Lösungen sind von der weiteren Untersuchung auszuschließen.

Teilaufgabe b

(1) Die Ableitungsfunktion f' gibt die momentane Änderungsrate einer Funktion f an. Überlegen Sie, worin die Änderung der Geschwindigkeit besteht.

(2) Der Zeitpunkt der stärksten Abnahme der Geschwindigkeit ist die Minimalstelle der Beschleunigungs-Zeit-Funktion, also von f'.

Teilaufgabe c

Verwenden Sie das CAS.

Teilaufgabe d

(1) In Phase 2 läuft der Tiger mit der konstanten Geschwindigkeit $18{,}2\left[\frac{m}{s}\right]$.

In Phase 3 bewegt sich der Tiger nach der gleichen Geschwindigkeit-Zeit-Funktion wie in Phase 1, allerdings mit einer Zeitverzögerung von 5 Sekunden. Statt t muss also als Argument $t - 5$ verwendet werden.

(2) Für einen knickfreien Übergang müssen die links- und rechtsseitigen Tangentensteigungen an der Übergangsstelle übereinstimmen.

Bei einer konstanten Funktion beträgt die Steigung der Tangente 0.

(3) Die gesuchte Strecke ist der Änderungseffekt der Geschwindigkeits-Zeit-Funktion. Zu berechnen sind also die bestimmten Integrale über die drei durch die Phasen 1 bis 3 gegebenen Zeitintervalle.

Berechnen Sie die Durchschnittsgeschwindigkeit über die Formel $v = \frac{\text{Weg}}{\text{Zeit}}$.

Teilaufgabe e

Setzen Sie die bekannten Werte für die Extremstellen ein und ermitteln Sie so die gesuchten Werte für r und s.

Es sind zwei Transformationen auszuführen:
In x-Richtung: $4{,}2 \rightarrow 6$ bzw. $4{,}2 = s \cdot 6$
In y-Richtung: $18{,}2 \rightarrow 20$ bzw. $18{,}2 \cdot r = 20$

Lösung

a) $f(t) = 0{,}0808t^3 - 1{,}71t^2 + 10{,}08t$

$f(t):=0.0808\cdot t^3-1.71\cdot t^2+10.08\cdot t$	*Fertig*
$f(5)$	17.75

(1) $f(5) = 0{,}0808 \cdot 5^3 - 1{,}71 \cdot 5^2 + 10{,}08 \cdot 5$
$= 17{,}75$

5 s nach dem Start aus der Ruheposition heraus hat der Tiger eine Geschwindigkeit von $17{,}75\,\frac{\text{m}}{\text{s}}$ erreicht.

(2) Es ist das absolute Maximum der Funktion f im betrachteten Intervall [0; 10] zu bestimmen. Dieses Maximum kann entweder an einer Nullstelle der Ableitungsfunktion (notwendige Bedingung für eine lokale Extremstelle) oder am Rand angenommen werden.

Die notwendige Bedingung für eine lokale Extremstelle lautet:
$f'(t) = 0 \quad \Leftrightarrow \quad t_1 \approx 4{,}19 \ \vee \ t_2 \approx 9{,}91$

$a1f(t):=\frac{d}{dt}(f(t))$	*Fertig*
$\text{solve}(a1f(t)=0,t)$	$t=4.19418$ or $t=9.91473$

Zuzüglich der Randstellen $t_3 = 0$ und $t_4 = 10$ ergeben sich somit 4 Stellen, an denen die Funktion f ihr absolutes Maximum im Intervall [0; 10] annehmen kann. Durch Vergleich der Funktionswerte wird dann die Maximalstelle ermittelt:

$f(0) = 0$
$f(4{,}19) \approx 18{,}16$
$f(9{,}91) \approx 10{,}59$
$f(10) = 10{,}6$

$f(0)$	0.
$f(4.19)$	18.1579
$f(9.91)$	10.5949
$f(10)$	10.6

Der Tiger hat nach ca. 4,2 s seine Maximalgeschwindigkeit von ca. $18{,}2\,\frac{\text{m}}{\text{s}}$ im Zeitintervall [0; 10] erreicht.

Umrechnung in $\frac{\text{km}}{\text{h}}$:

$1\,\text{h} \mathrel{\hat{=}} 60 \cdot 60\,\text{s} = 3\,600\,\text{s}$

$$18{,}2\,\frac{\text{m}}{\text{s}} \mathrel{\hat{=}} \frac{18{,}2 \cdot 3\,600}{3\,600}\,\frac{\text{m}}{\text{s}} = 65\,520\,\frac{\text{m}}{\text{h}} = 65{,}520\,\frac{\text{km}}{\text{h}}$$

(3) Die Geschwindigkeit des Tigers beträgt mindestens $15\,\frac{\text{m}}{\text{s}}$, wenn gilt:
$f(t) \geq 15$

Um diesen Bereich zu bestimmen, werden zunächst die Lösungen der folgenden Gleichung bestimmt.

$f(t) = 15 \quad \Leftrightarrow \quad t_{01} \approx 2{,}3$
$t_{02} \approx 6{,}7$
$t_{03} \approx 12{,}2$

$\text{solve}(f(t)=15,t)$
$t=2.26572$ or $t=6.73873$ or $t=12.1589$

Der Wert t_{03} liegt außerhalb des zu betrachtenden Zeitrahmens. Somit kommt für den fraglichen Zeitraum das Zeitintervall $[t_{01}; t_{02}]$ in Betracht.

Der Testwert $t=5$ liefert mit $f(5)=17{,}75$ (siehe Teilaufgabe a(1)) einen Wert größer als 15. Berücksichtigt man zusätzlich den Verlauf des Graphen (siehe Aufgabenstellung), ergibt sich, dass der Tiger im Zeitintervall [2,3; 6,7] eine Geschwindigkeit von mindestens $15\,\frac{m}{s}$ hatte.

b) (1) Die Ableitungsfunktion f' gibt die momentane Änderungsrate einer Funktion f an. Im Sachzusammenhang gibt f'(t) die momentane Beschleunigung des Tigers nach t Sekunden seit Verlassen der Ruheposition an.

(2) Die Änderung der Geschwindigkeit f(t) wird gemäß (1) durch die Ableitungsfunktion f'(t) angegeben. Der Zeitpunkt der stärksten Abnahme ist somit die Minimalstelle von f'(t).

Notwendiges Kriterium:
$(f'(t))' = f''(t) = 0{,}4848t - 3{,}42 = 0$
$\Leftrightarrow\ t_E \approx 7{,}05$
Hinreichendes Kriterium:
$f'''(t_E) = 0{,}4848 > 0 \ \Rightarrow\ $ Minimum
An der Stelle $t_E \approx 7{,}05$ [s] nimmt die Geschwindigkeit des Tigers am stärksten ab.

$a2f(t) := \frac{d}{dt}(a1f(t))$	*Fertig*
solve$(a2f(t)=0,t)$	$t=7.05446$
$a3f(t) := \frac{d}{dt}(a2f(t))$	*Fertig*
$a3f(7.05)$	0.4848

c) $\int_0^{10} f(t)\,dt = 136$

$\int_0^{10} f(t)\,dt$	136.

Alternativ:
Es ist F mit $F(t) = 0{,}0202t^4 - 0{,}57t^3 + 5{,}04t^2$ eine Stammfunktion von f.
Dann gilt:

$$\int_0^{10} f(t)\,dt = F(10) - F(0) = 136$$

Die Stammfunktion F einer Funktion f gibt den Änderungseffekt von f an, hier konkret den zurückgelegten Weg des Tigers im Intervall [0; 10] von 136 m.

d) (1) In Phase 2 läuft der Tiger mit der konstanten Geschwindigkeit weiter, die er zum Zeitpunkt $t=4{,}2$ erreicht hat, also lautet der Term für Phase 2:
$f_2(t) = f(4{,}2) \approx 18{,}2$ (siehe Teilaufgabe a (2)) mit $4{,}2 \le t \le 9{,}2$

Der Term für Phase 3 entspricht dem Term für Phase 1 bis auf eine Zeitverzögerung von 5 s. Diese wird durch das Argument $t-5$ statt t zum Ausdruck gebracht. Somit lautet der gesuchte Term:
$f_3(t) = f(t-5)$ für $9{,}2 \le t \le 15$

(2) Ein knickfreier Übergang nach Phase 3 zu einer konstanten Funktion ist nur dann möglich, wenn die Tangente an den Graphen von f_3 im Punkt $(15 \mid f_3(15))$ eine Horizontale ist, also die Steigung 0 hat.

Es gilt:

$$f_3'(15) = f'(15-5) = f'(10) = 0{,}12 > 0$$

$a1f(10)$	0.12

Der Übergang ist also nicht völlig knickfrei.

(3) Die gesuchte Strecke ist der Änderungseffekt der Geschwindigkeits-Zeit-Funktion im betrachteten Intervall:

$$\int_0^{4,2} f(t)\,dt + \int_{4,2}^{9,2} 18{,}2\,dt + \int_{9,2}^{15} f(t-5)\,dt$$

$$= \int_0^{4,2} f(t)\,dt + \int_{9,2}^{15} f(t-5)\,dt + [18{,}2 \cdot t]_{4,2}^{9,2}$$

$$= \int_0^{4,2} f(t)\,dt + \int_{9,2-5}^{15-5} f(t)\,dt + 18{,}2 \cdot (9{,}2-4{,}2)$$

$$= \int_0^{4,2} f(t)\,dt + \int_{4,2}^{10} f(t)\,dt + 18{,}2 \cdot 5$$

$$= \int_0^{10} f(t)\,dt + 91 \quad \text{(siehe Teilaufgabe d (1))}$$

$$= 136 + 91$$

$$= 227\,[\text{m}]$$

Der Tiger legt insgesamt eine Strecke von 227 m zurück.

$\int_0^{4.2} f(t)\,dt + \int_{4.2}^{9.2} 18.2\,dt + \int_{9.2}^{15} f(t-5)\,dt$	
	227.

Die Durchschnittsgeschwindigkeit im Intervall [0; 15] beträgt:

$$\frac{227}{15}\,\frac{\text{m}}{\text{s}} \approx 15{,}13\,\frac{\text{m}}{\text{s}}$$

Die Umrechnung der Geschwindigkeit in $\frac{\text{km}}{\text{h}}$ ergibt:

$$15{,}13\,\frac{\text{m}}{\text{s}} = \frac{15{,}13 \cdot 3\,600}{3\,600}\,\frac{\text{m}}{\text{s}} = 54\,468\,\frac{\text{m}}{\text{h}} = 54{,}468\,\frac{\text{km}}{\text{h}}$$

e) Für die Funktion f gilt:
f hat an der Stelle $t \approx 4{,}2$ ein lokales Maximum mit $f(4{,}2) \approx 18{,}2$ (siehe Teilaufgabe a (2)).
Die neue Funktion g soll an der Stelle $t = 6$ ein lokales Maximum mit $g(6) = 20$ haben. Für die Funktion g mit $g(t) = r \cdot f(s \cdot t)$ soll also gelten:

$$g(6) = r \cdot f(s \cdot 6) = 20 \quad \Rightarrow \quad r = \frac{20}{f(s \cdot 6)}$$

Es sind zwei Transformationen durchzuführen:
In x-Richtung: $4{,}2 \to 6$

$$4{,}2 = s \cdot 6 \quad \Leftrightarrow \quad s = \frac{4{,}2}{6} = 0{,}7$$

In y-Richtung: $18{,}2 \to 20$

$$18{,}2 \cdot r = 20 \quad \Leftrightarrow \quad r = \frac{20}{f(s \cdot 6)} = \frac{20}{f(4{,}2)} = \frac{20}{18{,}2} \approx 1{,}1$$

Die gesuchte Funktion lautet also:
$g(t) = 1{,}1 \cdot f(0{,}7 \cdot t)$

Abiturprüfung 2020 Mathematik Grundkurs (Nordrhein-Westfalen)
Prüfungsteil B – Vektorielle Geometrie B3 (GTR/CAS)

In Abbildung 1 ist ein regelmäßiges Tetraeder ABCD mit den Eckpunkten A(0 | 0 | 0), B(10 | 10 | 0), C(10 | 0 | 10) und D(0 | 10 | 10) in einem kartesischen Koordinatensystem abgebildet.

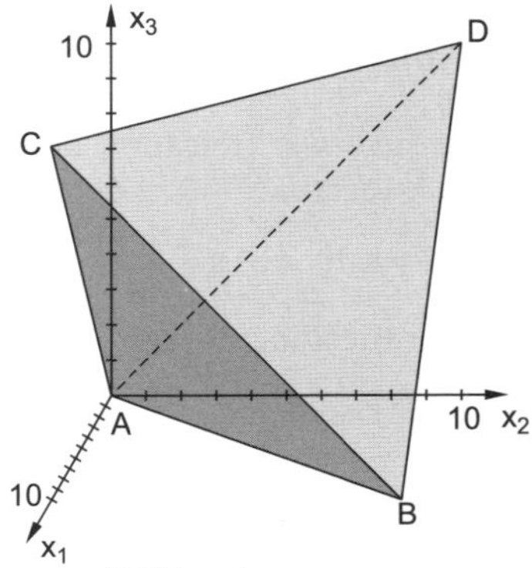

Abbildung 1

Punkte

a) (1) Geben Sie die Koordinaten des Mittelpunktes M von $\overline{AB}$ an. 2

(2) Zeigen Sie, dass das Dreieck ABC gleichseitig ist. 4

(3) Bestimmen Sie den Flächeninhalt des Dreiecks ABC und den Oberflächeninhalt des Tetraeders ABCD.
[Zur Kontrolle: $O_{\text{Tetraeder}} = 200 \cdot \sqrt{3}$ FE] 4

(4) Geben Sie die Koordinaten der Eckpunkte eines Würfels mit dem Volumen V = 1 000 VE an, der das Tetraeder enthält. 4

b) (1) E ist die Ebene, in der das Dreieck ABC liegt, und

$$g: \vec{x} = \begin{pmatrix} 0 \\ 10 \\ 10 \end{pmatrix} + t \cdot \begin{pmatrix} 1 \\ -1 \\ -1 \end{pmatrix}, \quad t \in \mathbb{R},$$ ist eine Gerade, die durch den Punkt D

verläuft.
Bestimmen Sie rechnerisch den Schnittpunkt P von g und E.
$\left[\text{Zur Kontrolle: } P\left(\frac{20}{3} \,\middle|\, \frac{10}{3} \,\middle|\, \frac{10}{3}\right)\right]$ 6

(2) Zeigen Sie, dass $\overrightarrow{DP}$ auf $\overrightarrow{AB}$ und $\overrightarrow{AC}$ senkrecht steht. 3

(3) Bestimmen Sie rechnerisch das Volumen des Tetraeders ABCD. 3

Das Tetraeder ABCD modelliert einen Körper mit Kanten aus Draht. Diesen Körper taucht man in Seifenlauge. Beim Herausnehmen bilden sich im Inneren des Körpers Flächen aus Seifenhaut (vgl. Abbildungen 2 und 3).

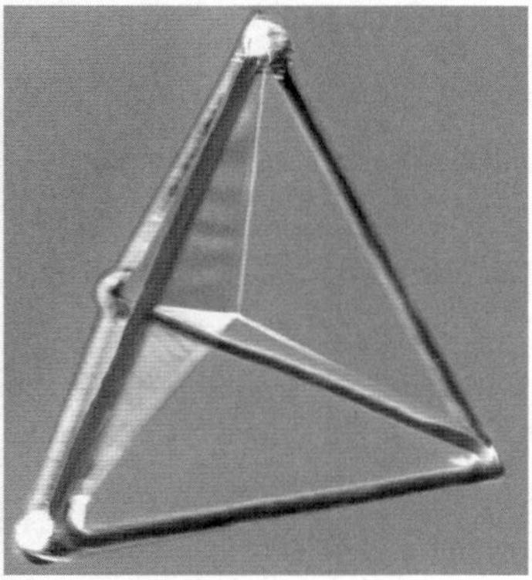

Abbildung 2

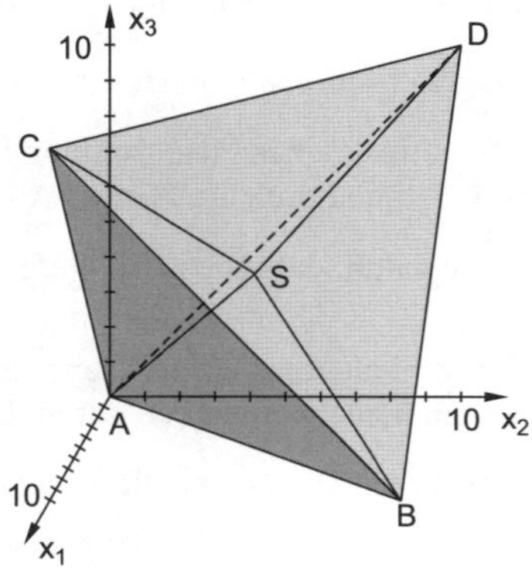

Abbildung 3

Die Seifenhaut besteht aus sechs kongruenten gleichschenkligen Dreiecken mit einem gemeinsamen Eckpunkt, der durch S(5 | 5 | 5) modelliert wird. S liegt im Inneren des Tetraeders. Jedes dieser Dreiecke hat den Flächeninhalt $F = 25 \cdot \sqrt{2}$ FE.

c) (1) Bestimmen Sie, um wie viel Prozent der Gesamtflächeninhalt der Seifenhaut kleiner ist als der Oberflächeninhalt des Tetraeders. 3

(2) Berechnen Sie die Größe des Winkels zwischen $\overrightarrow{SB} = \begin{pmatrix} 5 \\ 5 \\ -5 \end{pmatrix}$ und $\overrightarrow{SD} = \begin{pmatrix} -5 \\ 5 \\ 5 \end{pmatrix}$. 3

(3) Weisen Sie rechnerisch nach, dass der Punkt S auf der Strecke $\overline{DP}$ liegt. 5

(4) Begründen Sie, dass das Volumen der Pyramide ABCS ein Viertel des Volumens des Tetraeders ABCD beträgt. 3

Hinweise und Tipps

Teilaufgabe a

(1) Für den Ortsvektor des Mittelpunktes einer Strecke $\overline{AB}$ gilt: $\vec{m}_{AB} = \frac{1}{2} \cdot (\vec{a} + \vec{b})$

(2) In einem gleichseitigen Dreieck sind alle Seiten gleich lang.

(3) Der Flächeninhalt eines gleichseitigen Dreiecks mit der Seitenlänge a kann berechnet werden durch die Formel $A = \frac{a^2}{4}\sqrt{3}$.

Denken Sie daran, dass Sie in Teilaufgabe a (2) die Seitenlänge berechnet haben.

Oder

Der Flächeninhalt eines Dreiecks mit der Grundseite g und der zugehörigen Höhe h kann berechnet werden durch die Formel $A = \frac{1}{2} \cdot g \cdot h$.

Im gleichseitigen Dreieck ist die Höhe gleich der Seitenhalbierenden.

Die Oberfläche des Tetraeders besteht aus 4 kongruenten gleichseitigen Dreiecken.

(4) Die Volumenformel für einen Würfel lautet: $V = a^3$

Berechnen Sie die Kantenlänge des Würfels und betrachten Sie die Koordinaten der Eckpunkte des Tetraeders.

Teilaufgabe b

(1) Stellen Sie die Dreipunkteform der Ebene E_{ABC} auf.

Setzen Sie die Ebenen- und Geradengleichung gleich und lösen Sie die entstehende Vektorgleichung.

Oder

Ein Normalenvektor der Ebene steht senkrecht zu den Spannvektoren der Ebene.

Bestimmen Sie einen Normalenvektor der Ebene mithilfe eines unterbestimmten Gleichungssystems.

Stellen Sie die Punkt-Normalenform auf und formen Sie diese um in die Koordinatenform.

Setzen Sie die Koordinatengleichungen der Geraden in die Koordinatenform der Ebenengleichung ein und lösen Sie die entstehende Gleichung.

(2) Zwei Vektoren stehen dann senkrecht aufeinander, wenn das Skalarprodukt der beiden Vektoren gleich null ist.

(3) Die Vektoren $\overrightarrow{AB}$ und $\overrightarrow{AC}$ sind Spannvektoren der Ebene E_{ABC}.

Welche Bedeutung hat dies für den Vektor $\overrightarrow{DP}$ bezüglich der Ebene E_{ABC}?

Berechnen Sie mithilfe des Vektors $\overrightarrow{DP}$ die Länge der Höhe des Tetraeders.

Das Volumen eines Tetraeders berechnet sich mit der Volumenformel einer Pyramide: $V = \frac{1}{3} \cdot G \cdot h$.

Teilaufgabe c

(1) Wählen Sie den Oberflächeninhalt des Tetraeders als Grundwert und das Sechsfache der Dreiecksfläche als verminderten Prozentwert.

(2) Der Winkel α zwischen zwei Vektoren $\vec{u}$ und $\vec{v}$ berechnet sich nach der Formel:

$$\cos(\alpha) = \frac{\vec{u} \circ \vec{v}}{|\vec{u}| \cdot |\vec{v}|}$$

(3) Der Punkt S liegt auf der Strecke $\overline{DP}$, wenn die Vektorgleichung $\vec{s} = \vec{d} + r \cdot \overrightarrow{DP}$ mit $0 \leq r \leq 1$ erfüllt ist.

(4) Beachten Sie, dass man bei der Pyramide und dem Tetraeder die gleiche Grundfläche wählen kann.

Welche Bedeutung hat das Teilungsverhältnis aus Teilaufgabe c (3) für die Höhen von Pyramide und Tetraeder?

Lösung

a) (1) Es gilt:

$$\vec{m} = \frac{1}{2} \cdot (\vec{a} + \vec{b}) = \frac{1}{2} \cdot \left[\begin{pmatrix} 0 \\ 0 \\ 0 \end{pmatrix} + \begin{pmatrix} 10 \\ 10 \\ 0 \end{pmatrix} \right] = \begin{pmatrix} 5 \\ 5 \\ 0 \end{pmatrix}$$

$a:=\begin{bmatrix} 0 \\ 0 \\ 0 \end{bmatrix}: b:=\begin{bmatrix} 10 \\ 10 \\ 0 \end{bmatrix}: c:=\begin{bmatrix} 10 \\ 0 \\ 10 \end{bmatrix}: d:=\begin{bmatrix} 0 \\ 10 \\ 10 \end{bmatrix}$	$\begin{bmatrix} 0 \\ 10 \\ 10 \end{bmatrix}$
$m:=\frac{1}{2} \cdot (a+b)$	$\begin{bmatrix} 5 \\ 5 \\ 0 \end{bmatrix}$

Der Mittelpunkt der Seite $\overline{AB}$ hat die Koordinaten M(5 | 5 | 5).

(2) In einem gleichseitigen Dreieck sind alle Seiten gleich lang.

Die Seiten des Dreiecks haben folgende Längen:

$$\overline{AB} = |\overrightarrow{AB}| = \left| \begin{pmatrix} 10 \\ 10 \\ 0 \end{pmatrix} \right| = \sqrt{100+100} = 10\sqrt{2} \text{ [LE]}$$

$$\overline{AC} = |\overrightarrow{AC}| = \left| \begin{pmatrix} 10 \\ 0 \\ 10 \end{pmatrix} \right| = \sqrt{100+100} = 10\sqrt{2} \text{ [LE]}$$

$$\overline{BC} = |\overrightarrow{BC}| = \left| \begin{pmatrix} 10 \\ 0 \\ 10 \end{pmatrix} - \begin{pmatrix} 10 \\ 10 \\ 0 \end{pmatrix} \right| = \left| \begin{pmatrix} 0 \\ -10 \\ 10 \end{pmatrix} \right| = \sqrt{100+100} = 10\sqrt{2} \text{ [LE]}$$

GTR

norm(a−b)	14.1421
norm(a−c)	14.1421
norm(b−c)	14.1421

CAS

norm(a−b)	$10\cdot\sqrt{2}$
norm(a−c)	$10\cdot\sqrt{2}$
norm(b−c)	$10\cdot\sqrt{2}$

Die Dreiecksseiten sind gleich lang, das Dreieck ist somit gleichseitig.

(3) Der Flächeninhalt eines gleichseitigen Dreiecks mit der Seitenlänge a kann berechnet werden durch folgende Formel:

$$A = \frac{a^2}{4}\sqrt{3}$$

Einsetzen der in Teilaufgabe a (2) berechneten Seitenlänge in die Formel ergibt:

$$A = \frac{(10\sqrt{2})^2}{4}\sqrt{3} = 50\sqrt{3} \approx 86{,}60 \text{ [FE]}$$

Alternativ:

Der Flächeninhalt eines Dreiecks mit der Grundseite g und der zugehörigen Höhe h kann berechnet werden durch die Formel $A = \frac{1}{2} \cdot g \cdot h$. Im gleichseitigen Dreieck ist die Höhe gleich der Seitenhalbierenden.

Ist $\overline{AB}$ die Grundseite, so ist $\overline{CM_{AB}}$ die zugehörige Höhe.

$$\overline{CM_{AB}} = |\overrightarrow{CM_{AB}}| = \left|\begin{pmatrix}5\\5\\0\end{pmatrix} - \begin{pmatrix}10\\0\\10\end{pmatrix}\right| = \left|\begin{pmatrix}-5\\5\\-10\end{pmatrix}\right| = \sqrt{150} = 5\sqrt{6}\,[\text{LE}]$$

Einsetzen der Längen in die Flächeninhaltsformel ergibt:

$$A = \frac{1}{2} \cdot 10\sqrt{2} \cdot 5\sqrt{6} = 25\sqrt{12} = 50\sqrt{3} \approx 86{,}60\,[\text{FE}]$$

Der Flächeninhalt des Dreiecks ABC beträgt $50\sqrt{3}$ Flächeneinheiten.

Die Oberfläche des Tetraeders besteht aus 4 kongruenten gleichseitigen Dreiecken.

$$O = 4 \cdot 50\sqrt{3} = 200\sqrt{3} \approx 346{,}41\,[\text{FE}]$$

Der Oberflächeninhalt des Tetraeders ABCD beträgt $200\sqrt{3}$ Flächeneinheiten.

(4) Die Volumenformel für einen Würfel lautet: $V = a^3$

Einsetzen des angegebenen Volumens in die Formel ergibt:

$a^3 = 1\,000 \quad \Leftrightarrow \quad a = 10$

Betrachtet man die Koordinaten der Eckpunkte, so sieht man, dass A und B in der x_1x_2-Koordinatenebene ($x_3 = 0$) liegen und die Eckpunkte der Diagonalen des Grundflächenquadrats eines Würfels mit der Kantenlänge 10 LE bilden. Die anderen Punkte des Grundflächenquadrats sind dann $W_2(10\,|\,0\,|\,0)$ und $W_4(0\,|\,10\,|\,0)$. In der Ebene $x_3 = 10$ liegen dann die Eckpunkte $W_5(0\,|\,0\,|\,10)$ und $W_7(10\,|\,10\,|\,10)$. Zudem ist $W_1 = A(0\,|\,0\,|\,0)$, $W_3 = B(10\,|\,10\,|\,0)$, $W_6 = C(10\,|\,0\,|\,10)$ und $W_8 = D(0\,|\,10\,|\,10)$.

Die nebenstehende Abbildung verdeutlicht den Sachverhalt, ist aber nicht verlangt.

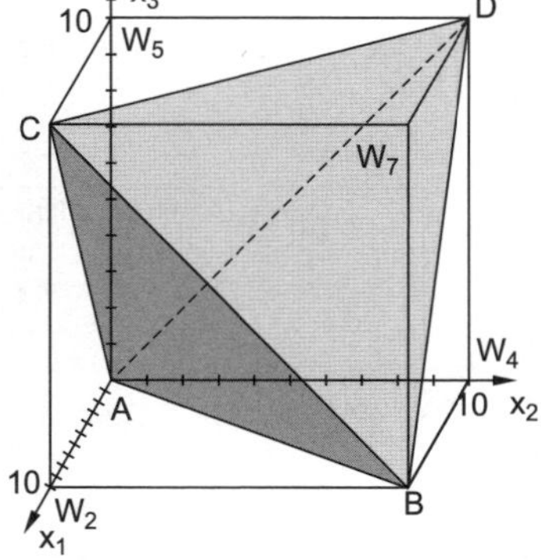

b) (1) Die Dreipunkteform der Ebene E_{ABC} mit A als Anbindungspunkt und den Vektoren $\overrightarrow{AB}$ sowie $\overrightarrow{AC}$ als Spannvektoren lautet:

$$E_{ABC}\colon\ \vec{x} = \begin{pmatrix}0\\0\\0\end{pmatrix} + r' \cdot \begin{pmatrix}10\\10\\0\end{pmatrix} + s' \cdot \begin{pmatrix}10\\0\\10\end{pmatrix} = r \cdot \begin{pmatrix}1\\1\\0\end{pmatrix} + s \cdot \begin{pmatrix}1\\0\\1\end{pmatrix};\ r', r, s', s \in \mathbb{R}$$

Gleichsetzen von Ebenen- und Geradengleichung ergibt die Vektorgleichung:

$$r \cdot \begin{pmatrix} 1 \\ 1 \\ 0 \end{pmatrix} + s \cdot \begin{pmatrix} 1 \\ 0 \\ 1 \end{pmatrix} = \begin{pmatrix} 0 \\ 10 \\ 10 \end{pmatrix} + t \cdot \begin{pmatrix} 1 \\ -1 \\ -1 \end{pmatrix}$$

Umschreiben in die Koordinatengleichungen und Umstellen der Gleichungen ergibt das folgende Gleichungssystem:

$$\begin{array}{ll} \text{I} & r + s - t = 0 \\ \text{II} & r + t = 10 \\ \text{III} & s + t = 10 \end{array}$$

$$\begin{array}{lll} \text{I} - \text{II} & s - 2t = -10 & (\text{I}') \\ \text{I}' - \text{III} & -3t = -20 & \\ & t = \frac{20}{3} & \end{array}$$

Einsetzen von $t = \frac{20}{3}$ in Gleichung II bzw. III ergibt:

$$r = s = \frac{10}{3}$$

Einsetzen von $t = \frac{20}{3}$ in die Geradengleichung g ergibt:

$$\vec{p} = \begin{pmatrix} 0 \\ 10 \\ 10 \end{pmatrix} + \frac{20}{3} \cdot \begin{pmatrix} 1 \\ -1 \\ -1 \end{pmatrix} = \begin{pmatrix} \frac{20}{3} \\ \frac{10}{3} \\ \frac{10}{3} \end{pmatrix}$$

Der Schnittpunkt hat die Koordinaten $P\left(\frac{20}{3} \middle| \frac{10}{3} \middle| \frac{10}{3}\right)$.

Der Operator „bestimmen Sie rechnerisch" lässt den Einsatz von GTR/CAS zu.

GTR

$$\text{linSolve}\left(\begin{cases} r+s=t \\ r=10-t \\ s=10-t \end{cases}, \{r,s,t\}\right) \quad \left\{\frac{10}{3}, \frac{10}{3}, \frac{20}{3}\right\}$$

$$p := \begin{bmatrix} 0 \\ 10 \\ 10 \end{bmatrix} + \frac{20}{3} \cdot \begin{bmatrix} 1 \\ -1 \\ -1 \end{bmatrix} \quad \begin{bmatrix} \frac{20}{3} \\ \frac{10}{3} \\ \frac{10}{3} \end{bmatrix}$$

CAS

$$e\_abc := a + r \cdot (b-a) + s \cdot (c-a) \quad \begin{bmatrix} 10 \cdot r + 10 \cdot s \\ 10 \cdot r \\ 10 \cdot s \end{bmatrix}$$

$$g := \begin{bmatrix} 0 \\ 10 \\ 10 \end{bmatrix} + t \cdot \begin{bmatrix} 1 \\ -1 \\ -1 \end{bmatrix} \quad \begin{bmatrix} t \\ 10-t \\ 10-t \end{bmatrix}$$

$$\text{solve}(e\_abc = g, t) \quad t = \frac{20}{3} \text{ and } r = \frac{1}{3} \text{ and } s = \frac{1}{3}$$

$$p := g|t = \frac{20}{3} \quad \begin{bmatrix} \frac{20}{3} \\ \frac{10}{3} \\ \frac{10}{3} \end{bmatrix}$$

Alternativ (die Normalenform der Ebenengleichung)

Ist $\vec{n} = \begin{pmatrix} n_1 \\ n_2 \\ n_3 \end{pmatrix}$ ein Normalenvektor der Ebene, so steht dieser senkrecht zu den Spannvektoren. Es gilt somit:

$$\text{I} \quad \begin{pmatrix} n_1 \\ n_2 \\ n_3 \end{pmatrix} \circ \begin{pmatrix} 1 \\ 1 \\ 0 \end{pmatrix} = 0 \quad \Leftrightarrow \quad n_1 + n_2 = 0$$

$$\text{II} \quad \begin{pmatrix} n_1 \\ n_2 \\ n_3 \end{pmatrix} \circ \begin{pmatrix} 1 \\ 0 \\ 1 \end{pmatrix} = 0 \quad \Leftrightarrow \quad n_1 + n_3 = 0$$

Wählt man $n_1 = -1$, so ist $n_2 = n_3 = 1$. Ein Normalenvektor lautet damit:

$$\vec{n} = \begin{pmatrix} -1 \\ 1 \\ 1 \end{pmatrix}$$

Mit dem Anbindungspunkt A und dem Normalenvektor $\vec{n} = \begin{pmatrix} -1 \\ 1 \\ 1 \end{pmatrix}$ erhält man die Punkt-Normalenform der Ebenengleichung der Ebene E_{ABC}:

$$E_{ABC}: \begin{pmatrix} -1 \\ 1 \\ 1 \end{pmatrix} \circ \vec{x} - \begin{pmatrix} -1 \\ 1 \\ 1 \end{pmatrix} \circ \begin{pmatrix} 0 \\ 0 \\ 0 \end{pmatrix} = 0$$

Ausmultiplizieren führt zur Koordinatenform:

$$E_{ABC}: -x_1 + x_2 + x_3 = 0$$

Durch Einsetzen der Koordinatengleichungen der Geraden g in die Koordinatenform der Ebenengleichung der Ebene E_{ABC} kann der Ortsvektor des Punktes P berechnet werden.

$$\begin{aligned} -t + (10 - t) + (10 - t) &= 0 \\ -3t &= -20 \\ t &= \frac{20}{3} \end{aligned}$$

Die Koordinaten erhält man wie oben.

(2) Zwei Vektoren stehen dann senkrecht aufeinander, wenn das Skalarprodukt der beiden Vektoren gleich null ist.

$$\overrightarrow{DP} \circ \overrightarrow{AB} = \begin{pmatrix} \frac{20}{3} \\ -\frac{20}{3} \\ -\frac{20}{3} \end{pmatrix} \circ \begin{pmatrix} 10 \\ 10 \\ 0 \end{pmatrix} = \frac{200}{3} - \frac{200}{3} = 0$$

dotP(b−a,p−d)	0
dotP(c−a,p−d)	0

$$\overrightarrow{DP} \circ \overrightarrow{AC} = \begin{pmatrix} \frac{20}{3} \\ -\frac{20}{3} \\ -\frac{20}{3} \end{pmatrix} \circ \begin{pmatrix} 10 \\ 0 \\ 10 \end{pmatrix} = \frac{200}{3} - \frac{200}{3} = 0$$

Der Vektor $\overrightarrow{DP}$ steht senkrecht auf den Vektoren $\overrightarrow{AB}$ und $\overrightarrow{AC}$.

(3) Die Vektoren $\overrightarrow{AB}$ und $\overrightarrow{AC}$ sind die Spannvektoren der Ebene E_{ABC}. Der Vektor $\overrightarrow{DP}$ steht nach Teilaufgabe b (2) senkrecht auf der Ebene E_{ABC}.

Nimmt man als Grundfläche G den in Teilaufgabe a (3) berechneten Flächeninhalt des Dreiecks ABC, so ist die Höhe h gleich dem Abstand des Punktes D von der Ebene E_{ABC}, bzw. da $\overrightarrow{DP}$ senkrecht zur Ebene steht, gleich der Länge des Vektors $\overrightarrow{DP}$.

Für die Länge der Höhe h erhält man dann:

$$h = |\overrightarrow{DP}| = \left| \begin{pmatrix} \frac{20}{3} \\ -\frac{20}{3} \\ -\frac{20}{3} \end{pmatrix} \right| = \frac{20}{3}\sqrt{3} \approx 11{,}55\,[\text{LE}]$$

Das Volumen eines Tetraeders berechnet sich mit der Volumenformel einer Pyramide: $V = \frac{1}{3} \cdot G \cdot h$.

Durch Einsetzen der Größen für G und h in die Volumenformel erhält man das Volumen:

$$V = \frac{1}{3} \cdot 50\sqrt{3} \cdot \frac{20}{3}\sqrt{3} = \frac{1\,000}{3} \approx 333{,}33\,[\text{VE}]$$

c) (1) Mit dem Oberflächeninhalt des Tetraeders als Grundwert und dem Sechsfachen der Dreiecksfläche als verminderter Prozentwert ergibt sich:

$$p = \frac{6 \cdot F}{O} = \frac{6 \cdot 25\sqrt{2}}{200\sqrt{3}} = \frac{3}{4} \cdot \sqrt{\frac{2}{3}} \approx 0{,}6124$$

Der Gesamtflächeninhalt der Seifenhaut ist ca. 38,8 % kleiner als die Oberfläche des Tetraeders.

(2) Der Winkel α zwischen zwei Vektoren berechnet sich nach folgender Formel:

$$\cos(\alpha) = \frac{\overrightarrow{SB} \circ \overrightarrow{SD}}{|\overrightarrow{SB}| \cdot |\overrightarrow{SD}|}$$

Damit gilt:

$$\cos(\alpha) = \frac{\left| \begin{pmatrix} 5 \\ 5 \\ -5 \end{pmatrix} \circ \begin{pmatrix} -5 \\ 5 \\ 5 \end{pmatrix} \right|}{\left| \begin{pmatrix} 5 \\ 5 \\ -5 \end{pmatrix} \right| \cdot \left| \begin{pmatrix} -5 \\ 5 \\ 5 \end{pmatrix} \right|} = \frac{-25 + 25 - 25}{\sqrt{75} \cdot \sqrt{75}} = \frac{-25}{75} = -\frac{1}{3}$$

$$\alpha = \cos^{-1}\left(-\frac{1}{3}\right) \approx 109{,}47°$$

Der Winkel zwischen den Vektoren hat eine Größe von ca. 109,47°.

(3) Der Punkt S liegt auf der Strecke $\overline{DP}$, wenn die Vektorgleichung $\vec{s} = \vec{d} + r \cdot \overrightarrow{DP}$ mit $0 \le r \le 1$ erfüllt ist.

$$\begin{pmatrix} 5 \\ 5 \\ 5 \end{pmatrix} = \begin{pmatrix} 0 \\ 10 \\ 10 \end{pmatrix} + r \cdot \begin{pmatrix} \frac{20}{3} \\ -\frac{20}{3} \\ -\frac{20}{3} \end{pmatrix} \quad \Leftrightarrow \quad \begin{pmatrix} 5 \\ -5 \\ -5 \end{pmatrix} = r \cdot \begin{pmatrix} \frac{20}{3} \\ -\frac{20}{3} \\ -\frac{20}{3} \end{pmatrix} \quad \Rightarrow \quad r = \frac{3}{4}$$

Die Gleichung ist erfüllt für $r = \frac{3}{4}$, der Punkt S liegt auf der Strecke $\overline{DP}$.

(4) Nach Teilaufgabe d (3) teilt der Punkt S die Strecke $\overline{DP}$ im Verhältnis $3:1$; es ist damit $|\overline{PS}| = \frac{1}{4} \cdot |\overline{PD}|$ (und $|\overline{DS}| = \frac{3}{4} \cdot |\overline{PD}|$)
Wählt man als Grundfläche von Pyramide und Tetraeder das Dreieck ABC, so ist bei gleicher Grundfläche das Verhältnis der Volumina von Pyramide und Tetraeder gleich dem Verhältnis der Höhen. Es ist aber gerade:

$$|\overline{PS}| = \frac{1}{4} \cdot |\overline{PD}|$$

Das Volumen der Pyramide ABCS ist gleich ein Viertel des Volumens des Tetraeders ABCD.

Abiturprüfung 2020 Mathematik Grundkurs (Nordrhein-Westfalen)
Prüfungsteil B – Stochastik B5 (GTR/CAS)

Reisen mit dem Fernbus werden immer beliebter. Reiseanbieter werben mit günstigen Preisen und besonderem Komfort.

Punkte

a) Für eine Städtereise stellt ein Busunternehmen einen Fernbus mit 59 Plätzen bereit, die vor Reiseantritt gebucht und bezahlt werden. Im Mittel werden 95 % der Buchungen angetreten.

(1) Erläutern Sie, unter welcher Voraussetzung die Anzahl der angetretenen Buchungen bei einer Reise als binomialverteilt mit $p = 0{,}95$ angenommen werden kann. 3

(2) Die Anzahl der angetretenen Buchungen wird als binomialverteilt mit $p = 0{,}95$ vorausgesetzt. Für einen bestimmten Reisetermin sind genau 59 Buchungen vorgenommen worden.
Bestimmen Sie jeweils die Wahrscheinlichkeit für folgende Ereignisse:
E_1: Genau 59 Buchungen werden angetreten.
E_2: Mindestens 55 Buchungen werden angetreten.
E_3: Mehr als 6 Buchungen werden nicht angetreten. 9

(3) Obwohl Buchungen insgesamt mit einer Wahrscheinlichkeit von 5 % nicht angetreten werden, treten Reisende unter 50 Jahren eine Buchung deutlich häufiger nicht an als Reisende über 50 Jahren. [Reisende, die genau 50 Jahre alt sind, werden zur Gruppe der Reisenden über 50 Jahren gezählt.]
Die Wahrscheinlichkeit, dass eine Buchung nicht angetreten wird, betrage bei Reisenden unter 50 Jahren 6 %, bei Reisenden über 50 Jahren nur 2 %.

(i) Geben Sie auf den waagerechten Strichen die fehlenden Wahrscheinlichkeiten im folgenden Baumdiagramm an.

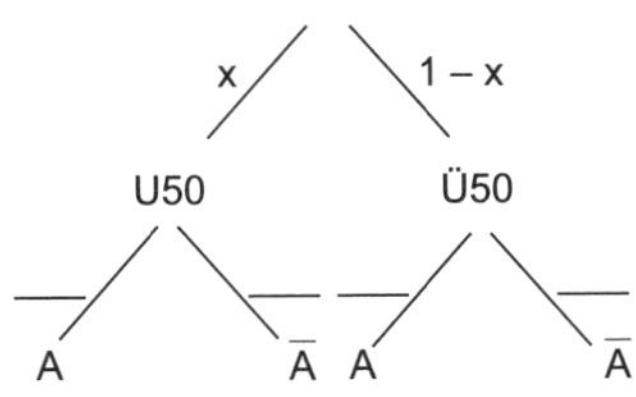

U50: Reisende unter 50 Jahren — A: Antreten der Buchung
Ü50: Reisende über 50 Jahren — $\overline{A}$: Nichtantreten der Buchung

(ii) Ein Reisender wird zufällig ausgewählt.
Ermitteln Sie die Wahrscheinlichkeit x, dass es sich um einen Reisenden unter 50 Jahren handelt.
[Kontrolllösung: $x = 0,75$]

(iii) Ermitteln Sie die Wahrscheinlichkeit, dass es sich bei der Buchung eines Reisenden, der die Buchung nicht antritt, um einen Reisenden unter 50 Jahren handelt. 8

b) Da erfahrungsgemäß nicht alle Buchungen angetreten werden, verkauft das Busunternehmen mehr Plätze, als vorhanden sind. Für eine Städtereise mit 96 Plätzen werden 99 Buchungen vorgenommen (Überbuchung). Vereinfachend wird wieder angenommen, dass die Anzahl der angetretenen Buchungen binomialverteilt mit $p = 0,95$ ist.

(1) Ermitteln Sie die Wahrscheinlichkeit, dass mindestens eine Person ihre Reise wegen Überbuchung nicht antreten kann. 3

Kann eine Person die Reise wegen Überbuchung nicht antreten, wird vom Busunternehmen der komplette Reisepreis von 20 Euro zurückerstattet. Als Entschädigung wird zusätzlich ein Betrag von 300 Euro ausgezahlt.

(2) Das Busunternehmen erfasst Werte zur Überbuchung in der folgenden Tabelle.
Ermitteln Sie die in der Tabelle fehlenden Werte.

Anzahl der Personen, die wegen Überbuchung nicht antreten können	1	2	3
Anzahl k der angetretenen Buchungen	97	98	99
$P_{99;\,0,95}(X = k)$			
Kosten für Erstattung und Entschädigung in €	320		

5

(3) Beurteilen Sie, ob sich aus finanzieller Sicht die Praxis, 99 Buchungen für eine Reise mit 96 Plätzen zu bestätigen, für das Busunternehmen im Mittel lohnt. 4

c) In der Werbung eines anderen Busunternehmens werden bisher Kunden damit gewonnen, dass bis kurz vor Reiseantritt eine kostenlose Stornierung der Buchung möglich ist. Aktuell liegt der Anteil der kurzfristig stornierten Buchungen bei 7 %.
Das Busunternehmen ändert die Vertragsbedingungen dahingehend, dass bei kurzfristigen Stornierungen ein Teil des Fahrpreises gezahlt werden muss. Es geht davon aus, dass durch diese Maßnahme der Anteil der kurzfristig stornierten Buchungen sinkt.
Die nächsten 1 000 Buchungen sollen auf diese Wirkung hin untersucht werden. Die Anzahl der kurzfristig stornierten Buchungen wird als binomialverteilt angenommen.
Falls weniger als 55 Buchungen kurzfristig storniert werden, geht das Busunternehmen davon aus, dass die Maßnahme erfolgreich ist.

(1) Ermitteln Sie die Wahrscheinlichkeit, dass die Maßnahme als erfolgreich angesehen wird, obwohl sich der Anteil der Buchungen, die kurzfristig storniert werden, nicht verändert hat. 3

(2) Angenommen, die Maßnahme habe Erfolg gehabt und es gelte $p = 0{,}04$.
Bestimmen Sie für $n = 1\,000$ und $p = 0{,}04$ die Wahrscheinlichkeit $P_{1\,000;\,0{,}04}(X \geq 55)$ und erklären Sie deren Bedeutung im Sachkontext. 5

Hinweise und Tipps

Teilaufgabe a

(1) Gehen Sie davon aus, dass genau 59 Buchungen vorgenommen wurden.

Die Binomialverteilung ist eine diskrete Wahrscheinlichkeitsverteilung.

Zugrunde gelegt wird ein n-stufiger Bernoulli-Versuch mit genau zwei möglichen Ergebnissen von stets gleicher Wahrscheinlichkeit.

(2) Die Zufallsvariable X beschreibt die Anzahl der angetretenen Buchungen.

Dann sind folgende Berechnungen mittels GTR/CAS durchzuführen:

$P(E_1) = P(X = 59)$
$P(E_2) = P(X \geq 55)$

Überlegen Sie, wie viele Buchungen beim Ereignis E_3: „mehr als 6 Buchungen werden nicht angetreten" angetreten werden können.

Drücken Sie dies mit der Zufallsvariablen X durch eine Ungleichung aus und berechnen Sie deren Wahrscheinlichkeit mittels GTR/CAS.

(3) (i) Die zu ermittelnden Werte ergeben sich aus der Aufgabenstellung, da die Summen der Wahrscheinlichkeiten von A bzw. $\overline{A}$ sowohl für U50 als auch für Ü50 jeweils 1 sein müssen.

(ii) Stellen Sie mithilfe der Pfadregeln einen Term für die Wahrscheinlichkeit auf, dass eine Buchung nicht angetreten wird.

Da die Wahrscheinlichkeit, dass eine Buchung nicht angetreten wird, bekannt ist, erhalten Sie eine Gleichung, die Sie nach x auflösen können.

(iii) Hier ist die (bedingte) Wahrscheinlichkeit von U50 unter der Bedingung zu berechnen, dass die Reise nicht angetreten wird: $P_{\overline{A}}(U50)$.

Verwenden Sie die Formel von Bayes.

Teilaufgabe b

(1) Die Zufallsvariable X gibt die Anzahl der angetretenen Buchungen an. X ist binomialverteilt mit $n=99$ und $p=0{,}95$.

Die Ausgangssituation bei dieser Aufgabe ist, dass für eine Reise mit 96 Plätzen 99 Buchungen vorgenommen worden sind.

Drücken Sie die Tatsache, dass mindestens eine Person die Reise wegen Überbuchung nicht antreten kann, durch eine Ungleichung mit X aus und berechnen Sie deren Wahrscheinlichkeit.

(2) Ermitteln Sie mithilfe eines GTR/CAS die gesuchten Wahrscheinlichkeiten.

Die Kosten für die Erstattung und Entschädigung erhalten Sie durch Multiplikation mit der Anzahl der Personen, die wegen Überbuchung die Reise nicht antreten können.

(3) Ermitteln Sie die Kosten K, die dem Busunternehmen durch Überbuchung auf 99 Personen entstehen.

Diese setzen sich aus Erstattung und Entschädigung zusammen und sind für die Fälle $X=97$, $X=98$, $X=99$ zu betrachten.

Stellen Sie diesen Kosten die Mehreinnahmen bei 3 Überbuchungen gegenüber.

Teilaufgabe c

(1) Die Zufallsvariable X gibt die Anzahl der Buchungen an, die kurzfristig storniert werden. X ist binomialverteilt mit $n=1\,000$ und $p=0{,}07$.

Berechnen Sie $P(X<55)$.

(2) Berechnen Sie die Wahrscheinlichkeit für einen Fehler 1. Art: $P_{1\,000;\,0{,}04}(X \geq 55)$

Lösung

a) (1) Voraussetzung für die Anwendung der Binomialverteilung ist, dass für die Buchungen der Städtereisen die folgenden Bedingungen erfüllt sind:

- die Wahrscheinlichkeit p für den Antritt der Buchung ist bei jeder Buchung gleich ($p=0{,}95$);
- jede Buchung wird unabhängig von den anderen Buchungen mit $p=0{,}95$ angetreten;
- für jede Buchung gibt es nur zwei (verschiedene) Ergebnisse: „Buchung wird angetreten“ bzw. „Buchung wird nicht angetreten“ (Bernoulli-Versuch).

(2) Die Zufallsvariable X gibt die Anzahl der angetretenen Buchungen an. X ist binomialverteilt mit $n=59$ und $p=0{,}95$. Die zu ermittelnden Wahrscheinlichkeiten lassen sich mit einem GTR/CAS wie folgt berechnen.

binomPdf(59,0.95,59)	0.048495
1-binomCdf(59,0.95,0,54)	0.828133

E_1: Genau 59 Buchungen werden angetreten.
$P(E_1) = P_{59;\,0,95}(X = 59) \approx 0{,}0485$

E_2: Mindestens 55 Buchungen werden angetreten.
$P(E_2) = P_{59;\,0,95}(X \geq 55) = 1 - P_{59;\,0,95}(X \leq 54) \approx 0{,}8281$

E_3: Mehr als 6 Buchungen werden nicht angetreten.
Das bedeutet: 7, 8, 9, …, 57, 58, 59 Buchungen werden nicht angetreten bzw. 52, 51, 50, …, 2, 1, 0 Buchungen werden angetreten.

$P(E_3) = P_{59;\,0,95}(X \leq 52) \approx 0{,}0274$

binomCdf(59,0.95,52)	0.027372

Bei Ereignis E_3 spielt es eine Rolle, welches Wort betont wird.
Bei der obigen Lösung wird das Wort „nicht“ betont (mehr als 6 Buchungen werden **nicht** angetreten).
Wenn das Wort „mehr“ betont wird (**mehr** als 6 Buchungen werden nicht angetreten), ist damit gemeint, dass höchstens 6 Buchungen angetreten werden.
$P(E_3) = P_{59;\,0,95}(X \leq 6) \approx 0$

binomCdf(59,0.95,6)	3.69882E-62

(3) (i) Das folgende Baumdiagramm zeigt die gesuchten Wahrscheinlichkeiten.

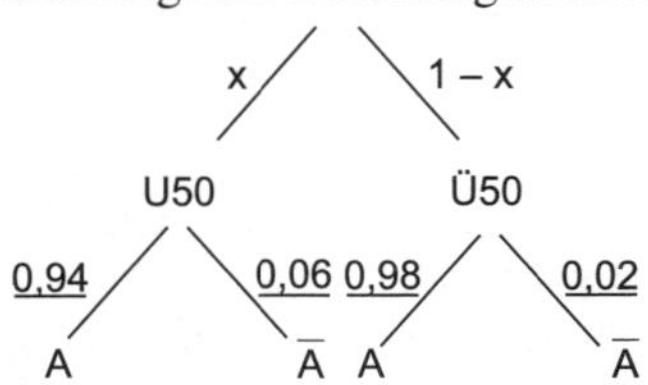

Die ermittelten Werte ergeben sich aus der Aufgabenstellung, da die Summe der Wahrscheinlichkeiten von angetretenen (A) und nicht angetretenen ($\overline{A}$) Buchungen jeweils 1 betragen muss.

(ii) x sei der Anteil der Reisenden unter 50 Jahren (U50), dann ist $(1-x)$ der Anteil an Reisenden über 50 Jahren (Ü50). Für die Anteile nicht angetretener Buchungen gilt dann:

$$x \cdot 0{,}06 + (1-x) \cdot 0{,}02 = 0{,}05$$
$$0{,}06x - 0{,}02x = 0{,}05 - 0{,}02$$
$$0{,}04x = 0{,}03$$
$$x = \frac{3}{4} = 0{,}75$$

Die Wahrscheinlichkeit, dass es sich um einen Reisenden unter 50 Jahren handelt, beträgt also 0,75.

(iii) Hier ist eine bedingte Wahrscheinlichkeit zu berechnen. Das gesuchte Ereignis ist U50 unter der Bedingung, dass die Reise nicht angetreten wird ($\overline{A}$). Diese Wahrscheinlichkeit ist gemäß des Satzes von Bayes:

$$P_{\overline{A}}(U50) = \frac{P(U50 \cap \overline{A})}{P(\overline{A})} = \frac{0{,}75 \cdot 0{,}06}{0{,}05} = 0{,}9$$

Folglich ist die Wahrscheinlichkeit, dass es sich bei einem Reisenden, der die Buchung nicht antritt, um einen Reisenden unter 50 Jahren handelt, 90 %.

Alternativ:
Die gesuchte Wahrscheinlichkeit lässt sich auch mithilfe des umgekehrten Baumdiagramms ermitteln:

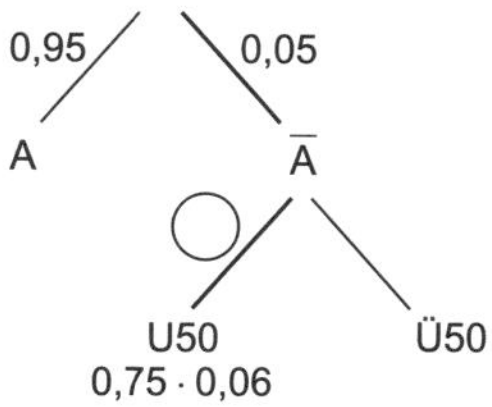

Von Interesse ist nur der fett gezeichnete Pfad. Die eingetragenen Wahrscheinlichkeiten ergeben sich aus dem Aufgabenkontext. Für die gesuchte Wahrscheinlichkeit $P_{\overline{A}}(U50)$ ergibt sich dann aufgrund der Multiplikationsregel:

$$P_{\overline{A}}(U50) = \frac{0{,}75 \cdot 0{,}06}{0{,}05} = 0{,}9$$

b) (1) Die Zufallsvariable X gibt wieder die Anzahl der angetretenen Buchungen an. X ist binomialverteilt mit n=99 und p=0,95.
Wenn mindestens eine Person ihre Reise wegen Überbuchung nicht antreten kann, dann müssen bei 96 zur Verfügung stehenden Plätzen mindestens 97 die Reise antreten wollen.

Es ist also die folgende Wahrscheinlichkeit mit dem GTR/CAS zu berechnen:

$P_{99;\,0,95}(97 \leq X \leq 99) \approx 0{,}1225$

binomCdf(99,0.95,97,99)	0.12245

(2) Mittels GTR/CAS ergeben sich die folgenden Werte:

$P_{99;\,0,95}(X=97) \approx 0{,}0837$
$P_{99;\,0,95}(X=98) \approx 0{,}0325$
$P_{99;\,0,95}(X=99) \approx 0{,}0062$

binomPdf(99,0.95,97)	0.083745
binomPdf(99,0.95,98)	0.032473
binomPdf(99,0.95,99)	0.006232

Die erwarteten Kosten betragen bei
2 Personen: $2 \cdot 300\,€ + 2 \cdot 20\,€ = 640\,€$
3 Personen: $3 \cdot 300\,€ + 3 \cdot 20\,€ = 960\,€$

Damit ergibt sich die ergänzte Tabelle:

Anzahl der Personen, die wegen Überbuchung nicht antreten können	1	2	3
Anzahl k der angetretenen Buchungen	97	98	99
$P_{99;\,0,95}(X=k)$	**0,0837**	**0,0325**	**0,0062**
Kosten für Erstattung und Entschädigung in €	320	**640**	**960**

(3) Zu ermitteln sind die Kosten K, die dem Busunternehmen langfristig durch die Überbuchung auf 99 Personen entstehen (bestehend aus Erstattung und Entschädigung). Die Kosten K müssen den Mehreinnahmen E durch Überbuchung gegenübergestellt werden.
$K = 0{,}0837 \cdot 320\,€ + 0{,}0325 \cdot 640\,€ + 0{,}0062 \cdot 960\,€ \approx 53{,}54\,€$

Setzt man statt der gerundeten Wahrscheinlichkeiten die nicht gerundeten Werte ein, erhält man etwa 53,56 €.

Für die Mehreinnahmen E gilt:
$E = 3 \cdot 20\,€ = 60\,€$

Das bedeutet: Für das Busunternehmen ergibt sich auf längere Sicht ein Überschuss von $60\,€ - 53{,}54\,€ = 6{,}46\,€$ pro Fahrt. Somit lohnt sich die Überbuchung aus finanzieller Sicht.

c) (1) Die Zufallsvariable X gibt die Anzahl der Buchungen an, die kurzfristig storniert werden. Der Anteil der Buchungen, die kurzfristig storniert werden, beträgt weiterhin 7 %. X ist also binomialverteilt mit n = 1 000 und p = 0,07.
Die Maßnahme wird als erfolgreich angesehen, wenn weniger als 55 Buchungen kurzfristig storniert worden sind. Es ist also folgende Wahrscheinlichkeit zu berechnen:

$P_{1\,000;\,0,07}(X < 55) = P_{1\,000;\,0,07}(X \leq 54)$
$\approx 0{,}0241$

binomCdf(1000,0.07,54)	0.024132

(2) $P_{1\,000;\,0{,}04}(X \geq 55) \approx 0{,}0124$

`binomCdf(1000,0.04,55,1000)    0.01238`

In der Stichprobe sind trotz der Annahme eines Stornierungsanteils von 4 % zufällig 55 oder mehr Buchungen kurzfristig storniert worden. Das Ergebnis der Stichprobe liegt also im Verwerfungsbereich der Hypothese $p = 0{,}04$ und die Annahme vom Erfolg der Maßnahme wird vom Busunternehmen irrtümlich verworfen. Es handelt sich um einen Fehler 1. Art. Dieser beträgt etwa 1,24 %.

Abiturprüfung 2021 Mathematik Grundkurs (Nordrhein-Westfalen)
Prüfungsteil A3 – Aufgaben ohne Hilfsmittel

Punkte

a) Gegeben ist die in $\mathbb{R}$ definierte Funktion f mit $f(x)=x^3-x$.

(1) Einer der folgenden Graphen I, II und III stellt f dar.

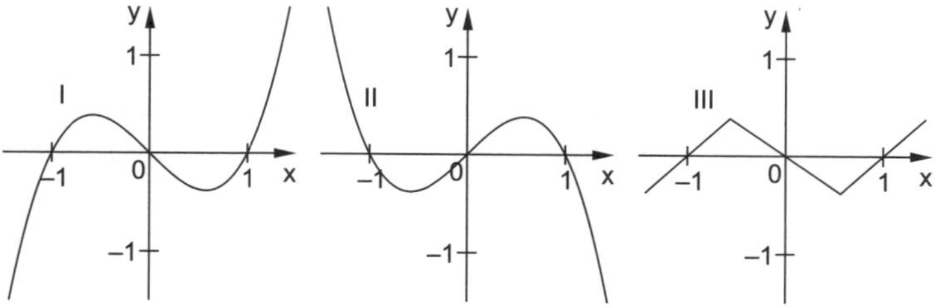

Abbildung 1

Geben Sie die Graphen an, die dafür nicht infrage kommen, und begründen Sie Ihre Angabe. 2

(2) Berechnen Sie den Inhalt der Fläche, die der Graph von f und die x-Achse einschließen.
[Hinweis: Die Nullstellen dürfen dabei der obigen Abbildung 1 entnommen werden.] 3

b) Gegeben ist die Funktion f mit $f(x)=(x+2)\cdot e^{-x+4}$, $x\in\mathbb{R}$.
Der Graph von f ist in Abbildung 2 dargestellt.

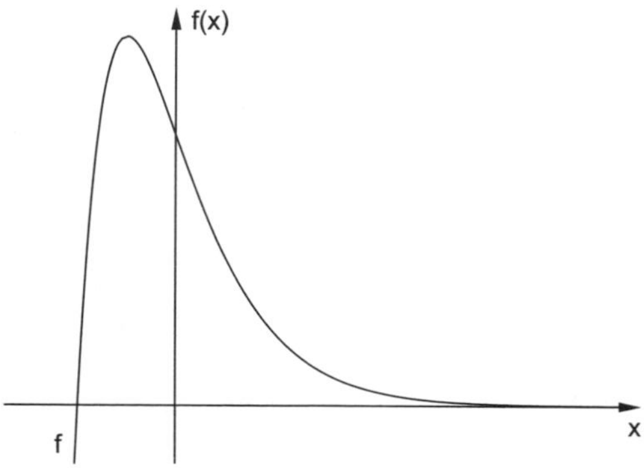

Abbildung 2

(1) Die Funktion f besitzt genau eine Extremstelle.
Ermitteln Sie die Extremstelle von f.
[Hinweis: Ein Nachweis der hinreichenden Bedingung ist nicht erforderlich.] 3

(2) Skizzieren Sie in Abbildung 2 den Graphen der Ableitungsfunktion von f.
[Hinweis: Die Größe der y-Werte kann dabei unberücksichtigt bleiben.] 2

c) Für jedes $a \in \mathbb{R}$ ist durch die Gleichung $f_a(x) = (x+2)(2x+a)e^x$, $x \in \mathbb{R}$, eine Funktion f_a gegeben.

(1) Geben Sie die Nullstellen der Funktion f_1 mit $f_1(x) = (x+2)(2x+1)e^x$ an. 1

(2) In Abbildung 3 ist der Graph der Funktion f_a für ein konkretes a abgebildet.
Begründen Sie, dass für den Graphen in Abbildung 3 gilt: $a = 0$. 2

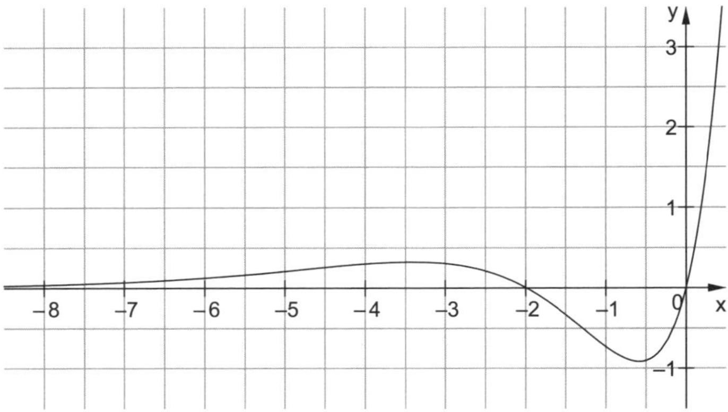

Abbildung 3

(3) Ermitteln Sie, für welchen Wert von a der Punkt $P(3 \mid 40e^3)$ auf dem Graphen der Funktion f_a liegt. 2

d) Gegeben sind die Punkte A und B mit den Koordinaten $A(3 \mid 4 \mid 2)$ und $B(8 \mid -11 \mid 12)$ sowie die Gerade g mit der Gleichung

$$g\colon \vec{x} = \begin{pmatrix} 6{,}5 \\ -6{,}5 \\ 9 \end{pmatrix} + r \cdot \begin{pmatrix} -7 \\ 21 \\ -14 \end{pmatrix},\ r \in \mathbb{R}.$$

(1) Geben Sie eine Gleichung der Geraden h an, die durch die Punkte A und B verläuft. 1

(2) Weisen Sie nach, dass der Punkt A auf der Geraden g liegt.
Untersuchen Sie die Lage der Geraden g und h zueinander. 3

(3) Geben Sie eine Gleichung einer Geraden an, die die Gerade g im Punkt A schneidet. 1

e) Im Folgenden werden zwei Würfel stets gemeinsam geworfen. Bei jedem der beiden Würfel sind die Seiten mit den Zahlen von 1 bis 6 durchnummeriert.

(1) Die beiden Würfel werden einmal geworfen.
Begründen Sie, dass die Wahrscheinlichkeit dafür, dass dabei keine „6" auftritt, $\frac{25}{36}$ beträgt. 2

(2) Die beiden Würfel werden 36-mal geworfen. Die binomialverteilte Zufallsgröße X gibt die Anzahl der Würfe an, bei denen keine „6" auftritt.
Begründen Sie für jede der folgenden Abbildungen 4, 5 und 6, dass sie nicht die Wahrscheinlichkeitsverteilung von X zeigt. 3

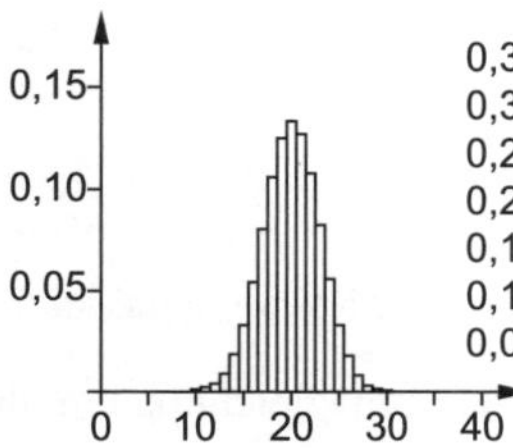

Abbildung 4

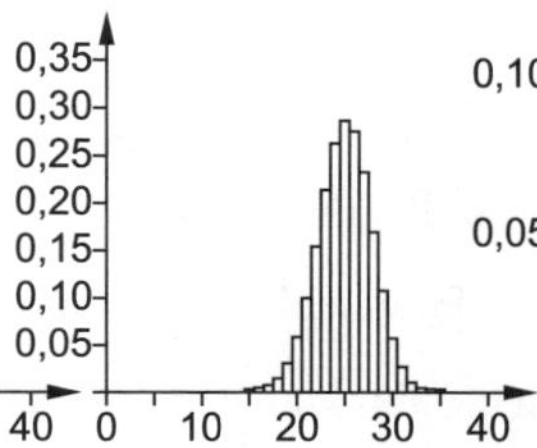

Abbildung 5

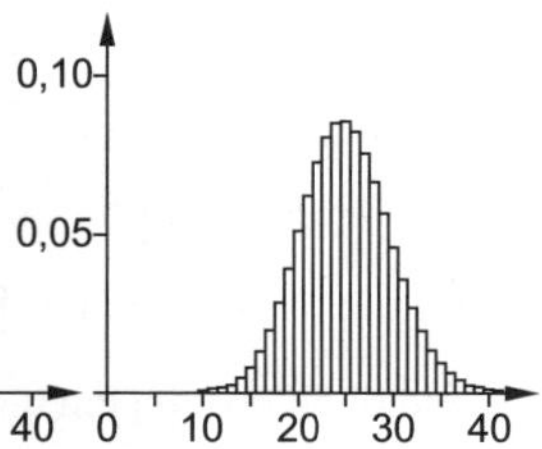

Abbildung 6

Hinweise und Tipps

Teilaufgabe a

(1) Berechnen Sie für beliebige x-Werte den Funktionswert f(x) und vergleichen Sie ihn mit dem dargestellten Graphen.

Betrachten Sie die Steigung der dargestellten Graphen in ausgewählten Intervallen und vergleichen Sie diese mit dem Graphen von f.

(2) Der Graph von f ist punktsymmetrisch zum Ursprung.

Die Fläche, die vom Graphen und der x-Achse eingeschlossen wird, ist oberhalb der x-Achse genauso groß wie unterhalb der x-Achse.

Teilaufgabe b

(1) Bestimmen Sie mithilfe der Ketten- und Produktregel die 1. Ableitung.

Formen Sie den Funktionsterm von f' durch Ausklammern so um, dass er als Produkt vorliegt.

Beachten Sie, dass ein Produkt null wird, wenn mindestens ein Faktor null ist.

Es gilt: $e^x \neq 0$ für alle $x \in \mathbb{R}$

(2) Überlegen Sie anhand des Hochpunktes und des Verlaufs des Graphen von f, für welche x-Werte Folgendes gilt: $f'(x) = 0$, $f'(x) < 0$ und $f'(x) > 0$

Untersuchen Sie anhand des Funktionsterms das Verhalten des Graphen von f' für $x \to \infty$.

Teilaufgabe c

(1) Ein Produkt wird null, wenn mindestens ein Faktor null ist.

Beachten Sie, dass für alle $x \in \mathbb{R}$ gilt: $e^x \neq 0$

(2) Lesen Sie die Nullstellen des Graphen von f_a ab und wählen Sie a passend.

(3) Setzen Sie die Koordinaten des Punktes P in die Funktionsgleichung ein und lösen Sie die entstehende Gleichung nach a auf.

Teilaufgabe d

(1) Ermitteln Sie mithilfe der Punkte A und B einen geeigneten Stütz- und einen Richtungsvektor für die Geradengleichung.

(2) Führen Sie die Punktprobe durch, indem Sie die Koordinaten von A in die Geradengleichung von g einsetzen.

Prüfen Sie, ob die beiden Richtungsvektoren der Geraden g und h kollinear sind.

(3) Wählen Sie für die gesuchte Gerade einen passenden Stützvektor, dessen Punkt auf der Geraden liegt.

Bestimmen Sie den neuen Richtungsvektor so, dass er nicht kollinear zum Richtungsvektor $\vec{v}$ der Geraden g ist.

Teilaufgabe e

(1) Die Wahrscheinlichkeit, dass ein Würfel keine „6“ zeigt, ist für jeden der beiden Würfel unabhängig voneinander.

(2) Abbildung 4: Bestimmen Sie den Erwartungswert $\mu = n \cdot p$.

Abbildung 5: Die Summe aller Einzelwahrscheinlichkeiten ergibt 1.

Abbildung 6: Die Würfel werden genau 36-mal geworfen.

Lösung

a) (1) Der Graph II kommt nicht infrage, da z. B. gilt:

$$f(0,5)=\left(\frac{1}{2}\right)^3-\frac{1}{2}=\frac{1}{8}-\frac{4}{8}=-\frac{3}{8}<0$$

Der Wert des Graphen II ist an der Stelle $x=0,5$ jedoch größer als null.

Der Graph III kommt nicht infrage, da die Steigung des Graphen von f für $-0,5\leq x\leq 0,5$ nicht konstant ist.

(2) Da die Exponenten des Funktionsterms von f ungerade sind, verläuft der Graph von f punktsymmetrisch zum Ursprung.
Es reicht daher, die Fläche zwischen dem Graphen von f und der x-Achse im Intervall [–1; 0] zu betrachten:

$$2\cdot\int_{-1}^{0}(x^3-x)\,dx=2\cdot\left[\frac{1}{4}x^4-\frac{1}{2}x^2\right]_{-1}^{0}=2\cdot\left[0-\left(\frac{1}{4}-\frac{1}{2}\right)\right]=2\cdot\frac{1}{4}=\frac{1}{2}$$

b) (1) Um die Ableitung von f zu bestimmen, muss die Ketten- und die Produktregel angewendet werden:

$$\begin{aligned} f'(x)&=1\cdot e^{-x+4}+(x+2)\cdot e^{-x+4}\cdot(-1)\\ &=e^{-x+4}\cdot(1-x-2)\\ &=(-x-1)\cdot e^{-x+4}\end{aligned}$$

Notwendige Bedingung für Extremstellen: $f'(x)=0$

$f'(x)=(-x-1)\cdot e^{-x+4}=0$

Da $e^{-x+4}\neq 0$ für alle $x\in\mathbb{R}$ gilt:

$-x-1=0 \;\Leftrightarrow\; x=-1$

Die Extremstelle liegt bei $x=-1$.

(2) Da die Funktion f an der Stelle $x=-1$ einen Hochpunkt hat, lässt sich auf die y-Werte von f' Folgendes schließen:
Die Nullstelle von f' liegt bei $x=-1$.
$f'(x)<0$ für $x>-1$
$f'(x)>0$ für $x<-1$

An dem Funktionsterm von f' ist zu sehen, dass sich der Graph der x-Achse als Asymptote nähert. Der Graph von f' bleibt negativ, nähert sich daher von unten der x-Achse an.

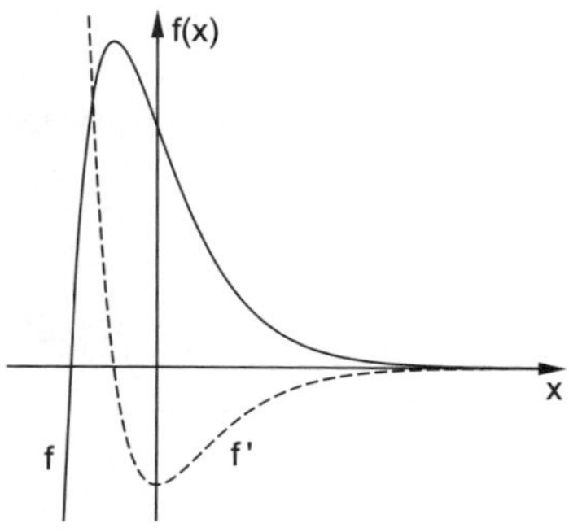

c) (1) Für die Berechnung der Nullstellen muss der Funktionsterm $f_1(x)$ gleich null gesetzt werden:

$f_1(x) = (x+2)(2x+1)e^x = 0$

Wegen $e^x \neq 0$ folgt:

$x+2=0 \vee 2x+1=0 \Leftrightarrow x=-2 \vee x=-\frac{1}{2}$

(2) Wegen $e^x \neq 0$ hat die Funktion f_a die Nullstellen $x=-2$ und $x=-\frac{a}{2}$.

Dem Graphen lassen sich die Nullstellen $x=-2$ und $x=0$ entnehmen. Daher muss gelten:

$-\frac{a}{2}=0 \Leftrightarrow a=0$

Für den Graphen in Abbildung 3 muss $a=0$ gelten.

(3) Setzt man den Punkt $P(3\,|\,40e^3)$ in die Funktionsgleichung $f_a(x)$ ein, so erhält man:

$$\begin{aligned} & (3+2)(2\cdot 3+a)e^3 = 40e^3 \\ \Leftrightarrow\quad & 5\cdot(6+a) = 40 \\ \Leftrightarrow\quad & 30+5a = 40 \\ \Leftrightarrow\quad & 5a = 10 \\ \Leftrightarrow\quad & a = 2 \end{aligned}$$

Für $a=2$ liegt der Punkt $P(3\,|\,40e^3)$ auf dem Graphen der Funktion f_a.

d) (1) Der Stützvektor der Geraden g kann z. B. durch die Koordinaten von A bestimmt werden:

$$\vec{u} = \begin{pmatrix} 3 \\ 4 \\ 2 \end{pmatrix}$$

Der Richtungsvektor ergibt sich aus:

$$\vec{v} = \overrightarrow{AB} = \begin{pmatrix} 5 \\ -15 \\ 10 \end{pmatrix}$$

Für die Gleichung der Geraden h gilt:

$$h\colon \vec{x} = \begin{pmatrix} 3 \\ 4 \\ 2 \end{pmatrix} + s\cdot\begin{pmatrix} 5 \\ -15 \\ 10 \end{pmatrix},\ s \in \mathbb{R}$$

(2) Die Punktprobe durch Einsetzen der Koordinaten von A in die Geradengleichung von g ergibt:

$$\begin{pmatrix} 3 \\ 4 \\ 2 \end{pmatrix} = \begin{pmatrix} 6{,}5 \\ -6{,}5 \\ 9 \end{pmatrix} + r\cdot\begin{pmatrix} -7 \\ 21 \\ -14 \end{pmatrix} \Leftrightarrow \begin{pmatrix} -3{,}5 \\ 10{,}5 \\ -7 \end{pmatrix} = r\cdot\begin{pmatrix} -7 \\ 21 \\ -14 \end{pmatrix} \Leftrightarrow r = 0{,}5$$

Damit liegt der Punkt A auf der Geraden g.

Um die Lage der Geraden g und h zueinander zu untersuchen, wird geprüft, ob ihre Richtungsvektoren kollinear sind:

$$\begin{pmatrix} -7 \\ 21 \\ -14 \end{pmatrix} = t \cdot \begin{pmatrix} 5 \\ -15 \\ 10 \end{pmatrix} \quad \Leftrightarrow \quad t = -\frac{7}{5}$$

Alternativ:

$$\begin{pmatrix} -7 \\ 21 \\ -14 \end{pmatrix} = 7 \cdot \begin{pmatrix} -1 \\ 3 \\ -2 \end{pmatrix} \text{ und } \begin{pmatrix} 5 \\ -15 \\ 10 \end{pmatrix} = -5 \cdot \begin{pmatrix} -1 \\ 3 \\ -2 \end{pmatrix}$$

Die Richtungsvektoren von g und h sind kollinear und A ist der gemeinsame Punkt. Damit sind die beiden Geraden g und h identisch.

(3) Die gesuchte Gerade k hat mit g den Punkt A gemeinsam. Als Stützvektor von k kann daher $\vec{u} = \begin{pmatrix} 3 \\ 4 \\ 2 \end{pmatrix}$ gewählt werden. Der Richtungsvektor von k darf nicht kollinear zum Richtungsvektor $\vec{v} = \begin{pmatrix} -7 \\ 21 \\ -14 \end{pmatrix}$ der Geraden g sein.

Man kann daher eine Koordinate gleich null setzen, z. B.:

$$\vec{w} = \begin{pmatrix} 0 \\ 21 \\ -14 \end{pmatrix}$$

Es ergibt sich als ein Beispiel für die gesuchte Gerade k:

$$\vec{x} = \begin{pmatrix} 3 \\ 4 \\ 2 \end{pmatrix} + t \cdot \begin{pmatrix} 0 \\ 21 \\ -14 \end{pmatrix}, t \in \mathbb{R}$$

e) (1) Die Wahrscheinlichkeit, dass ein Würfel keine „6“ zeigt, ist für jeden der beiden Würfel unabhängig voneinander $\frac{5}{6}$.

Damit ergibt sich die Wahrscheinlichkeit dafür, dass beide Würfel keine „6“ zeigen:

$$\frac{5}{6} \cdot \frac{5}{6} = \frac{25}{36}$$

(2) Abbildung 4:

Der Erwartungswert einer binomialverteilten Zufallsgröße wird bestimmt durch $\mu = n \cdot p$.

Für $n = 36$ und $p = \frac{25}{36}$ ergibt sich:

$$\mu = 36 \cdot \frac{25}{36} = 25$$

Die Abbildung 4 scheidet damit aus, weil die höchste Säule und damit der Erwartungswert bei 20 liegt und nicht bei 25.

Abbildung 5:
Addiert man die Höhen der mittleren fünf Säulen, so erhält man einen Wert größer als 1. Daher stellt Abbildung 5 keine Wahrscheinlichkeitsverteilung dar.

Abbildung 6:
Es gibt Wahrscheinlichkeitswerte für $X \geq 37$, die größer als null sind. Dies ist nicht möglich, da die Anzahl der Würfe $n = 36$ beträgt. Also handelt es sich hier nicht um die Wahrscheinlichkeitsverteilung von X.

Abiturprüfung 2021 Mathematik Grundkurs (Nordrhein-Westfalen)
Prüfungsteil B – Analysis B1 (GTR)

Die Funktion f ist gegeben durch die Gleichung $f(x) = 10 \cdot (x-1) \cdot e^{-x}$, $x \in \mathbb{R}$.
Der Graph von f ist in Abbildung 1 dargestellt.

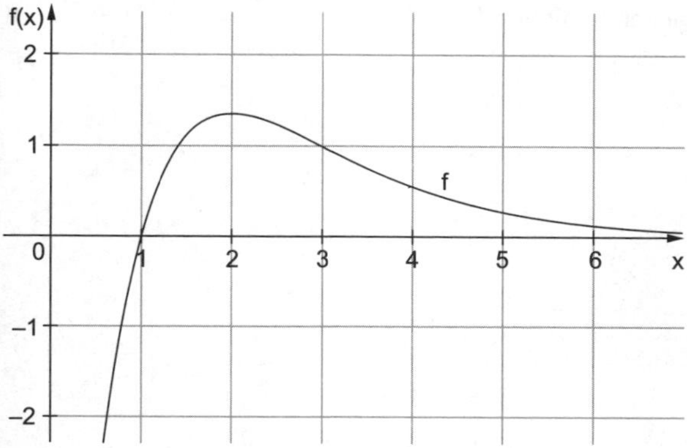

Abbildung 1

Punkte

a) (1) Begründen Sie, dass $x = 1$ die einzige Nullstelle von f ist. 1

(2) Zeigen Sie: $f'(x) = 10 \cdot (2-x) \cdot e^{-x}$. 2

(3) Untersuchen Sie f rechnerisch auf lokale Extremstellen.
[Kontrolllösung: An der Stelle $x = 2$ liegt eine lokale Maximalstelle vor.] 3

(4) Ermitteln Sie, für welche $x \in \mathbb{R}$ gilt: $f(x) < 0{,}1$. 3

b) $P_u(u \mid f(u))$ ist ein beliebiger Punkt auf dem Graphen von f.
P_u legt zusammen mit $N(1 \mid 0)$ und $F_u(u \mid 0)$ das Dreieck NF_uP_u fest.

(1) Zeichnen Sie in Abbildung 1 das Dreieck NF_uP_u ein, das sich ergibt, wenn P_u mit dem Hochpunkt des Graphen von f übereinstimmt. 1

(2) Bestimmen Sie den Flächeninhalt des in b) (1) gezeichneten Dreiecks. 2

(3) Untersuchen Sie, ob P_u so auf dem Graphen von f gewählt werden kann, dass das zugehörige Dreieck NF_uP_u den Flächeninhalt 2 FE hat. 4

c) (1) Gegeben ist die Funktion t mit $t(x) = -10 \cdot e^{-3} \cdot x + 50 \cdot e^{-3}$, $x \in \mathbb{R}$, und der Wendepunkt $W(3 \mid f(3))$ des Graphen von f.
Weisen Sie rechnerisch nach, dass der Graph von t die Tangente an den Graphen von f im Punkt W ist. 4

(2) Die Schnittpunkte der in c) (1) gegebenen Tangente mit den beiden Koordinatenachsen legen zusammen mit dem Koordinatenursprung $O(0|0)$ ein Dreieck fest.
Berechnen Sie den Umfang dieses Dreiecks. 4

(3) Im Intervall $[1; 5]$ begrenzen der Graph von f und die in c) (1) gegebene Tangente zusammen mit der x-Achse eine Fläche F (siehe Abbildung 2).
Bestimmen Sie den Flächeninhalt von F. 3

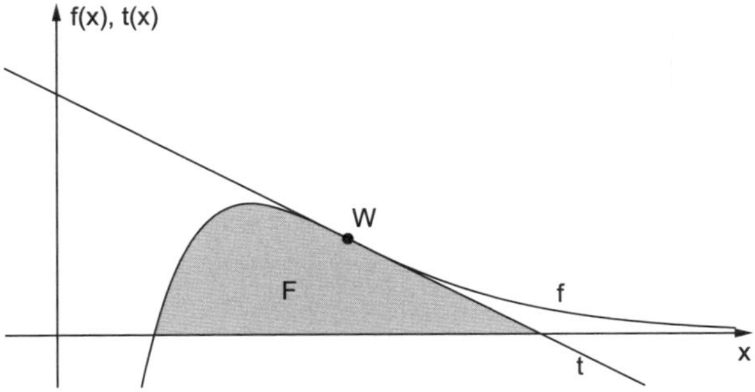

Abbildung 2

d) Die Gerade mit der Gleichung $y = x$ wird als „1. Winkelhalbierende“ bezeichnet. Es gibt genau einen Punkt R auf dem Graphen von f, in dem die Tangente t_R an den Graphen von f parallel zur 1. Winkelhalbierenden ist.

(1) Ermitteln Sie rechnerisch eine Gleichung für die Tangente t_R.
[Mögliche Lösung: Falls man auf vier Stellen nach dem Komma rundet, ergibt sich für die Tangente t_R als Gleichung $y = x - 0{,}3823$.] 4

(2) Die Gerade mit der Gleichung $y = -x$ wird als „2. Winkelhalbierende“ bezeichnet.
Bestimmen Sie den Schnittpunkt der Tangente t_R mit der 2. Winkelhalbierenden. 2

(3) Ermitteln Sie rechnerisch den Abstand, den die Tangente t_R von der 1. Winkelhalbierenden hat. 2

Hinweise und Tipps

Teilaufgabe a

(1) Setzen Sie den Funktionsterm gleich 0 und lösen Sie die entstehende Gleichung nach x auf.

(2) Leiten Sie den Funktionsterm mithilfe der Faktor-, Produkt- und Kettenregel ab.

(3) Die notwendige Bedingung für eine Extremstelle lautet: $f'(x)=0$

Die hinreichende Bedingung für eine Extremstelle lautet: $f'(x)=0 \wedge f''(x)\neq 0$

Bilden Sie die 2. Ableitung mithilfe der Faktor-, Produkt- und Kettenregel.

Alternativ: Die hinreichende Bedingung für eine Extremstelle lautet: $f'(x)=0$ und an der möglichen Extremstelle findet ein Vorzeichenwechsel statt.

(4) Lösen Sie die Gleichung $f(x)=0{,}1$.

Durch die zwei Lösungen sind drei Intervalle festgelegt. Überlegen Sie mithilfe des Maximums, in welchen Intervallen die Funktionswerte kleiner als 0,1 sind.

Alternativ: Zeichnen Sie den Graphen der Funktion f und die Gerade mit der Gleichung $y=0{,}1$.

Bestimmen Sie die Schnittpunkte der Gerade mit dem Graphen der Funktion f.

Geben Sie an, in welchen Bereichen der Graph der Funktion f unter der Geraden liegt.

Teilaufgabe b

(1) Achten Sie darauf, dass die Punkte P_2 und F_2 die gleiche x-Koordinate haben.

Zeichnen Sie das Dreieck und nicht nur die Punkte ein.

(2) Der Flächeninhalt eines rechtwinkligen Dreiecks berechnet sich nach der Formel:
$A=\frac{1}{2}\cdot \text{Kathete 1}\cdot \text{Kathete 2}$

(3) Stellen Sie eine Flächeninhaltsfunktion für die Dreiecksfläche auf.

Beachten Sie, dass $u<1$ sein kann. Welche Auswirkung hat dies für den Funktionsterm der Flächeninhaltsfunktion?

Setzen Sie den Funktionsterm der Flächeninhaltsfunktion gleich 2 und lösen Sie die Gleichung mit dem GTR.

Teilaufgabe c

(1) Denken Sie daran, dass bei einer Tangente an den Graphen einer Funktion f im Punkt P die gleiche Steigung und der gleiche Funktionswert vorliegen.

Die Steigung des Graphen der Funktion an der Stelle $x=3$ ist gleich dem Wert der 1. Ableitung an der Stelle $x=3$.

(2) Der Schnittpunkt mit der y-Achse kann mithilfe des y-Achsenabschnitts der Tangente bestimmt werden.

Im Schnittpunkt der Tangente mit der x-Achse ist der Funktionswert der Tangente gleich null.

Die Länge einer Strecke mit den Endpunkten $P(x_P \mid y_P)$ und $Q(x_Q \mid y_Q)$ berechnet sich nach folgender Formel: $d(P; Q) = \sqrt{(x_P - x_Q)^2 + (y_P - y_Q)^2}$

Denken Sie daran, dass der Umfang gesucht ist.

(3) Die Gesamtfläche kann durch eine Senkrechte vom Wendepunkt W auf die x-Achse in zwei Teilflächen unterteilt werden.

Achten Sie bei den Integrationsgrenzen auf die vorherigen Aufgaben.

Berechnen Sie den Flächeninhalt der Teilflächen mithilfe des GTR.

Teilaufgabe d

(1) Die 1. Winkelhalbierende hat die Steigung 1.

Die Steigung in einem Punkt des Graphen einer Funktion f ist gleich dem Funktionswert der 1. Ableitung an dieser Stelle.

Nutzen Sie die allgemeine Form der Geradengleichung zur Bestimmung der Gleichung der Tangente.

(2) Setzen Sie die Funktionsterme der Tangente t_R und der 2. Winkelhalbierenden gleich.

Lösen Sie die Gleichung mit dem GTR.

Bestimmen Sie den Schnittpunkt S.

(3) Der Abstand zwischen der Tangente t_R und der 1. Winkelhalbierenden ist gleich dem Abstand des Schnittpunktes S vom Ursprung.

Nutzen Sie den Satz des Pythagoras zur Berechnung des Abstandes.

Lösung

a) (1) In den Nullstellen der Funktion $f(x) = 10 \cdot (x-1) \cdot e^{-x}$, $x \in \mathbb{R}$ ist der Funktionswert null.

$$10 \cdot (x-1) \cdot e^{-x} = 0 \quad \Big| : 10e^{-x} \neq 0 \text{ für alle } x \in \mathbb{R}$$
$$x - 1 = 0$$
$$x = 1$$

$x = 1$ ist die einzige Nullstelle.

(2) Eine Ableitung mithilfe der Faktor-, Produkt- und Kettenregel ergibt:

$$f'(x) = 10 \cdot [1 \cdot e^{-x} + (x-1) \cdot (-1) \cdot e^{-x}] = 10 \cdot [(1 - x + 1) \cdot e^{-x}] = 10 \cdot (2-x) \cdot e^{-x}$$

(3) Zunächst wird die 2. Ableitung mithilfe der Faktor-, Produkt- und Kettenregel berechnet:

$$f''(x) = 10 \cdot [-1 \cdot e^{-x} + (2-x) \cdot (-1) \cdot e^{-x}]$$
$$= 10 \cdot [(-1 - 2 + x) \cdot e^{-x}]$$
$$= 10 \cdot (x-3) \cdot e^{-x}$$

Die notwendige Bedingung für eine Extremstelle lautet: $f'(x) = 0$

$$10 \cdot (2-x) \cdot e^{-x} = 0 \quad \Big| : 10e^{-x} \neq 0 \text{ für alle } x \in \mathbb{R}$$
$$2 - x = 0$$
$$x = 2$$

Die hinreichende Bedingung für eine Extremstelle lautet: $f'(x) = 0 \wedge f''(x) \neq 0$

$$f''(2) = 10 \cdot (2-3) \cdot e^{-2} = -10e^{-2} < 0$$

Da $f''(2) < 0$ ist, liegt an der Stelle $x = 2$ eine lokale Maximumstelle vor.

Alternativ:
Die hinreichende Bedingung für eine Extremstelle lautet: $f'(x) = 0$ und an der möglichen Extremstelle findet ein Vorzeichenwechsel statt.

$$f'(1) = 10 \cdot (2-1) \cdot e^{-1} = 10e^{-1} > 0$$

$$f'(3) = 10 \cdot (2-3) \cdot e^{-1} = -10e^{-1} < 0$$

An der Stelle $x = 2$ findet ein (+/–)-Vorzeichenwechsel statt. Daher liegt hier eine lokale Maximumstelle vor.

Eine Rechnung mit dem GTR reicht bei den Operatoren „begründen Sie", „zeigen Sie", „untersuchen Sie rechnerisch" oder „weisen Sie rechnerisch nach" nicht aus.

(4) Der Funktionsterm wird gleich 0,1 gesetzt:
$f(x) = 0{,}1$
Der GTR liefert die Lösungen $x \approx 1{,}03$ bzw. $x \approx 6{,}27$.

f(x):=10·(x−1)·e^−x	Fertig
nSolve(f(x)=0.1,x)	1.02795
nSolve(f(x)=0.1,x)|x>2	6.26654

Durch die beiden Nullstellen wird die x-Achse in drei Teilbereiche aufgeteilt. Der absolute Hochpunkt hat die Koordinaten H(2 | f(2)). Im Intervall [1,03; 6,27] sind die Funktionswerte somit größer als 0,1. In den Intervallen]−∞; 1,03[und]6,27; ∞[sind die Funktionswerte kleiner als 0,1.

Alternativ:
Der Graph der Funktion f und die Gerade mit der Gleichung y = 0,1 werden im Grafikfenster gezeichnet und deren Schnittpunkte bestimmt.
In den Intervallen]−∞; 1,03[und]6,27; ∞[sind die Funktionswerte kleiner als 0,1.

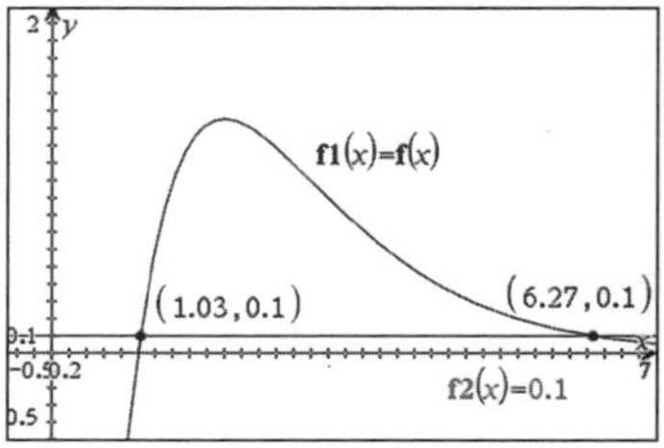

b) (1) Wenn P_u mit dem Hochpunkt des Graphen übereinstimmt, muss u = 2 sein.

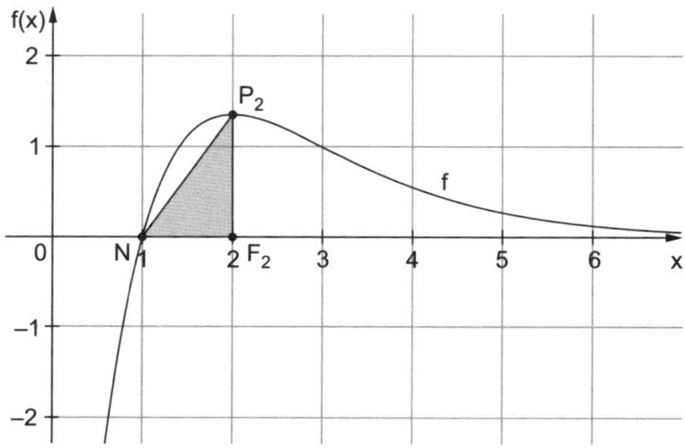

(2) Das Dreieck ist rechtwinklig; die Katheten haben die Länge 1 Längeneinheit und f(2) Längeneinheit.

Der Flächeninhalt eines rechtwinkligen Dreiecks berechnet sich nach folgender Formel:

$$A = \frac{1}{2} \cdot \text{Kathete 1} \cdot \text{Kathete 2}$$

Einsetzen in die Formel liefert als Flächeninhalt:

$$A = \frac{1}{2} \cdot 1 \cdot f(2) = \frac{1}{2} \cdot 1 \cdot 1{,}35335 \approx 0{,}6767 \text{ [FE]}$$

Der Flächeninhalt des Dreiecks beträgt ca. 0,6767 Flächeneinheiten.

(3) Ist $u > 1$, so hat die Kathete auf der x-Achse die Länge $(u-1)$ Längeneinheiten und die Länge der 2. Kathete ist gleich dem Funktionswert an der Stelle $x = u$.
Damit ist:

$$A_{NF_uP_u} = \frac{1}{2} \cdot (u-1) \cdot f(u)$$

Ist $u < 1$, so hat die Kathete auf der x-Achse die Länge $(1-u)$ Längeneinheiten und die Länge der 2. Kathete ist gleich dem negativen Funktionswert an der Stelle $x = u$.
Damit ist:

$$A_{NF_uP_u} = \frac{1}{2} \cdot (1-u) \cdot (-f(u)) = \frac{1}{2} \cdot (u-1) \cdot f(u)$$

Insgesamt ist also:

$$A_{NF_uP_u} = \frac{1}{2} \cdot (u-1) \cdot f(u)$$

Es soll gelten:

$$A_{NF_uP_u} = \frac{1}{2} \cdot (u-1) \cdot f(u) = 2$$

$\text{nSolve}\left(\frac{1}{2} \cdot (u-1) \cdot f(u) = 2, u\right)$ 0.274501

Der GTR berechnet als Lösung
$u \approx 0{,}275$.
Das Dreieck $A_{NF_{0,275}P_{0,275}}$ hat einen Flächeninhalt von 2 Flächeneinheiten.

c) (1) Wenn die Gerade mit der Gleichung $t(x) = -10e^{-3} \cdot x + 50e^{-3}$ Tangente an den Graphen der Funktion f im Wendepunkt $W(3 \mid f(3))$, also die Wendetangente, ist, dann müssen die Funktionswerte von Gerade und Funktion f an der Stelle $x = 3$ übereinstimmen. Ebenso muss die Steigung des Graphen an der Stelle $x = 3$ mit der Steigung der Geraden übereinstimmen.

Es gilt:

$f(3) = 10 \cdot (3-1) \cdot e^{-3} = 20e^{-3}$

$t(3) = -10e^{-3} \cdot 3 + 50e^{-3} = 20e^{-3}$

Die Funktionswerte stimmen überein.

Die Steigung der Geraden ist $m = -10e^{-3}$.
Die Steigung des Graphen der Funktion f an der Stelle $x = 3$ ist gleich dem Wert der 1. Ableitung an der Stelle $x = 3$.

$f'(3) = 10 \cdot (2-3) \cdot e^{-3} = -10e^{-3}$

Die Steigungen stimmen überein.

Somit gilt: Die Gerade t ist die Tangente am Graphen der Funktion f im Wendepunkt.

(2) Der y-Achsenabschnitt der Tangente liefert den Schnittpunkt mit der y-Achse: $S_y(0\,|\,50e^{-3})$

Im Schnittpunkt der Tangente mit der x-Achse ist der Funktionswert der Tangente gleich null:

$$-10e^{-3}\cdot x + 50e^{-3} = 0$$

$$50e^{-3} = 10e^{-3}\cdot x \qquad |:(10e^{-3})$$

$$x = 5$$

Der Schnittpunkt mit der x-Achse ist $N(5\,|\,0)$.

Die Länge einer Strecke mit den Endpunkten P und Q berechnet sich nach folgender Formel:

$$d(P;Q) = \sqrt{(x_P - x_Q)^2 + (y_P - y_Q)^2}$$

Einsetzen der Koordinaten der Punkte S_y und N in die Abstandsformel ergibt:

$$d(S_y;N) = \sqrt{(5-0)^2 + (0-50e^{-3})^2} = \sqrt{25 + (50e^{-3})^2}$$

Das Dreieck hat einen Umfang von:

$$50e^{-3} + 5 + \sqrt{25 + \left(50e^{-3}\right)^2} \approx 13{,}075\,[\text{LE}]$$

(3) Die Gesamtfläche kann durch eine Senkrechte vom Wendepunkt W auf die x-Achse in zwei Teilflächen unterteilt werden.

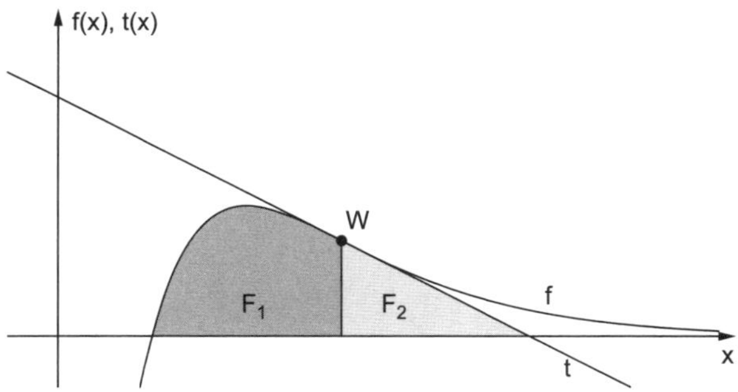

Die Gesamtfläche setzt sich zusammen aus der Fläche F_1 unter dem Graphen der Funktion f in [1; 3] und der Fläche F_2 unter dem Graphen der Funktion t in [3; 5].

$$\int_1^3 f(x)\,dx + \int_3^5 t(x)\,dx \approx 3{,}18$$

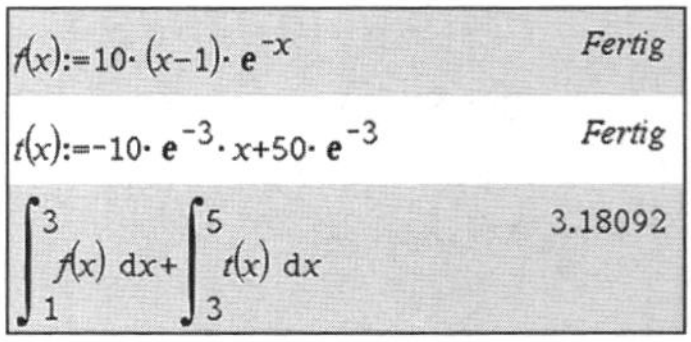

Alternativ:
Die Teilfläche zwischen der Senkrechten, der x-Achse und der Tangente ist ein rechtwinkliges Dreieck, dessen Flächeninhalt durch die Formel $A = \frac{1}{2} \cdot \text{Kathete 1} \cdot \text{Kathete 2}$ berechnet werden kann.

Mit den Kathetenlängen $(5-3)$ und $t(3)$ berechnet man mit dem GTR:

$$\int_1^3 f(x)\,dx + \frac{1}{2} \cdot (5-3) \cdot t(3) \approx 3{,}18$$

$\int_1^3 f(x)\,dx + \frac{1}{2} \cdot (5-3) \cdot t(3)$	3.18092

Der Inhalt der Fläche F beträgt ca. 3,18 FE.

d) (1) Die 1. Winkelhalbierende hat die Steigung 1. Parallele Geraden haben die gleiche Steigung. Gesucht ist somit der Punkt des Graphen der Funktion f, an dem die Steigung des Graphen gleich 1 ist.
Zu lösen ist damit die Gleichung $f'(x) = 1$.
Eine Lösung der Gleichung mit dem GTR ergibt $x \approx 1{,}5356$.

$a1f(x) := 10 \cdot (2-x) \cdot e^{-x}$	*Fertig*
nSolve$(a1f(x)=1,x)$	1.53559

Die Tangente parallel zur 1. Winkelhalbierenden berührt den Graphen der Funktion f im Punkt $P(1{,}5356 \mid f(1{,}5356))$.
Einsetzen der Steigung und der Koordinaten des Punktes P in die allgemeine Form der Geradengleichung $y = mx + b$ ergibt die Gleichung:
$f(1{,}5356) = 1 \cdot 1{,}5356 + b$

Lösen der Gleichung mit dem GTR ergibt $b \approx -0{,}3823$.

nSolve$(f(1.5356)=1 \cdot 1.5356+b,b)$	-0.382311

Die Tangente parallel zur 1. Winkelhalbierenden an den Graphen der Funktion f hat die Gleichung:
$t_R(x) = x - 0{,}3823$

(2) Zur Bestimmung des Schnittpunktes werden die Funktionsterme der Tangente t_R und der 2. Winkelhalbierenden gleichgesetzt:

$$\begin{aligned} x - 0{,}3823 &= -x \\ 2x &= 0{,}3823 \\ x &\approx 0{,}1912 \end{aligned}$$

$\Rightarrow \quad y = -0{,}1912$

Der Schnittpunkt S der Tangente t_R mit der 2. Winkelhalbierenden lautet $S(0{,}1912 \mid -0{,}1912)$.

(3) Der Abstand der Tangente t_R von der 1. Winkelhalbierenden ist gleich dem Abstand des Schnittpunktes S vom Ursprung.

Mit dem Satz des Pythagoras berechnet man:

$$d(O;S) = \sqrt{(0-0{,}1912)^2 + (0+0{,}1912)^2} \approx 0{,}2704\,[\text{LE}]$$

Der Abstand der Tangente t_R von der 1. Winkelhalbierenden beträgt ca. 0,27 [LE].

Die Abbildung zeigt den Graphen der in $\mathbb{R}$ definierten Funktion f mit

$f(x) = -\frac{5}{16}x^4 + 5x^3.$

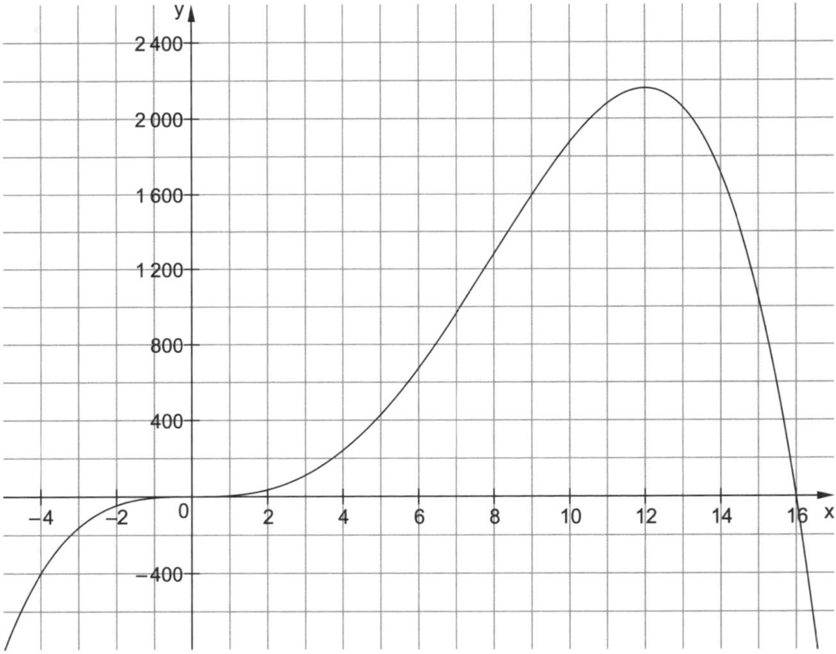

Abbildung

Punkte

a) (1) Zeigen Sie rechnerisch, dass der Punkt $(12 \mid 2\,160)$ ein Hochpunkt des Graphen von f ist und dass die Tangente an den Graphen von f im Punkt $(0 \mid 0)$ parallel zur x-Achse verläuft. 5

(2) Bestimmen Sie eine Gleichung der Geraden g, die durch die beiden Wendepunkte des Graphen von f verläuft.
Zeichnen Sie in die Abbildung eine Gerade ein, die parallel zu g ist und für $0 \le x \le 8$ mit dem Graphen von f genau einen Punkt gemeinsam hat. 6

(3) Die folgende Abbildung ist eine unveränderte Kopie der Abbildung auf der vorherigen Seite.[1]
Die Punkte $O(0|0)$, $B(b|0)$ und $C(b|f(b))$ bilden für jede reelle Zahl b mit $0<b<16$ ein Dreieck OBC.
Ermitteln Sie denjenigen Wert von b, für den der Flächeninhalt des Dreiecks OBC maximal wird, und geben Sie diesen Flächeninhalt an.
[Hinweis: Eine Betrachtung der Randwerte ist nicht erforderlich.] 4

b) Für jede reelle Zahl a ist eine in $\mathbb{R}$ definierte Funktion h_a mit $h_a(x)=5ax^2$ gegeben.

(1) Beschreiben Sie, wie der Graph von h_4 aus dem Graphen von h_3 erzeugt werden kann. 2

(2) Bestimmen Sie denjenigen Wert von a, für den der Punkt $(4|f(4))$ auf dem Graphen von h_a liegt. 2

(3) Die Gleichung $f(x)=h_{3,75}(x)$ hat genau die drei Lösungen $x_1=0$, $x_2=6$ und $x_3=10$ und es gilt $\int_0^{10} (f(x)-h_{3,75}(x))\,dx=0$.
Erläutern Sie die geometrische Bedeutung dieser Aussage in Bezug auf die Graphen von f und $h_{3,75}$. 3

(4) Ermitteln Sie, an welchen Stellen im Intervall [0; 16] die Graphen der Funktionen f und h_3 einen vertikalen Abstand von 250 Längeneinheiten haben. 4

c) Ein Unternehmen lagert Glyzerin in einem Tank. Die momentane Änderungsrate des Tankinhalts kann für $0\leq x\leq 20$ mithilfe der Funktion f (aus a)) beschrieben werden. Dabei ist x die seit Beobachtungsbeginn vergangene Zeit in Stunden und f(x) die momentane Änderungsrate in Kilogramm pro Stunde. Zu Beobachtungsbeginn befinden sich im Tank 1 200 kg Glyzerin.

(1) Der Punkt $(4|240)$ liegt auf dem Graphen von f.
Interpretieren Sie die Koordinaten dieses Punktes im Sachzusammenhang. 2

(2) Beurteilen Sie die folgende Aussage: „Zwölf Stunden nach Beobachtungsbeginn ist die größte Menge Glyzerin im Tank enthalten.“ 2

(3) Bestimmen Sie die Zunahme des Tankinhalts zwischen den Zeitpunkten acht Stunden und zehn Stunden nach Beobachtungsbeginn. 2

(4) Berechnen Sie, wie viel Glyzerin 20 Stunden nach Beobachtungsbeginn im Tank enthalten ist. 3

---

[1] *Anmerkung der Redaktion:* In der Original-Aufgabe wurde hier die Abbildung noch einmal abgedruckt. Auf die erneute Darstellung der Abbildung wurde an dieser Stelle verzichtet.

Hinweise und Tipps

Teilaufgabe a

(1) Ermitteln Sie mittels notwendiger Bedingung (Nullstellen der 1. Ableitung) die Stellen, an denen die Funktion f ein Maximum annehmen kann.

Weisen Sie dann mithilfe von Testwerten nach, dass an der Stelle $x = 12$ ein (+/–)-Vorzeichenwechsel von f' vorliegt.

Beachten Sie, dass die notwendige Bedingung auch für $x = 0$ erfüllt ist. Was bedeutet das für die Steigung des Graphen von f im Punkt $(0 \mid 0)$?

(2) Ermitteln Sie zunächst die Wendestellen von f (notwendige Bedingung: $f''(x) = 0$, hinreichende Bedingung: $f'''(x) \neq 0$) und dann die Koordinaten der Wendepunkte.

Die gesuchte Gleichung der Geraden durch die Wendepunkte können Sie mittels $\frac{y - y_1}{x - x_1} = \frac{y_2 - y_1}{x_2 - x_1}$ berechnen.

Zeichnen Sie zuerst die Gerade g ein und verschieben Sie sie so, dass die Gerade mit dem Graphen von f genau einen gemeinsamen Punkt hat.

(3) Zeichnen Sie sich zur Veranschaulichung in die gegebene Skizze des Graphen ein mögliches Dreieck OBC ein.

Die Formel für den Flächeninhalt des Dreiecks lautet $A = \frac{1}{2} \cdot g \cdot h$, wobei g die Grundlinie und h die Höhe des Dreiecks ist.

Diese Größen sind durch die Koordinaten des Punktes C darstellbar, wodurch sich eine Flächeninhaltsformel für das Dreieck OBC in Abhängigkeit von b ergibt.

Durch eine grafische Analyse mit Ihrem CAS bzw. GTR ermitteln Sie das gesuchte Maximum.

Teilaufgabe b

(1) Überlegen Sie, wie der Term $h_4(x) = 20x^2$ aus dem Term $h_3(x) = 15x^2$ erzeugt werden kann.

(2) Berechnen Sie die Koordinaten des Punktes $(4 \mid f(4))$.

Welche Bedingung muss die y-Koordinate erfüllen, damit der Punkt auf dem Graphen von h_a liegt?

(3) Welche Stellen werden durch die Gleichung $f(x) = h_{3,75}(x)$ berechnet?

Wenn zwei Graphen drei Schnittpunkte haben, werden dadurch zwei Flächenstücke eingeschlossen.

Was bedeutet es für die beiden Flächenstücke, wenn das Integral über beide Intervalle den Wert null hat?

(4) Untersuchen Sie die Gleichungen:
$d(x) = f(x) - h_3(x) = 250$ bzw. $d(x) = f(x) - h_3(x) = -250$

Berechnen Sie die Lösungen mit Ihrem GTR bzw. CAS.

Teilaufgabe c

(1) Die x-Koordinate eines Punktes auf dem Funktionsgraphen gibt im Sachkontext den Zeitpunkt nach Beobachtungsbeginn an und die y-Koordinate die momentane Änderungsrate.

(2) Der Funktionsgraph von f (siehe Aufgabenstellung) zeigt nicht den Tankinhalt, sondern die jeweilige Änderung des Tankinhalts.

(3) Das Integral über die Änderungsrate ergibt den zugehörigen Änderungseffekt.

Der Effekt ist in diesem Kontext die Menge, um die sich der Tankinhalt verändert hat.

(4) Gehen Sie vom Tankinhalt zu Beobachtungsbeginn aus (ist in der Aufgabenstellung angegeben) und berücksichtigen Sie dann die Veränderung des Tankinhalts im Beobachtungszeitraum.

Lösung

a) (1) Gegeben ist die Funktion f mit:

$$f(x) = -\frac{5}{16}x^4 + 5x^3$$

Zunächst wird die 1. Ableitung der Funktion f ermittelt:

$$f'(x) = -\frac{5}{4}x^3 + 15x^2$$

Notwendige Bedingung für ein lokales Maximum:

$$f'(x) = 0 \quad \Leftrightarrow \quad -\frac{5}{4}x^3 + 15x^2 = 0$$

$$\Leftrightarrow \quad x^2\left(-\frac{5}{4}x + 15\right) = 0$$

$$\Leftrightarrow \quad x = 0 \text{ oder } x = 12$$

Wenn f lokale Extremstellen hat, dann kommen dafür $x = 0$ oder $x = 12$ infrage. Gemäß Aufgabenstellung ist hier nur $x = 12$ weiter zu untersuchen.

Hinreichende Bedingung für ein lokales Maximum:
Man überprüft mittels Testwerten, ob für f' an der Stelle $x = 12$ ein Vorzeichenwechsel vorliegt:

$$f'(10) = -\frac{5}{4} \cdot 10^3 + 15 \cdot 10^2 = 250 > 0$$

$$f'(14) = -\frac{5}{4} \cdot 14^3 + 15 \cdot 14^2 = -490 < 0$$

Somit liegt an der Stelle $x = 12$ für f' ein (+/–)-Vorzeichenwechsel vor.

Alternativ:
Die hinreichende Bedingung wird mithilfe der 2. Ableitung überprüft:

$$f''(x) = -\frac{15}{4} x^2 + 30x$$

$$f''(12) = -\frac{15}{4} \cdot 12^2 + 30 \cdot 12 = -180 < 0 \quad \Rightarrow \quad \text{Maximum}$$

Die y-Koordinate des Hochpunktes ergibt sich durch Einsetzen von $x = 12$ in die Funktion f:

$$f(12) = -\frac{5}{16} \cdot 12^4 + 5 \cdot 12^3 = 2\,160$$

Damit ergibt sich für die Funktion f der Hochpunkt $(12 \mid 2\,160)$.

Aus der notwendigen Bedingung folgt ferner $f'(0) = 0$. Daher liegt im Punkt $(0 \mid 0)$ eine zur x-Achse parallele Tangente an den Graphen von f vor.

(2) Zunächst werden die Wendepunkte von f ermittelt.
Notwendige Bedingung:

$$f''(x) = 0 \quad \Leftrightarrow \quad -\frac{15}{4} x^2 + 30x = 0$$

$$\Leftrightarrow \quad x\left(-\frac{15}{4} x + 30\right) = 0$$

$$\Leftrightarrow \quad x = 0 \text{ oder } x = 8$$

Falls f über Wendestellen verfügt, liegen diese bei $x = 0$ oder $x = 8$.

Hinreichende Bedingung:

$$f'''(x) = -\frac{15}{2} x + 30$$

$$f'''(0) = 30 \neq 0$$

$$f'''(8) = -30 \neq 0$$

Es liegen Wendestellen bei $x = 0$ oder $x = 8$ vor. Für die y-Koordinaten gilt:

$$f(0) = -\frac{5}{16} \cdot 0^4 + 5 \cdot 0^3 = 0$$

$$f(8) = -\frac{5}{16} \cdot 8^4 + 5 \cdot 8^3 = 1\,280$$

Die Wendepunkte sind $W_1(0 \mid 0)$ und $W_2(8 \mid 1\,280)$.

Für die Ermittlung der Geradengleichung der Geraden durch die beiden Wendepunkte kann man die Formel $\frac{y-y_1}{x-x_1}=\frac{y_2-y_1}{x_2-x_1}$ heranziehen. Es gilt:

$$\frac{y-0}{x-0}=\frac{1\,280-0}{8-0} \iff \frac{y}{x}=\frac{1\,280}{8} \iff \frac{y}{x}=160 \iff y=160x$$

Die Gerade durch die beiden Wendepunkte hat die Gleichung $y=160x$.

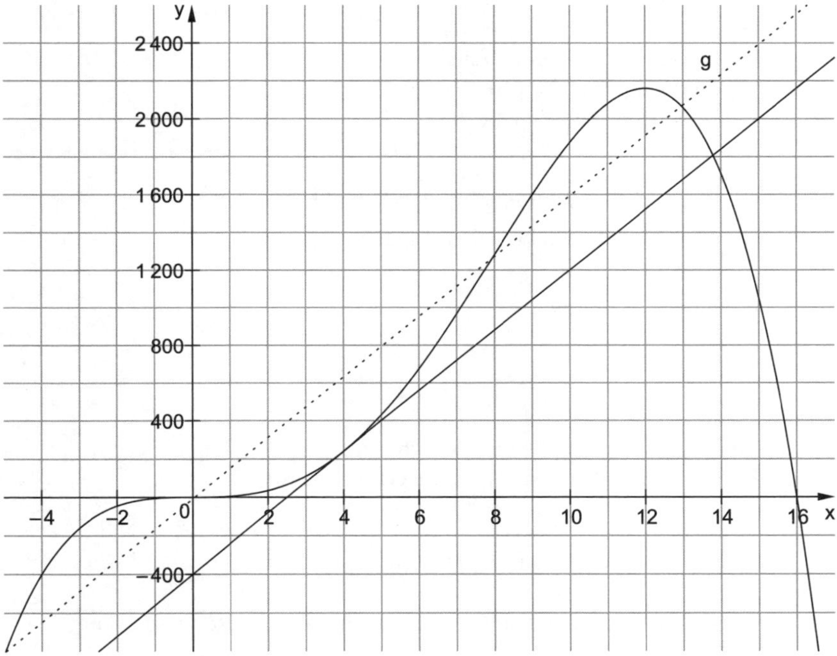

(3) In der nebenstehenden Abbildung ist ein mögliches Dreieck OBC eingezeichnet.

Die Formel für die Berechnung des Flächeninhalts eines Dreiecks lautet:

$A=\frac{1}{2}\cdot g\cdot h$

Wobei g die Grundlinie und h die Höhe des Dreiecks sind.

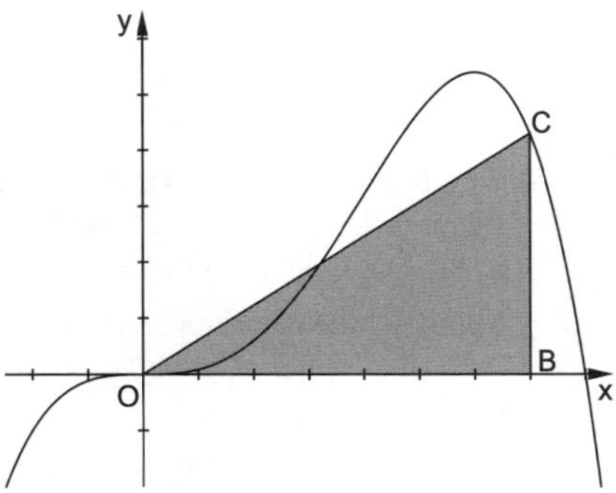

Die Grundlinie entspricht b, also der x-Koordinate des Punktes C. Die Höhe entspricht der y-Koordinate des Punktes C, also $f(b)=-\frac{5}{16}b^4+5b^3$.

Der Flächeninhalt des Dreiecks ist somit als Funktion von b darstellbar:

$$A(b) = \frac{1}{2} \cdot b \cdot \left(-\frac{5}{16} b^4 + 5b^3 \right) = -\frac{5}{32} b^5 + \frac{5}{2} b^4$$

Mittels CAS bzw. GTR ermittelt man das absolute Maximum von A im Intervall [0; 16] und erhält den Punkt (12,8 | 13 400).

Für b = 12,8 erreicht das Dreieck OBC seinen maximalen Flächeninhalt von rund 13 400 Flächeneinheiten.

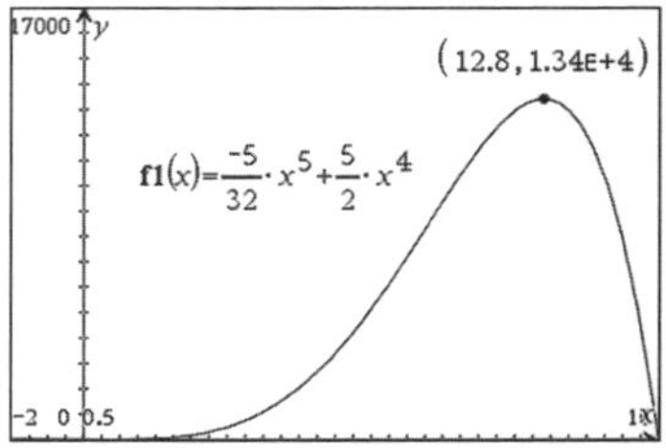

b) (1) Gegeben ist die Funktion h_a mit $a \in \mathbb{R}$ und $h_a(x) = 5ax^2$.

Die zu betrachtenden Funktionen lauten:

$h_4(x) = 5 \cdot 4 \cdot x^2 = 20x^2$

$h_3(x) = 5 \cdot 3 \cdot x^2 = 15x^2$

Es gilt:

$$h_4(x) = \frac{4}{3} \cdot h_3(x) = \frac{4 \cdot 15}{3} x^2 = 20x^2$$

Somit kann der Graph von h_4 durch Streckung des Graphen von h_3 um den Faktor $\frac{4}{3}$ in Richtung der y-Achse erzeugt werden.

(2) Es gilt:

$$(4 \mid f(4)) = \left(4 \;\middle|\; -\frac{5}{16} \cdot 4^4 + 5 \cdot 4^3\right) = (4 \mid 240)$$

Dieser Punkt soll auf dem Graphen von h_a liegen. Also muss gelten:

$$240 = 5a \cdot 4^2$$
$$240 = 80a$$
$$a = 3$$

Der gesuchte Wert ist a = 3.

(3) Durch die Gleichung $f(x) = h_{3,75}(x)$ werden die Schnittstellen der Funktion f(x) mit der Funktion $h_{3,75}(x)$ berechnet. Die Lösungen $x_1 = 0$, $x_2 = 6$ und $x_3 = 10$ sind die Schnittstellen der Graphen von f und $h_{3,75}$.

Somit schließen die beiden Graphen zwei Flächenstücke ein. In dem einen Intervall liegt der Graph von $h_{3,75}$ oberhalb des Graphen von f und im anderen ist es umgekehrt.

Da das Integral über $f(x) - h_{3,75}(x)$ im Intervall [0; 10] den Wert null hat, haben die beiden Flächenstücke den gleichen Flächeninhalt.

(4) Zu untersuchen ist der vertikale Abstand der Funktionen f und h_3 mit:

$f(x) = -\frac{5}{16} \cdot x^4 + 5 \cdot x^3$ und

$h_3(x) = 15 \cdot x^2$ im Intervall [0; 16]

Dieser Abstand wird beschrieben durch die Differenzfunktion d mit:

$d(x) = f(x) - h_3(x) = -\frac{5}{16} \cdot x^4 + 5 \cdot x^3 - 15x^2$

Gesucht sind diejenigen Stellen, an denen dieser Abstand 250 Längeneinheiten beträgt, für die also gilt $d(x) = 250$ bzw. $d(x) = -250$, da der Graph von f oberhalb und unterhalb vom Graphen von h_3 verlaufen kann.

Mit dem GTR bzw. CAS erhält man für $d(x) = 250$ die Lösungen $x_1 \approx 7{,}2$ und $x_2 \approx 11{,}1$.

Mit dem GTR bzw. CAS erhält man für $d(x) = -250$ die Lösung $x_3 \approx 12{,}6$.
Die Lösung $x \approx -2{,}8$ liegt außerhalb des betrachteten Intervalls.

GTR

$d(x) := \frac{-5}{16} \cdot x^4 + 5 \cdot x^3 - 15 \cdot x^2$	*Fertig*
nSolve(d(x)=250,x)	7.2123
nSolve(d(x)=250,x)|x>10	11.0794
nSolve(d(x)=-250,x)	-2.81491
nSolve(d(x)=-250,x)|x>0	12.5879

CAS

$d(x) := \frac{-5}{16} \cdot x^4 + 5 \cdot x^3 - 15 \cdot x^2$	*Fertig*
solve(d(x)=250,x)	x=7.2123 or x=11.0794
solve(d(x)=-250,x)	x=-2.81491 or x=12.5879

Somit ergibt sich folgendes Ergebnis:
Für $x_1 \approx 7{,}2$ und $x_2 \approx 11{,}1$ sowie $x_3 \approx 12{,}6$ haben die Funktionsgraphen von f und h_3 einen vertikalen Abstand von 250 Längeneinheiten.

c) (1) Wenn der Punkt (4 | 240) auf dem Graphen von f liegt, bedeutet das im Sachkontext: 4 Stunden nach Beobachtungsbeginn beträgt die momentane Änderungsrate des Tankinhalts 240 kg pro Stunde. Da die Änderungsrate positiv ist, würde also der Tankinhalt bei Anhalten der momentanen Bedingungen um 240 kg pro Stunde zunehmen.

(2) Die Aussage ist falsch. Der zur Aufgabenstellung gehörenden Abbildung des Funktionsgraphen der Änderungsrate entnimmt man, dass die Änderungsrate zwölf Stunden nach Beobachtungsbeginn ein Maximum erreicht, aber weiterhin (noch für 4 Stunden) positiv ist. Der Tankinhalt nimmt also noch weiter zu.

(3) Die Entwicklung des Tankinhalts zwischen zwei Beobachtungszeiträumen ergibt sich durch das bestimmte Integral über die momentane Änderungsrate zwischen den Beobachtungszeiträumen:

$$\int_8^{10} f(x)\,dx = 3\,178$$

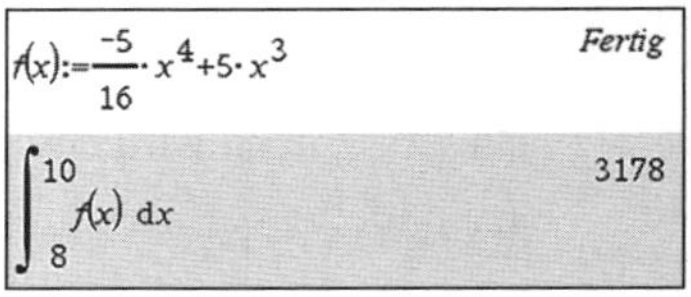

Zwischen den Zeitpunkten acht und zehn Stunden nach Beobachtungsbeginn hat der Tankinhalt um 3 178 kg zugenommen.

(4) Die Änderung des Tankinhalts in dem 20 Stunden andauernden Beobachtungszeitraum beträgt:

$$\int_0^{20} f(x)\,dx = 0$$

Am Ende des Beobachtungszeitraums ist folglich genauso viel Glyzerin im Tank wie zu Beginn, nämlich 1 200 kg.

Abiturprüfung 2021 Mathematik Grundkurs (Nordrhein-Westfalen)
Prüfungsteil B – Vektorielle Geometrie B3 (GTR/CAS)

Bei einem Secret-Sharing-Verfahren wird ein Geheimnis in Teilgeheimnisse auf verschiedene Personen aufgeteilt, um die Verantwortung in mehrere Hände zu legen. Es kann sinnvoll sein, dass ein geheimer Code, z. B. zum Öffnen eines Tresors, nicht einer Person allein bekannt ist, sondern lediglich von mehreren Personen gemeinsam ermittelt werden kann.

Unternehmen können ein solches Verfahren beispielsweise auf geometrischer Basis realisieren. Hierbei kann eine Auswahl von Mitarbeitenden mit Kenntnissen über notwendige Teilgeheimnisse den geheimen Code ermitteln, indem sie ihre Teilgeheimnisse in ein Computersystem eingeben, welches mit den Eingaben geometrische Fragestellungen löst.

Vereinfachend wird im Folgenden angenommen, dass der zu ermittelnde geheime Code immer aus drei Ziffern besteht.

Punkte

a) Das Computersystem kennt die Gerade g mit $g: \vec{x} = \begin{pmatrix} 1 \\ 3 \\ 4 \end{pmatrix} + t \cdot \begin{pmatrix} 4 \\ -2 \\ -1 \end{pmatrix}$, $t \in \mathbb{R}$.

Die Punkte $A(0|-3|-1)$, $B(4|2|1)$ und $C(1|-1|-1)$ liegen in einer Ebene H. Drei eingeweihte Mitarbeitende kennen als Teilgeheimnisse die Koordinaten von jeweils einem dieser Punkte. Der geheime Code wird durch die Koordinaten des Schnittpunktes S der Geraden g mit der Ebene H ermittelt.

(1) Die Koordinaten der Punkte A, B und C werden ins System eingegeben.
Berechnen Sie den geheimen Code. 5

(2) Der Punkt S liegt nicht auf der Geraden durch A und B. Ein vierter Mitarbeitender erhält den Punkt $D(12|12|5)$ als Teilgeheimnis. Der Punkt D liegt in der Ebene H.
Begründen Sie, warum bei der Eingabe der Koordinaten der Punkte A, B und D das System den geheimen Code trotzdem nicht ermitteln kann. 2

(3) Bestimmen Sie rechnerisch die Koordinaten eines von C und S verschiedenen Punktes E so, dass durch die Eingabe der Koordinaten der Punkte A, B und E der geheime Code ermittelbar ist. 3

b) Für ein $a \in \mathbb{R}$ ist die Gerade h_a: $\vec{x} = \begin{pmatrix} -7 \\ 8 \\ -1 \end{pmatrix} + s \cdot \begin{pmatrix} 3a \\ -7 \\ a \end{pmatrix}$, $s \in \mathbb{R}$, gegeben. Die Koordinaten des Schnittpunktes $S(5\,|\,1\,|\,3)$ der Geraden g aus a) mit der Geraden h_a sind der geheime Code.

(1) Bestimmen Sie $a \in \mathbb{R}$ so, dass sich g und h_a im Punkt S schneiden. 2

(2) Eingeweihte Mitarbeitende sollen als Teilgeheimnisse jeweils die Koordinaten eines von S verschiedenen Punktes erhalten, der auf der Geraden h_4 liegt.
Geben Sie die Koordinaten eines von $(-7\,|\,8\,|\,-1)$ und S verschiedenen Punktes P an, der als Teilgeheimnis geeignet ist. 1

c) Ein anderes Unternehmen verwendet als geheimen Code die ersten drei Nachkommastellen der ungerundeten Länge der Höhe $h_{\overline{IJ}}$ eines gleichschenkligen Dreiecks IJK mit der Basis $\overline{IJ}$.
Drei eingeweihte Mitarbeitende kennen als Teilgeheimnisse mit $I(4\,|\,3\,|\,2)$, $J(8\,|\,6\,|\,-1)$ und $K(6\,|\,5\,|\,1)$ jeweils die Koordinaten eines Eckpunktes des gleichschenkligen Dreiecks IJK.

(1) Zeigen Sie, dass I, J und K die Eckpunkte eines gleichschenkligen Dreiecks mit der Basis $\overline{IJ}$ sind. 2

(2) Berechnen Sie den geheimen Code. 3

(3) Ein weiterer Mitarbeitender soll die Koordinaten eines von K verschiedenen Punktes L erhalten, der wie K zusammen mit den Punkten I und J ein gleichschenkliges Dreieck IJL mit der Basis $\overline{IJ}$ bildet. Auch aus den Koordinaten von I, J und L soll sich in gleicher Weise wie oben beschrieben der in c) (2) berechnete geheime Code ergeben. Ermitteln Sie rechnerisch die Koordinaten eines geeigneten Punktes L. 2

Hinweise und Tipps

Teilaufgabe a

(1) Stellen Sie mithilfe der Punkte A, B und C die Dreipunkteform der Ebenengleichung der Ebene H auf.

Stellen Sie mithilfe der Ebenen- und Geradengleichung ein Gleichungssystem auf.

Lösen Sie das Gleichungssystem (mit einem GTR/CAS).

Bestimmen Sie durch Einsetzen der berechneten Parameter den Ortsvektor des Schnittpunktes S.

Vergessen Sie nicht, den Code anzugeben.

(2) Stellen Sie mithilfe der Punkte A, B und D die Dreipunkteform der Ebenengleichung der Ebene H auf.

Fassen Sie die Spannvektoren so weit wie möglich zusammen. Welche Bedeutung hat die vereinfachte Vektorgleichung?

Beachten Sie, dass der Punkt S laut Aufgabenstellung nicht auf der Geraden durch die Punkte A und B liegt.

Alternativ: Stellen Sie die Geradengleichung durch die Punkte A und B auf.

Prüfen Sie, ob der Punkt D auf der Geraden durch die Punkte A und B liegt.

Beachten Sie, dass der Punkt S laut Aufgabenstellung nicht auf der Geraden durch die Punkte A und B liegt.

Alternativ: Führen Sie eine Punktprobe durch, ob der Punkt D in der Parameterform der Ebene H liegt.

Welche Bedeutung hat die Lösung?

Beachten Sie, dass der Punkt S laut Aufgabenstellung nicht auf der Geraden durch die Punkte A und B liegt.

(3) Benutzen Sie die Parameterform der Ebenengleichung der Ebene H, um einen weiteren Punkt der Ebene zu ermitteln.

Überprüfen Sie, ob der ermittelte Punkt nicht mit A, B, C und S übereinstimmt.

Teilaufgabe b

(1) Denken Sie daran, dass der Punkt S auf g liegt.

Welche Bedingung muss also erfüllt sein, damit sich g und eine Gerade der Schar schneiden?

Stellen Sie eine Vektorgleichung auf und lösen Sie das zugehörige Gleichungssystem.

(2) Geben Sie die Gleichung der Geraden h_4 an.

Ersetzen Sie in der Geradengleichung den Parameter durch eine reelle Zahl.

Überprüfen Sie, dass der ermittelte Punkt weder mit dem Anbindungspunkt der Geraden noch mit dem Schnittpunkt S übereinstimmt.

Teilaufgabe c

(1) Berechnen Sie die Seitenlängen der Dreiecksseiten $\overline{IK}$ und $\overline{JK}$.

(2) Beachten Sie, dass die Höhe und die Mittelsenkrechte zur Basis im gleichschenkligen Dreieck zusammenfallen.

Der Ortsvektor des Mittelpunktes M einer Strecke mit den Endpunkten P und Q berechnet sich nach der Formel $\vec{m} = \frac{1}{2} \cdot (\vec{p} + \vec{q})$.

Berechnen Sie den Ortsvektor des Mittelpunktes M_{IJ} der Strecke $\overline{IJ}$.

Die Länge der Höhe h_{IJ} ist gleich dem Abstand des Punktes K vom Mittelpunkt M_{IJ}.

Vergessen Sie nicht, den geheimen Code anzugeben.

(3) Spiegeln Sie das Dreieck an der Basis. Welche Punkte behalten hierbei ihre Lage bei?

Spiegeln Sie den Eckpunkt K an der Basis.

Lösung

a) Zunächst werden die Ortsvektoren der gegebenen Punkte und die Geradengleichung im GTR/CAS abgespeichert (Geradengleichung nur im CAS möglich).

$$oa:=\begin{bmatrix}0\\-3\\-1\end{bmatrix}:ob:=\begin{bmatrix}4\\2\\1\end{bmatrix}:oc:=\begin{bmatrix}1\\-1\\-1\end{bmatrix} \qquad \begin{bmatrix}1\\-1\\-1\end{bmatrix}$$

$$g:=\begin{bmatrix}1\\3\\4\end{bmatrix}+t\cdot\begin{bmatrix}4\\-2\\-1\end{bmatrix} \qquad \begin{bmatrix}4\cdot t+1\\3-2\cdot t\\4-t\end{bmatrix}$$

Damit die Schreibweise von Vektoren und Parametern nicht zu Schwierigkeiten bei der Rechnung mit dem GTR/CAS führt, werden die Ortsvektoren in der Form $\overrightarrow{OP}$ (Ortsvektor des Punktes P) geschrieben.

(1) Die Dreipunkteform der Ebenengleichung der Ebene H wird durch die Punkte A(0|−3|−1), B(4|2|1) und C(1|−1|−1) festgelegt.
Sie lautet:

CAS

$$e\_abc:=oa+r\cdot(ob-oa)+s\cdot(oc-oa) \qquad \begin{bmatrix}4\cdot r+s\\5\cdot r+2\cdot s-3\\2\cdot r-1\end{bmatrix}$$

$$H=E_{ABC}\colon\ \vec{x}=\vec{a}+r\cdot(\vec{b}-\vec{a})+s\cdot(\vec{c}-\vec{a});\ r,s\in\mathbb{R}$$

$$H\colon\ \vec{x}=\begin{pmatrix}0\\-3\\-1\end{pmatrix}+r\cdot\left[\begin{pmatrix}4\\2\\1\end{pmatrix}-\begin{pmatrix}0\\-3\\-1\end{pmatrix}\right]+s\cdot\left[\begin{pmatrix}1\\-1\\-1\end{pmatrix}-\begin{pmatrix}0\\-3\\-1\end{pmatrix}\right]$$

$$=\begin{pmatrix}0\\-3\\-1\end{pmatrix}+r\cdot\begin{pmatrix}4\\5\\2\end{pmatrix}+s\cdot\begin{pmatrix}1\\2\\0\end{pmatrix};\ r,s\in\mathbb{R}$$

Der Schnittpunkt S wird durch Gleichsetzen der Ebenen- und der Geradengleichung bestimmt:

CAS

$$\text{solve}(e\_abc=g,\{r,s,t\}) \qquad r=2 \text{ and } s=-3 \text{ and } t=1$$

$$\begin{pmatrix}0\\-3\\-1\end{pmatrix}+r\cdot\begin{pmatrix}4\\5\\2\end{pmatrix}+s\cdot\begin{pmatrix}1\\2\\0\end{pmatrix}=\begin{pmatrix}1\\3\\4\end{pmatrix}+t\cdot\begin{pmatrix}4\\-2\\-1\end{pmatrix};\ r,s,t\in\mathbb{R}$$

Dies führt zu folgendem Gleichungssystem:

$$\begin{array}{ll}\text{I} & 4r+s=1+4t\\ \text{II} & -3+5r+2s=3-2t\\ \text{III} & -1+2r=4-t\end{array}$$

GTR

$$\text{linSolve}\left(\begin{cases}4\cdot r+s=1+4\cdot t\\-3+5\cdot r+2\cdot s=3-2\cdot t\\-1+2\cdot r=4-t\end{cases},\{r,s,t\}\right) \qquad \{2,-3,1\}$$

Lösen des Gleichungssystems mit einem GTR/CAS ergibt die Lösung r = 2, s = −3 und t = 1.

Durch Einsetzen von t = 1 in die Geradengleichung erhält man den Ortsvektor des Schnittpunktes S:

$$\vec{s} = \begin{pmatrix} 1 \\ 3 \\ 4 \end{pmatrix} + 1 \cdot \begin{pmatrix} 4 \\ -2 \\ -1 \end{pmatrix} = \begin{pmatrix} 5 \\ 1 \\ 3 \end{pmatrix}$$

$s := g|t = 1 \qquad \begin{bmatrix} 5 \\ 1 \\ 3 \end{bmatrix}$

Der Schnittpunkt der Ebene H mit der Geraden g ist der Punkt S(5 | 1 | 3). Der geheime Code lautet somit 513.

(2) Mit den Ortsvektoren der Punkte A, B und D erhält man die Dreipunkteform der Ebenengleichung:

$$\vec{x} = \begin{pmatrix} 0 \\ -3 \\ -1 \end{pmatrix} + r \cdot \begin{pmatrix} 4 \\ 5 \\ 2 \end{pmatrix} + s \cdot \begin{pmatrix} 12 \\ 15 \\ 6 \end{pmatrix} = \begin{pmatrix} 0 \\ -3 \\ -1 \end{pmatrix} + r \cdot \begin{pmatrix} 4 \\ 5 \\ 2 \end{pmatrix} + 3s \cdot \begin{pmatrix} 4 \\ 5 \\ 2 \end{pmatrix}$$

$$= \begin{pmatrix} 0 \\ -3 \\ -1 \end{pmatrix} + (r + 3s) \cdot \begin{pmatrix} 4 \\ 5 \\ 2 \end{pmatrix} = \begin{pmatrix} 0 \\ -3 \\ -1 \end{pmatrix} + r' \cdot \begin{pmatrix} 4 \\ 5 \\ 2 \end{pmatrix};\; r, r', s \in \mathbb{R}$$

Die Vektoren $\begin{pmatrix} 4 \\ 5 \\ 2 \end{pmatrix}$ und $\begin{pmatrix} 12 \\ 15 \\ 6 \end{pmatrix}$ sind linear abhängig. Der Punkt D liegt somit auf der Geraden g_{AB} durch die Punkte A und B. Da der Punkt S laut Aufgabenstellung nicht auf der Geraden g_{AB} liegt, kann das System den geheimen Code nicht ermitteln.

Alternativ:
Für die Gerade durch die Punkte A und B gilt:

$$g_{AB}: \vec{x} = \begin{pmatrix} 0 \\ -3 \\ -1 \end{pmatrix} + k \cdot \begin{pmatrix} 4 \\ 5 \\ 2 \end{pmatrix},\; k \in \mathbb{R}$$

Es wird überprüft, ob der Punkt D auf der Geraden durch die Punkte A und B liegt:

$$\begin{pmatrix} 12 \\ 12 \\ 5 \end{pmatrix} = \begin{pmatrix} 0 \\ -3 \\ -1 \end{pmatrix} + k \cdot \begin{pmatrix} 4 \\ 5 \\ 2 \end{pmatrix} \quad \Rightarrow \quad k = 3$$

Der Punkt D liegt auf der Geraden durch die Punkte A und B. Daher wird durch die Punkte A, B und D nicht die Ebene H festgelegt. Somit kann auch der Schnittpunkt S nicht bestimmt werden.

Alternativ:
Überprüft man, ob der Punkt D in der Ebene H liegt, indem man den Ortsvektor des Punktes D in die Parameterform der Ebenengleichung von H einsetzt, so erkennt man anhand der Lösung r = 3 und s = 0, dass der Punkt D auf der Geraden durch die Punkte A und B liegt. Da der Punkt S nicht auf der Geraden liegt, kann das System den Code nicht ermitteln.

GTR

```
od:=[12; 12; 5]                                   [12; 12; 5]
linSolve({4·r+s=12, 5·r+2·s−3=12, 2·r−1=5}, {r,s})   {3,0}
```

CAS

```
od:=[12; 12; 5]                                   [12; 12; 5]
solve(od=e_abc,{r,s})                             r=3 and s=0
```

(3) Ersetzt man in der Dreipunkteform der Ebene E_{ABC} den Parameter r durch eine beliebige reelle Zahl und den Parameter s durch eine reelle Zahl ungleich null (ansonsten liegt der Punkt E auf der Geraden durch die Punkte A und B), so erhält man den Ortsvektor des Punktes E.

$$\vec{e} = \begin{pmatrix} 0 \\ -3 \\ -1 \end{pmatrix} + 1 \cdot \begin{pmatrix} 4 \\ 5 \\ 2 \end{pmatrix} + (-1) \cdot \begin{pmatrix} 1 \\ 2 \\ 0 \end{pmatrix} = \begin{pmatrix} 3 \\ 0 \\ 1 \end{pmatrix}$$

Der Punkt E ist unterschiedlich zu den Punkten, A, B, C und S. Da $s \neq 0$ gewählt wurde, liegt der Punkt E auch nicht auf der Geraden durch A und B.

b) (1) Nach Aufgabenstellung liegt der Punkt S auf der Geraden g. Damit sich die Gerade g und eine Gerade der Geradenschar h_a im Punkt S schneiden, muss S auch auf der Geraden der Schar liegen.

Der Ortsvektor des Punktes S wird in die Gleichung der Schar eingesetzt:

$$\begin{pmatrix} 5 \\ 1 \\ 3 \end{pmatrix} = \begin{pmatrix} -7 \\ 8 \\ -1 \end{pmatrix} + s \cdot \begin{pmatrix} 3a \\ -7 \\ a \end{pmatrix}$$

Dadurch erhält man folgendes Gleichungssystem:

I $\quad 5 = -7 + s \cdot 3a$

II $\quad 1 = 8 - 7s \qquad \Rightarrow \quad s = 1$

III $\quad 3 = -1 + s \cdot a$

Einsetzen von $s = 1$ in Gleichung III ergibt:

$3 = -1 + 1 \cdot a \qquad \Rightarrow \quad a = 4$

Probe mit $a = 4$ und $s = 1$ in Gleichung I:

$5 = -7 + 1 \cdot 3 \cdot 4 \qquad$ (w)

Für $a = 4$ schneiden sich g und h_a im Punkt S.

(2) Es ist:

$$h_4\colon\ \vec{x} = \begin{pmatrix} -7 \\ 8 \\ -1 \end{pmatrix} + t \cdot \begin{pmatrix} 12 \\ -7 \\ 4 \end{pmatrix};\ t \in \mathbb{R}$$

Ersetzt man t durch eine reelle Zahl ungleich null, so erhält man einen weiteren Punkt der Geraden h_4.

Für t = 2 erhält man als Ortsvektor von P:

$$\vec{p} = \begin{pmatrix} -7 \\ 8 \\ -1 \end{pmatrix} + 2 \cdot \begin{pmatrix} 12 \\ -7 \\ 4 \end{pmatrix} = \begin{pmatrix} 17 \\ -6 \\ 7 \end{pmatrix}$$

Der Punkt P(17 | −6 | 7) ist ein weiterer Punkt der Geraden h_4. Er stimmt weder mit (−7 | 8 | −1) noch mit S überein.

c) (1) Berechnen der Seitenlängen des Dreiecks ergibt:

$$|\overline{IK}| = |\overrightarrow{IK}| = \left| \begin{pmatrix} 6 \\ 5 \\ 1 \end{pmatrix} - \begin{pmatrix} 4 \\ 3 \\ 2 \end{pmatrix} \right| = \left| \begin{pmatrix} 2 \\ 2 \\ -1 \end{pmatrix} \right|$$

$$= \sqrt{4+4+1} = 3\,[\text{LE}]$$

$$|\overline{JK}| = |\overrightarrow{JK}| = \left| \begin{pmatrix} 6 \\ 5 \\ 1 \end{pmatrix} - \begin{pmatrix} 8 \\ 6 \\ -1 \end{pmatrix} \right| = \left| \begin{pmatrix} -2 \\ -1 \\ 2 \end{pmatrix} \right|$$

$$= \sqrt{4+1+4} = 3\,[\text{LE}]$$

```
oi:=[4;3;2]:oj:=[8;6;-1]:ok:=[6;5;1]      [6;5;1]
norm(oi-ok)                                3
norm(oj-ok)                                3
```

Die Dreiecksseiten $\overline{IK}$ und $\overline{JK}$ haben die gleiche Länge. Sie sind somit die Schenkel des Dreiecks und die Seite $\overline{IJ}$ ist die Basis des gleichschenkligen Dreiecks.

(2) Die Höhe und die Mittelsenkrechte zur Basis fallen im gleichschenkligen Dreieck zusammen.

Der Ortsvektor des Mittelpunktes M einer Strecke mit den Endpunkten P und Q berechnet sich nach folgender Formel:

$$\vec{m} = \frac{1}{2} \cdot (\vec{p} + \vec{q})$$

Daraus folgt für den Ortsvektor des Mittelpunktes der Strecke $\overline{IJ}$:

$$\vec{m}_{IJ} = \frac{1}{2} \cdot (\vec{i} + \vec{j}) = \frac{1}{2} \cdot \left[\begin{pmatrix} 4 \\ 3 \\ 2 \end{pmatrix} + \begin{pmatrix} 8 \\ 6 \\ -1 \end{pmatrix} \right] = \begin{pmatrix} 6 \\ 4{,}5 \\ 0{,}5 \end{pmatrix}$$

Die Länge der Höhe h_{IJ} ist gleich dem Abstand des Punktes K vom Mittelpunkt M_{IJ}.

$$|\overline{M_{IK}K}| = |\overrightarrow{M_{IK}K}|$$

$$= \left| \begin{pmatrix} 6 \\ 5 \\ 1 \end{pmatrix} - \begin{pmatrix} 6 \\ 4{,}5 \\ 0{,}5 \end{pmatrix} \right| = \left| \begin{pmatrix} 0 \\ 0{,}5 \\ -0{,}5 \end{pmatrix} \right|$$

$$= \sqrt{0{,}5} \approx 0{,}7071\,[\text{LE}]$$

```
m_ij:=1/2·(oi+oj)       [6.;4.5;0.5]
norm(ok-m_ij)           0.707107
```

Der geheime Code ist 707.

(3) Spiegelt man das Dreieck IJK an der Basis $\overline{IJ}$, so bleiben die Gleichschenkligkeit und die Länge der Höhe erhalten. Zur Spiegelung des Dreiecks muss, da die Mittelsenkrechte senkrecht auf der Basis steht, der Punkt K am Mittelpunkt M_{IJ} gespiegelt werden.

$$\vec{\ell} = \vec{k} + 2 \cdot \overrightarrow{KM_{IJ}} = \begin{pmatrix} 6 \\ 5 \\ 1 \end{pmatrix} + 2 \cdot \left[\begin{pmatrix} 6 \\ 4{,}5 \\ 0{,}5 \end{pmatrix} - \begin{pmatrix} 6 \\ 5 \\ 1 \end{pmatrix} \right]$$

$$= \begin{pmatrix} 6 \\ 5 \\ 1 \end{pmatrix} + 2 \cdot \begin{pmatrix} 0 \\ -0{,}5 \\ -0{,}5 \end{pmatrix}$$

$$= \begin{pmatrix} 6 \\ 5 \\ 1 \end{pmatrix} + \begin{pmatrix} 0 \\ -1 \\ -1 \end{pmatrix}$$

$$= \begin{pmatrix} 6 \\ 4 \\ 0 \end{pmatrix}$$

Alternativ:

$$\vec{\ell} = \overrightarrow{m_{IJ}} - \overrightarrow{M_{IJ}K} = \begin{pmatrix} 6 \\ 4{,}5 \\ 0{,}5 \end{pmatrix} - \left[\begin{pmatrix} 6 \\ 5 \\ 1 \end{pmatrix} - \begin{pmatrix} 6 \\ 4{,}5 \\ 0{,}5 \end{pmatrix} \right] = \begin{pmatrix} 6 \\ 4{,}5 \\ 0{,}5 \end{pmatrix} - \begin{pmatrix} 0 \\ 0{,}5 \\ 0{,}5 \end{pmatrix} = \begin{pmatrix} 6 \\ 4 \\ 0 \end{pmatrix}$$

Der Punkt L hat die Koordinaten $L(6|4|0)$.

Abiturprüfung 2021 Mathematik Grundkurs (Nordrhein-Westfalen)
Prüfungsteil B – Stochastik B4 (GTR/CAS)

Im Jahr 2018 wurden in Nordrhein-Westfalen etwa 390 000 praktische Führerscheinprüfungen abgelegt. Der relative Anteil von bestandenen Prüfungen lag in dem Jahr bei etwa 70 %.

Punkte

a) Bei einer Fahrschulkette geht man am Standort Düsseldorf für das Jahr 2021 von insgesamt 250 praktischen Führerscheinprüfungen aus. Die Zufallsvariable X beschreibt die Anzahl unter diesen 250 praktischen Prüfungen, die bestanden werden. Es wird modellhaft angenommen, dass X binomialverteilt mit $p = 0{,}7$ ist.

(1) Ermitteln Sie für die folgenden Ereignisse jeweils die Wahrscheinlichkeit:

E1: „Es werden höchstens 160 praktische Prüfungen bestanden."

E2: „Es werden mindestens 80 % der praktischen Prüfungen bestanden."

E3: „Die Anzahl der bestandenen praktischen Prüfungen weicht um mindestens eine Standardabweichung vom Erwartungswert ab." 8

(2) Im Folgenden ist k eine ganze Zahl mit $0 \leq k \leq 250$.

(i) Bestimmen Sie für $k = 165$ die Wahrscheinlichkeit $P(X \geq k)$, dass mindestens k praktische Prüfungen bestanden werden.

(ii) Beschreiben Sie, wie sich die in (i) bestimmte Wahrscheinlichkeit ändert, wenn der Wert von k verändert wird.

(iii) Die Wahrscheinlichkeit für mindestens k bestandene praktische Prüfungen soll kleiner oder gleich 60 % sein.
Ermitteln Sie, wie groß k in diesem Fall mindestens gewählt werden muss. 6

b) Die Fahrschulkette plant für das Jahr 2022 die Eröffnung einer Filiale in Soest. Die Zentrale stellt als Anspruch an die Ausbildungsqualität, dass von den praktischen Prüfungen im Schnitt mindestens 70 % bestanden werden. Man prognostiziert für Soest, dass 200 praktische Prüfungen im Jahr 2022 abgelegt werden. Wenn davon mindestens 140 Prüfungen bestanden werden, will die Zentrale davon ausgehen, dass auch in Soest aufgrund der Ausbildungsqualität jede Prüfung mit einer Wahrscheinlichkeit von mindestens 70 % bestanden wird. Es wird modellhaft angenommen, dass die Anzahl Y der bestandenen Prüfungen unter den 200 prognostizierten Prüfungen binomialverteilt ist.

(1) Bestimmen Sie die Wahrscheinlichkeit, dass die Zentrale zu der Einschätzung kommt, dass in Soest jede Prüfung mit einer Wahrscheinlichkeit von mindestens 70 % bestanden wird, obwohl die Prüfungen tatsächlich nur mit einer Wahrscheinlichkeit von jeweils 65 % bestanden werden. 3

(2) Die Abbildung zeigt das Histogramm zu $P_{200;\,0,7}(Y=k)$, also für den Fall, dass $p=0{,}7$ gilt.

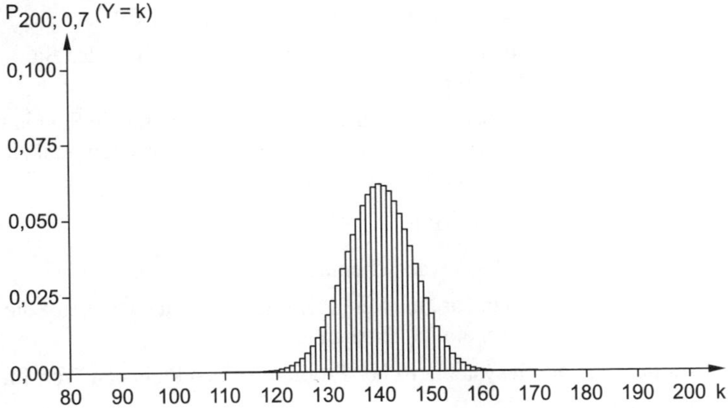

Abbildung

Falls von den 200 prognostizierten praktischen Prüfungen in Soest z. B. nur 130 bestanden werden, kommt die Zentrale zu der Einschätzung, dass in Soest jede Prüfung mit einer Wahrscheinlichkeit von weniger als 70 % bestanden wird.
Erklären Sie mithilfe des Histogramms, warum die Zentrale bei dieser Einschätzung einen Irrtum begangen haben könnte. 3

Hinweise und Tipps

Teilaufgabe a

In dieser Aufgabenstellung wird die Zufallsvariable X untersucht. Sie gibt die Anzahl der bestandenen praktischen Führerscheinprüfungen pro Jahr an. Die Grundgesamtheit ist $n = 250$ bei einer Bestehenswahrscheinlichkeit von $p = 0{,}7$. Der Einfachheit halber wird vorausgesetzt, dass X binomialverteilt ist.

(1) Berechnen Sie die Wahrscheinlichkeiten mit dem GTR bzw. CAS.

Berechnen Sie für E2 zuerst, wie viel 80 % von 250 sind. Verwenden Sie anschließend die Gegenwahrscheinlichkeit.

Ermitteln Sie für E3 zunächst den Erwartungswert $\mu = n \cdot p$ und die Standardabweichung $\sigma = \sqrt{n \cdot p \cdot (1-p)}$. Berechnen Sie dann die Wahrscheinlichkeiten $P(X \leq \mu - \sigma)$ und $P(X \geq \mu + \sigma)$ und addieren Sie die Werte.

(2) (i) Gesucht ist $P_{250;\,0,7}(X \geq 165)$.

Verwenden Sie die Gegenwahrscheinlichkeit.

(ii) Welche Auswirkungen hat eine Veränderung des Wertes von k auf die zu betrachtenden Wahrscheinlichkeitsbereiche?

(iii) Ermitteln Sie durch systematisches Probieren einen kleinsten Wert für k, sodass gilt: $P(X \geq k) \leq 0{,}6$

Führen Sie die Berechnung wieder über die Gegenwahrscheinlichkeit durch. Beginnen Sie bei $k = 170$.

Teilaufgabe b

(1) Zu berechnen ist $P_{200;\,0,65}(Y \geq 140)$.

(2) Betrachten Sie die Wahrscheinlichkeit für den Erwartungswert und seine Nachbarwerte.

Sie erkennen, dass auch vom Erwartungswert verschiedene Ergebnisse möglich sind.

Lösung

a) Die Zufallsgröße X gibt die Anzahl der bestandenen praktischen Führerscheinprüfungen an. Es wird angenommen, dass X binomialverteilt ist mit $p = 0{,}7$ und $n = 250$.

(1) Für das Ereignis E1 gilt:

$P_{250;\,0,7}(X \leq 160) \approx 0{,}0240 = 2{,}4\,\%$

```
binomCdf(250,0.7,160)        0.024034
```

Für das Ereignis E2 wird zunächst berechnet, wie viel 80 % von 250 sind:

$80\,\% \cdot 250 = 0{,}8 \cdot 250 = 200$

Damit gilt:

$$\begin{aligned} P_{250;\,0,7}(X \geq 200) &= 1 - P_{250;\,0,7}(X \leq 199) \\ &\approx 0{,}0002 \\ &= 0{,}02\,\% \end{aligned}$$

```
1-binomCdf(250,0.7,199)        0.000232
```

Für das Ereignis E3 werden zuerst der Erwartungswert und die Standardabweichung berechnet:

$\mu = n \cdot p = 250 \cdot 0{,}7 = 175$

$\sigma = \sqrt{n \cdot p \cdot (1-p)} = \sqrt{250 \cdot 0{,}7 \cdot 0{,}3} \approx 7{,}2457$

Somit ist folgende Wahrscheinlichkeit zu berechnen:

$$\begin{aligned} &P_{250;\,0,7}(X \leq 175 - 8) + P_{250;\,0,7}(X \geq 175 + 8) \\ &= P_{250;\,0,7}(X \leq 167) + P_{250;\,0,7}(X \geq 183) \\ &= P_{250;\,0,7}(X \leq 167) + 1 - P_{250;\,0,7}(X \leq 182) \\ &\approx 0{,}3005 \\ &= 30{,}05\,\% \end{aligned}$$

```
◂Cdf(250,0.7,167)+1-binomCdf(250,0.7,182)
                                0.300544
```

(2) (i) Es gilt:

$$\begin{aligned} &P_{250;\,0,7}(X \geq 165) \\ &= 1 - P_{250;\,0,7}(X \leq 164) \\ &\approx 0{,}9251 \\ &= 92{,}51\,\% \end{aligned}$$

```
1-binomCdf(250,0.7,164)        0.925067
```

(ii)

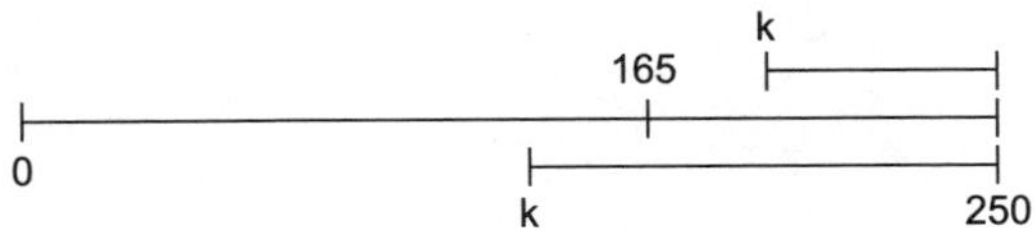

Wird der Wert von k größer (als 165), so wird das Intervall $(X \geq k)$ kleiner und entsprechend verringert sich die Wahrscheinlichkeit $P(X \geq k)$. Umgekehrt vergrößert sich die Wahrscheinlichkeit $P(X \geq k)$, wenn k verkleinert wird.

(iii) Es wird der kleinste Wert von k gesucht, für den die folgende Ungleichung erfüllt ist:

$$P_{250;\,0,7}(X \geq k) \leq 0,6 = 60\,\% \;\Leftrightarrow\; 1 - P_{250;\,0,7}(X < k) \leq 0,6$$
$$\Leftrightarrow\; 1 - P_{250;\,0,7}(X \leq k-1) \leq 0,6$$
$$\Leftrightarrow\; P_{250;\,0,7}(X \leq k-1) \geq 0,4$$

Durch systematisches Probieren mit dem GTR bzw. CAS erhält man:

$P_{250;\,0,7}(X \leq 172) \approx 0,3620$

$P_{250;\,0,7}(X \leq 173) \approx 0,4146$

binomCdf(250,0.7,172)	0.362031
binomCdf(250,0.7,173)	0.414586

Der Wert von $k-1$ muss mindestens 173 betragen. Also muss der Wert von k mindestens 174 sein.

b) (1) Die Zentrale geht von einer Bestehenswahrscheinlichkeit von mindestens 70 % aus, wenn in Soest mindestens 140 praktische Prüfungen bestanden werden. Dies ist der Fall gewesen, obwohl die Ausbildungsqualität nur bei einer Bestehensquote von 65 % liegt.

Die Wahrscheinlichkeit hierfür ist:

$$P_{200;\,0,65}(Y \geq 140)$$
$$= 1 - P_{200;\,0,65}(Y \leq 139)$$
$$\approx 0,0783$$
$$= 7,83\,\%$$

1-binomCdf(200,0.65,139)	0.0783

(2) Der Erwartungswert der binomialverteilten Zufallsgröße Y ist:

$\mu = 200 \cdot 0,7 = 140$

Man entnimmt dem Histogramm, dass das der Wert mit der größten Wahrscheinlichkeit ist. Aber auch den Nachbarwerten kommt eine vergleichsweise große Wahrscheinlichkeit zu, die wie im Fall $k = 130$ noch deutlich von null verschieden ist. Bei einer Bestehenswahrscheinlichkeit von 70 % sind also im Einzelfall auch geringe Erfolgsquoten möglich, ohne dass $p = 70\,\%$ dadurch infrage zu stellen ist.

Abiturprüfung 2021 Mathematik Grundkurs (Nordrhein-Westfalen)
Prüfungsteil B – Analysis B5 (GTR/CAS)

Die Abbildung zeigt modellhaft den Längsschnitt einer dreiteiligen Brücke aus Holz für eine Spielzeugeisenbahn. Die Züge können sowohl über die Brücke fahren als auch darunter hindurch.

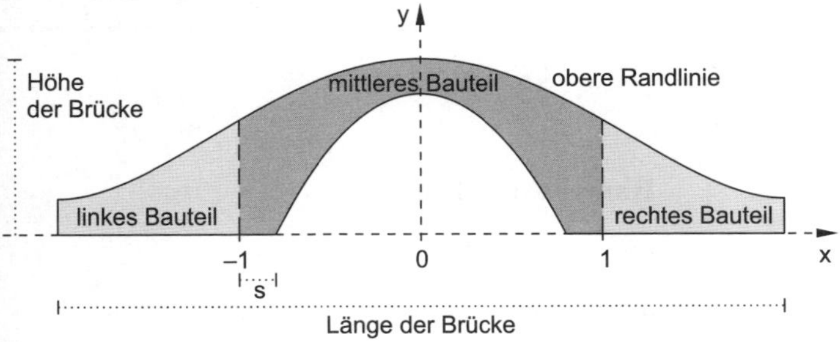

Abbildung

Die obere Randlinie des Längsschnitts der Brücke kann mithilfe des Graphen der in $\mathbb{R}$ definierten Funktion f mit $f(x) = \frac{1}{20}x^4 - \frac{2}{5}x^2 + 1$ beschrieben werden.

Dabei werden die Endpunkte dieser Randlinie durch die beiden Tiefpunkte des Graphen von f dargestellt. Im verwendeten Koordinatensystem beschreibt die x-Achse die Horizontale; eine Längeneinheit entspricht einem Dezimeter in der Realität.

Punkte

a) Begründen Sie, dass die obere Randlinie achsensymmetrisch zur y-Achse ist. 1

b) Bestimmen Sie rechnerisch die Höhe und die Länge der Brücke (vgl. Abbildung).
[Kontrolllösung: Ein Tiefpunkt des Graphen von f hat die x-Koordinate 2.] 5

c) Geben Sie die Bedeutung des Terms $\frac{f(2) - f(1)}{2 - 1}$ im Sachzusammenhang an und bestimmen Sie seinen Wert. 2

d) Bestimmen Sie die größte Steigung der Brücke, die beim Überfahren zu überwinden ist. 2

Der parabelförmige Teil der unteren Randlinie des Längsschnitts der Brücke kann mithilfe des Graphen einer in $\mathbb{R}$ definierten Funktion q_a mit $q_a(x) = 0{,}8 - a \cdot x^2$ mit $a \in \mathbb{R}$, $a > 0$ beschrieben werden.

e) In der Abbildung ist die Länge einer der beiden Bodenflächen des mittleren Bauteils mit s bezeichnet.
Bestimmen Sie den Wert von a, für den $s = 0{,}1$ dm gilt. 3

f) Begründen Sie im Sachzusammenhang, dass für die Beschreibung der unteren Randlinie beliebig große Werte von a nicht infrage kommen. 2

g) Für die Brücke gilt $a = 1{,}25$. Die drei Bauteile der Brücke werden aus massivem Holz hergestellt; $1\ dm^3$ des Holzes hat eine Masse von 800 Gramm. Die Brücke ist 0,4 dm breit.
Bestimmen Sie die Nullstellen von $q_{1,25}$ und ermitteln Sie die Masse des mittleren Bauteils. 5

Hinweise und Tipps

Teilaufgabe a

- Betrachten Sie für die Achsensymmetrie die Exponenten des Funktionsterms.

Teilaufgabe b

- Bestimmen Sie mithilfe der Ableitungen von f den Hoch- und die Tiefpunkte des Graphen.
- Die notwendige Bedingung für eine Extremstelle lautet: $f'(x) = 0$
- Die hinreichende Bedingung für ein Minimum lautet: $f'(x) = 0$ und $f''(x) > 0$
  Die hinreichende Bedingung für ein Maximum lautet: $f'(x) = 0$ und $f''(x) < 0$
- Beachten Sie, dass für die Höhe der Brücke die y-Koordinate des Hochpunktes berechnet werden muss.
- Die Länge der Brücke erhalten Sie durch die beiden x-Koordinaten der Tiefpunkte.

Teilaufgabe c

- Für zwei Punkte auf dem Graphen von f kann über den Differenzenquotienten $\frac{f(x_2) - f(x_1)}{x_2 - x_1}$ die mittlere Steigung bestimmt werden.

Teilaufgabe d

- Analysieren Sie mithilfe des CAS/GTR den Graphen der Ableitungsfunktion f'.
- Die größte Steigung findet man im Maximum von f'.

Teilaufgabe e

- Die Länge von s wird durch die Nullstelle der Funktion q_a bestimmt.
- Überlegen Sie, welchen Wert die Nullstelle x_0 von q_a haben muss, damit $s = 0{,}1$ dm.
- Ermitteln Sie mithilfe der Gleichung $q_a(x_0) = 0$ den Wert für a.

Teilaufgabe f

- Je größer der Wert von a, umso schmaler wird die Parabel.
- Beachten Sie, dass ein Zug unter der Brücke hindurchfahren muss.

Teilaufgabe g

- Die Nullstellen ergeben sich durch die Lösung der Gleichung $q_{1,25}(x) = 0$.
- Bestimmen Sie mithilfe der beiden Funktionen f und $q_{1,25}$ die Längsschnittfläche (dunkelgrau) des mittleren Bauteils.
- Dazu muss die Fläche unterhalb des Graphen von f im Intervall [–1; 1] und die Fläche unterhalb des Graphen von $q_{1,25}$ zwischen den Nullstellen berechnet werden.
- Das Volumen des Bauteils (in dm^3) berechnet sich durch:
  $V_{\text{mittleres Bauteil}} = \text{Fläche} \cdot \text{Breite der Brücke}$
- Vergessen Sie nicht, die Masse des Bauteils zu berechnen.

Lösung

a) Es handelt sich bei der Funktion f um eine ganzrationale Funktion mit ausschließlich geraden Exponenten. Daher ist der Graph von f und somit die obere Randlinie achsensymmetrisch zur y-Achse.

b) Mithilfe der Ableitungen f' und f" können mögliche Extremstellen bestimmt werden.

$$f'(x) = \frac{1}{5}x^3 - \frac{4}{5}x$$

$$f''(x) = \frac{3}{5}x^2 - \frac{4}{5}$$

Notwendige Bedingung für Extremstellen: $f'(x) = 0$:

$$f'(x) = 0$$

$$\Leftrightarrow \quad \frac{1}{5}x^3 - \frac{4}{5}x = 0$$

$$\Leftrightarrow \quad \frac{1}{5}x(x^2 - 4) = 0$$

$$\Leftrightarrow \quad x_1 = 0 \vee x^2 - 4 = 0$$

$$\Leftrightarrow \quad x_1 = 0 \vee x_2 = 2 \vee x_3 = -2 \text{ sind mögliche Extremstellen}$$

Hinreichende Bedingung für die Extremstelle: $f'(x) = 0$ und $f''(x) \neq 0$

$$f''(0) = -\frac{4}{5} < 0$$

Daraus folgt, dass bei $x_1 = 0$ ein Hochpunkt des Graphen von f vorliegt.

$$f''(2) = f''(-2) = \frac{8}{5} > 0$$

Daraus folgt, dass bei $x_2 = 2$ und $x_3 = -2$ die Tiefpunkte des Graphen von f vorliegen.

Alternativ:
Hinreichende Bedingung für Extremstellen: $f'(x) = 0$ und f' hat an der möglichen Extremstelle einen Vorzeichenwechsel.

$f'(-1) = \frac{3}{5} > 0$ und $f'(1) = -\frac{3}{5} < 0 \Rightarrow$ Vorzeichenwechsel

Daraus folgt, dass bei $x_1 = 0$ ein Hochpunkt des Graphen von f vorliegt.

$f'(-3) = -3 < 0$ und $f'(-1) = \frac{3}{5} > 0 \Rightarrow$ Vorzeichenwechsel

$f'(1) = -\frac{3}{5} < 0$ und $f'(3) = 3 > 0 \Rightarrow$ Vorzeichenwechsel

Daraus folgt, dass bei $x = 2$ und $x = -2$ die Tiefpunkte des Graphen von f vorliegen.

Die Höhe der Brücke ergibt sich aus der y-Koordinate des Hochpunktes. Aus $f(0)=1$ ergibt sich eine Höhe von 1 dm.
Die Länge der Brücke erhält man aus dem Abstand der x-Koordinaten der beiden Tiefpunkte. Die Brücke ist damit 4 dm lang.

c) Mit dem Term $\frac{f(2)-f(1)}{2-1}$ wird der Differenzenquotient bestimmt.
Bezogen auf die Aufgabenstellung entspricht der Term der mittleren Steigung der oberen Randlinie im Intervall [1; 2].
Es gilt:

$$f(2)=\frac{1}{20}\cdot 2^4-\frac{2}{5}\cdot 2^2+1=\frac{1}{5}$$

$$f(1)=\frac{1}{20}\cdot 1^4-\frac{2}{5}\cdot 1^2+1=\frac{13}{20}$$

Daraus folgt:

$$\frac{f(2)-f(1)}{2-1}=\frac{\frac{1}{5}-\frac{13}{20}}{2-1}=-\frac{9}{20}$$

d) Die größte Steigung entspricht dem Maximum von f' im Intervall [–2; 2].
Analysiert man den Verlauf der Graphen von f' mit dem CAS/GTR im Intervall [–2; 2], so liefert dieser näherungsweise den Punkt $(-1{,}15\,|\,0{,}616)$ als Hochpunkt von f'.

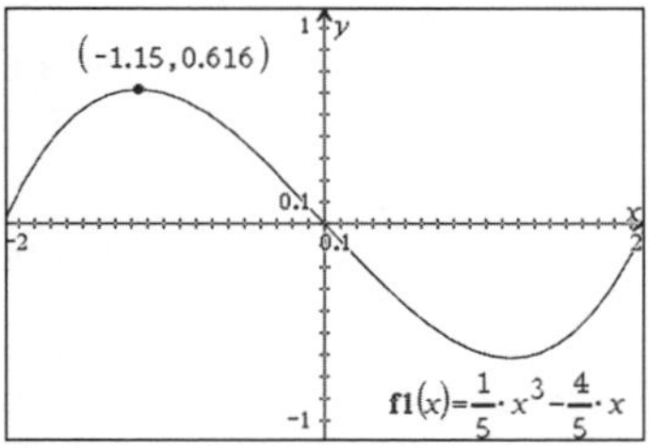

An der Stelle $x=-1{,}155$ liegt damit eine maximale Steigung im betrachteten Intervall [–2; 2] vor. Die maximale Steigung beträgt $f'(-1{,}155)\approx 0{,}616$.

Es ist damit eine maximale Steigung von 0,616 zu überwinden.

e) Anhand der Abbildung erkennt man, dass für die Länge der Bodenfläche s gilt: $s=0{,}1$, wenn die Nullstelle von q_a bei $x=-0{,}9$ [bzw. bei 0,9] liegt.
Einsetzen von $x=-0{,}9$ in q_a ergibt:

$$q_a(-0{,}9)=0{,}8-a\cdot 0{,}81=0 \quad\Leftrightarrow\quad a=\frac{0{,}8}{0{,}81}=\frac{80}{81}\approx 0{,}988$$

Also ist für $a=0{,}988$ die Länge $s=0{,}1$ dm lang.

f) Je größer der Wert von a ist, desto schmaler wird der Graph von q_a und damit die Durchfahrt der Brücke.
Wird der Wert von a zu groß, kann kein Zug mehr hindurchfahren.

g) Die Nullstellen von $q_{1,25}$ ergeben sich aus:

$$q_{1,25}(x) = 0 \;\Leftrightarrow\; 0{,}8 - 1{,}25x^2 = 0$$
$$\Leftrightarrow\; x^2 = \frac{0{,}8}{1{,}25} = 0{,}64$$
$$\Leftrightarrow\; x = 0{,}8 \vee x = -0{,}8$$

Um das gesamte Volumen des mittleren Bauteils zu bestimmen, muss die Längsschnittfläche $A_{\text{mittleres Bauteil}}$ berechnet werden.

Dazu muss man die Fläche unterhalb des Graphen von f im Intervall [–1; 1] ermitteln. Davon wird die Fläche des Graphen von $q_{1,25}$ innerhalb der Nullstellen von $q_{1,25}$ subtrahiert.

Mit dem CAS/GTR erhält man:

$$\int_{-1}^{1} f(x)\,dx - \int_{-0,8}^{0,8} q_{1,25}(x)\,dx = 0{,}9$$

$q(x):=0.8-1.25\cdot x^2$	*Fertig*
$\int_{-1}^{1} f(x)\,dx - \int_{-0.8}^{0.8} q(x)\,dx$	0.9

Damit beträgt die Längsschnittfläche $A_{\text{mittleres Bauteil}} = 0{,}9\ \text{dm}^2$.

Das Volumen des Bauteils berechnet sich durch:

$$V_{\text{mittleres Bauteil}} = A_{\text{mittleres Bauteil}} \cdot \text{Breite der Brücke}$$
$$= 0{,}9\ \text{dm}^2 \cdot 0{,}4\ \text{dm}$$
$$= 0{,}36\ \text{dm}^3$$

Für die gesuchte Masse ergibt sich:

$$0{,}36\ \text{dm}^3 \cdot 800\ \frac{\text{g}}{\text{dm}^3} = 288\ \text{g}$$

Die Masse des mittleren Bauteils beträgt 288 g.

Abiturprüfung 2022 Mathematik Grundkurs (Nordrhein-Westfalen)
Prüfung 2022

Um Ihnen die Prüfung 2022 schnellstmöglich zur Verfügung stellen zu können, bringen wir sie in digitaler Form heraus.

Sobald die Original-Prüfungsaufgaben 2022 freigegeben sind, können sie als PDF auf der Plattform **MyStark** heruntergeladen werden (Zugangscode vgl. Farbseiten vorne im Buch).

Prüfung 2022

www.stark-verlag.de/mystark